개

The Dog: A Natural History

By Ádám Miklósi

Copyright © 2018 Quarto Publishing PLC

First Published in 2018 by Ivy Press, an imprint of Tharto Gre Quoup.

All rights reserved.

개

그 생태와 문화의 역사

아담 미클로시 지음
윤철희 옮김

연암서가

차례

개를 소개합니다

어떤 사람들에게 개는 그들의 일을 거들어주는 동료다. 천방지축 날뛰는 송아지에게 개는 생생하게 황야를 떠올리게 만드는 늑대에 해당하는 존재다. 도시 거주자에게 개는 꾸준히 헌신적으로 보살펴야 하는, 이것저것 요구하는 게 많은 어린아이로 보일 것이다. 인류가 이 네발 달린 동물과 맺는 관계는 다양하다… 거기에다 더하여 개는 정말이지 생김새와 체형이 천차만별이기 때문에, 사람들이 개들이 수행하는 상이한 역할들 때문에 가끔씩 혼동을 겪는 것도 전혀 놀라운 일이 아니다.

이 책에서, 우리는 개를 독특한 진화과정을 거친 동물이자 인류의 가장 친한 친구로 바라보는 관점에서 그려냈다. 우리가 수행한 과업이 쉬운 건 아니었다. 대단히 많은 기대가 걸려 있는 작업이었기 때문이다: 세상 사람들은 하나같이, 견주犬主가 아닐지라도, 개에 대해서는 전문가인 듯 보인다. 그리고 개가 등장하는 무수히 많은 경이롭고 가슴 뭉클한 사연들과 일화들도 우리가 세운 목표를 달성하는 걸 자주 방해했다.

인간이 개와 맺은 관계의 특징을, 특히 우리 중 많은 이들이 정원과 아파트, 심지어 침대까지 공유하는 애완동물family pet로서 개와 맺은 관계의 특징을 묘사하는 방법은 많다. 사람들에게는 자신의 애완견이나 반려견companion dog을 "내 사랑"이나 "내 애인"으로 부르면서 자신의 감정을 표현할 권리가 있다. 그런데 과학도 하고 싶은 말은 해야 한다. 개는 나름의 운명을 가진 하나의 종種으로 존중받아야 하고, 우리는 개가 지금까지 진화를 거쳐 다다른 존재, 즉 "개"가 될 수 있게 해줘야 한다. 따라서 개를 우리의 벗으로 존중하는 것이야말로 인간-개의 관계에 다가가는 최상의 접근방법일 것이다. 친구들은 살아가는 내내 서로서로 붙어 다닐 수 있지만, 상황이 요구할 경우에는 단기간이나 조금 긴 기간 동안 각자 독립적인 생활을 해나갈 수도 있다. 그들은 서로를 거들지만, 그런 호의를 베풀면서도 상대에게서 곧바로 보답을 받는 것을 기대하지는 않는다. 친구들은 함께 어울리는 것 자체를 즐거워하고, 그러면서도 서로를 존중하면서 상대방이 독립적인 성격을 발전시켜 나갈 수 있게 해준다.

▶ 함께 어울려서 하는 활동은 개와 견주 모두의 건강과 웰빙에 큰 도움을 준다.

대단히 다양한 종

개는 지구상에 있는 포유동물 중에서 가장 흥미로운 무리에 속한다. 개는 시간과 공간의 관점 모두에서 진화의 단계를 들락거린다. 늑대는 21세기가 시작될 때만 해도 북반구 전역의 다양한 지역에서 멸종 위기에 몰려 있었다. 그런데 현재, 늑대는 유럽의 많은 나라에, 그리고 미국에 돌아왔다. 하지만, 늑대의 삶은 이전과는 결코 같지 않다─진화는 진화과정 자체를 되풀이하지는 못한다. 이런 현대의 늑대들도 코요테와 프리 레인징 도그(free-ranging dog, 마당이나 실내에 갇혀서 지내지 않는 개들을 가리키는 통칭으로, 떠돌이 개와 들개 등을 포함하는 용어─옮긴이)와 교배하고, 그러면서 새로운 형태의 개가 탄생하는 것으로 이어지는 길을 터줄 수 있다. 유럽에서, 사냥꾼들은 1세기 동안 황금자칼golden jackal을 보지 못했지만, 지난 10년 사이에 자칼은 예전에 활동하던 영역을 다시 정복하고 새로운 영역에 발을 들여놓았다. 그중 일부는 발트해에 가까운 유럽 북부에서 사냥을 하고 있는 것으로 보고돼 왔다.

개가, 그리고 그들의 변종이 많이 존재한다는 것은 진화가 실제로 이뤄지는 과정이라는 걸 보여주는 가장 비범한 증거에 속한다. 찰스 다윈Charles Darwin은 동물의 진화 사례를 꼽을 때 가축을, 특히 개를 거론했었다. 하지만 진화과정에는 변화가 수반되므로, 오늘날 진화의 과정에서 탄생한 변종으로서 우리 곁에 있는 개들이 앞으로도 영원히 우리 곁에 머물 거라고 기대해서는 안 된다. 새로운 시대와 새로운 난제들이 새로운 생명체의 진화를 촉발할 것이다. 그 과정에서는 개도 예외가 아니다.

개와 인간이 맺은 우정은 지구 곳곳에 있는 가정 수십 억 곳에 존재할 것이다. 그럼에도 많은 상황에서, 우리는 여전히 이 관계의 주도권을 갖고 싶어 한다. 이 점에 있어 인간은 꽤나 골치 아픈 존재일 수 있다. 이런 사례 중 하나가 개 육종育種, breeding이다. 육종은 종을 진화시키는 비결이다. 그 과정에서 큰 실패가 발생하면 장기적으로 치명적인 결과가 빚어질 수 있다. 순종견純種犬, purebred dog의 경우는 특히 더 그렇다. 많은 이들의 마음에 중

요한 존재로 자리 잡는 이 순종견들을 육종하는 관행은 재고再考할 필요가 있다. 무책임한 중성화neutering는, 그리고 몇 마리 되지 않는 수컷이나 "완벽한" 챔피언 수컷과 계획적으로 짝짓기를 시키는 건 어느 견종에게도 이롭지 않다. 그런 관행은 사육하는 동물 규모의 치명적인 감소와 근친교배inbreeding의 증가, 신체적인 기형, 여러 가지 질환, 문제 있는 행동의 출현으로 이어질 수 있다.

도시에 거주하는 인구가 무척 많은 현시점에서, 개는 우리와 자연을 이어주는 몇 안 되는 연결고리 중 하나일 것이다. 따라서 우리는 그들이 가급적 건강하게 지낼 수 있도록 모든 노력을 기울여야, 그리고 그들에게 최상의 생활환경을 제공하면서 그들이 가진 생물학적 잠재력을 한껏 표출할 수 있도록 해줘야 마땅하다. 견주가 개에게 개답게 살아갈 수 있는, 더불어 가족이나 인간이 이룬 다른 사회적 공동체의 일원으로서 자유를 누릴 수 있도록 시간을 들이고 헌신적인 노력을 하는 경우에만 개는 우리의 벗으로 계속 존재할 수 있을 것이다. 이런 점에서, 우리는 개를 —그들의 체구가 크건 작건, 짖는 걸 좋아하건 말건, 우리가 가꾼 녹색공간을 자유로이 돌아다니건 말건— "도시에 사는 늑대wolves of the cities"로 간주해야 옳다.

개들이 일하는 걸 즐긴다면 일할 수 있게 해주자. 사람들은 일하는 걸 좋아할 수도 있고 싫어할 수도 있다. 그러나 개는 다르다. 개는 진화하는 동안 사람들과 일하는 걸, 함께 하는 활동에 참여하는 걸 좋아하게끔 선택돼 왔다. 연구 결과도 사람이 주는 "사랑"과 사회적인 피드백, 자신들이 가족의 일원이라는 느낌을 얻기 위해 일하는 걸 열망하는 개가 많다는 걸 보여줬다. 작업견working dog 견종의 경우, 이런 성향은 타고난 유전적인 성향이기도 하지만, 조련을 통해서도 가능하게 만들 수 있다. 그러므로 육종과정에서 이런 과업을 수행하도록 선택돼 온 견종에 속하는 잘 조련된 개는 견주와 호흡을 맞추는 걸 즐긴다. 그들은 그런 일을 하지 못하게 막으면 아마도 고통스러워 할 것이다. 개에게, 일은 고된 노동이라기보다는 일종의 사회적 관계를 맺는 것에 더 가깝다. 그렇게 일을 해준 것에 대한 대가로, 인간은 개에게 감정을 표현한다. 하지만 우리는 개에게 지나치게 많은 걸 요구하는 일이 없도록 조심해야 한다. 개도 개다운 대접을 받을 자격이 있으므로.

▼ 개는 가축화 과정을 거쳐 왔고 현재도 거치고 있지만, 우리는 개를 보면서 야생에 있는 그들의 친척들을 떠올리는 경우가 잦다.

이 책에 대해

이 책에서, 우리는 당신에게 많은 관점에서 바라본 개를 보여주고 싶다. 개는 늑대와 비슷한, 멸종된 개과 동물canine의 후손이다. 그래서 개는 야생에 있는 사촌들과 많은 특성을 공유한다. 개가 인간과 맺은 관계의 역사도 장구하면서 독특하다. 지난 3,000~4,000년간, 숱하게 많은 세대의 개가 우리 사회가 변화하는 모습을 목격했다. 우리가 개와 맺은 관계가 여러 면에서 더 친밀해졌음에도, 개는, 좋은 의미에서, 여전히 개로 남아 있다. 따라서 우리는 개의 생물학적 특징을 알아둘 필요가 있다: 개들은 어떻게 보고 듣고 냄새를 맡는가. 그리고 개는 어떻게 서로서로, 그리고 인간과 교류하면서 의사소통을 위해 폭넓고 복

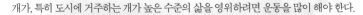

개가, 특히 도시에 거주하는 개가 높은 수준의 삶을 영위하려면 운동을 많이 해야 한다.

잡한 행동 신호들을 보여주는가. 견주는 반려견의 정신적인 능력을 잘 파악해야만 한다. 자신의 곁을 지키는 벗이 영민하고 활발한 정신 상태를 유지할 수 있게 해주는 데 필요한 자극을 주는 해결하기 어려운 난제들을 제공하기 위해서 말이다. 견주가 가진 이런 지식은 개가 나이를 먹는 동안 높은 수준의 삶을 살 수 있게 해준다. 경험이 많고 솜씨 좋은 개는 나이를 먹었을 때에도 인지능력이 감퇴될 가능성이 낮기 때문이다.

강아지 단계에 있는 개가 성장하는 과정에 대해 아는 건 중요하다. 견주와 브리더(breeder, 사육과 육종 등에 걸친 광범위한 뜻을 가진 단어라서 원어 그대로 브리더라고 옮겼다—옮긴이)들이 어떤 개가 장래에 보여줄 특징에 엄청난 영향을 줄 수 있는 시기이기 때문이다. 18년 가까운 성장기를 겪는 인간과는 무척 대조적으로, 개는 불과 1~2년이라는 훨씬 짧은 기간에 성숙해진다. 어린 개가 몇 번의 사건을 겪으며 자발적으로 습득한 것을 성견成犬이 습득하는 데는 훨씬 더 긴 시간이 걸릴 수도 있다. 강아지는 태어나기 무섭게 학습을 시작한다. 일찍 배운 지식은 개의 기억에 평생토록 남을 수도 있다.

그렇다면 개와 함께 하는 우리의 미래는 어떨까? 최근 몇 년 사이, 우리 사회는 무시무시한 속도로 변해 왔다. 지금까지 개는 우리에게 우정이라는 독특한 경험을 제공하는 특출한 수단이었지만, 지금은 새로운 경쟁상대들이 모습을 드러내고 있다. 텔레비전과 인터넷, 휴대전화는 많은 이에게, 특히 젊은이들에게 자신이 공동체의 일원이라는 의식을 안겨주고 있다. 그런데다 그들이 가정에서 인간-개의 관계를 발전시키는 데 들이는 시간은 점점 줄어드는 듯 보인다. 산업화된 나라들에서, 반려견의 숫자는 제자리를 걷거나 감소 추세를 보인다. 이 관계가 쇠락하고 있다는 징조일까?

그 누가 미래를 알 수 있겠나? 하지만 확실한 건, 인간은 이 생명체의 삶에 어느 정도 책임이 있다는 것이다. 개의 미래는 그들이 보여줄 행동의 유연성에, 현대사회에 새롭게 대두되고 있는 인간의 욕구에 적응하는 능력에 달려 있다. 우리 사회에서 개가 수행하는 새로운 역할들은 개와 조련사 양쪽에게 새로운 난제들을 안겨준다. 우리 모두는 개들이 욕구를 확실히 충족시킬 수 있도록 해줘야만 한다. 그렇게 해주면 개들은 앞으로 몇 세기 동안 우리를 계속 벗으로 삼을 것이다.

개를 연구한 과학적 결과에서 얻은 새로운 통찰들을 담고 있는 이 책이 독자인 당신이 반려견을 한층 더 존중하게끔 해주는 데, 또는 인생을 공유할 이 경이로운 파트너들 중 한 마리를 찾아내라고 당신의 용기를 북돋아주는 데 도움이 될 수 있었으면 한다.

제1장

진화와 생태

개의 원산지

갈기늑대Maned wolf

현존하는 개과 동물(Canidae, 개를 비롯해서 개와 밀접한 관련이 있는 육식동물 무리)의 생김새와 육생陸生 포식동물들의 공동 조상으로 오래 전에 멸종된 미아키스Miacis의 생김새는 눈에 확 띌 정도로 닮았다. 그러므로 개과 동물은 아주 오래된 해부학상의 특징들을 보여주거나, 유서 깊은 체형과 상당히 유사한 체형을 갖고 있다. 개와 그들의 가까운 친척들의 체형과 기능이 시대에 뒤떨어졌다는 뜻이 아니다―이 종에 속한 많은 개체가 여전히 존재하고 있다는 사실은 오히려 정반대의 결과를 입증한다: 유서 깊은 체형은 여전히 성공적이다.

덤불개bush dog

미국 대륙에서 기원하다

육식성 포유동물의 역사는 백악기(Cretaceous, 약 1억 4,500만~6,600만 년 전―옮긴이)가 끝나고 마지막 공룡들이 사라진 뒤로 그리 오래지 않은 약 5,500만 년 전에 시작됐다. 흥미롭게도, 미아키스가 출연한 곳은―그리고 개과 동물의 진화의 상당 부분이 일어난 곳은―북미대륙North America이었다. 효신세(Paleocene, 약 6,600만~5,500만 년 전―옮긴이)에 크게 두 갈래로 갈라진 육식동물은 고양이와 비슷한 고양이아목亞目, feliformia과 늑대와 비슷한 개아목caniformia을 형성했다.

미아키스Miacis

효신세가 끝나고 지금부터 약 3,400만 년 전에 등장한 개아과Caninae는 시간이 지나면서 개과에서 살아남은 유일한 아과亞科가―현존하는 모든 여우와 자칼, 늑대의 조상이―됐다. 성공 비법은 그들의 식단이 다른 아과들

▲ 원시적인 단계의 육식동물인 미아키스는 약 5,500만~3,300만 년 전에 유라시아와 북미대륙에 서식했다. 이와 비슷한 동물들이 현존하는 개과 동물과 곰, 족제비의 조상들이었다.

의 식단처럼 과육식성(hypercarnivorous, "육류만 먹는 식성")에만 심하게 국한되지 않았다는 거였다. 육식만 고집한 아과들은 환경 변화에 대한 생태적 저항력이 떨어지는 탓에 멸종하게 됐다.

"개과 동물의 확산"과 다른 대륙 이주

북미대륙에서 개과 동물의 초기 진화는 중신세(Miocene, 약 2,300만~530만 년 전―옮긴이) 후반부가 될 때까지 점신세(Oligocene, 약 3,390만~2,300만 년 전―옮긴이) 내내 계속됐다. 이른바 "개과 동물의 확산Canine radiation"은 약 1,100만 년 전에 일어난 진화적인 "폭발"이었다. 이 시기에 주요한 개과 동물 3종―늑대와 비슷한 개속屬, Canis과 여우와 비슷한 여우속Vulpes, 역시 여우와 비슷한 회색여우속Urocyon―이 등장해 북미대륙 남서부에서 개체 수가 풍부해졌다. 먹이를 효과적으로 찢어 먹게 해주는 ―따라서 먹이를 더 잘 활용하게 해주는― 열육치裂肉齒, carnassial―위아래에 난, 가위와 비슷한 어금니와 앞어금니 쌍―의 진화는 그들의 성공을 보증해줬다.

육생 포식동물의 요람이던 북미대륙을 떠나는 무리를 형성한 것이 이런 "선구적인" 개과 동물들이었다. 최초의 이주는 약 800만 년 전에 일시적으로 이용이 가능했던 (알래스카와 캄차카반도를 잇는) 베링 육교Beringian land bridge를 통해 유라시아와 아프리카를 향해 떠난 거였다. 현존하는 늑대와 자칼, 여우의 종 대부분은 이 사건 이후에 구세계Old World에서 진화했다. 개과 동물의 두 번째 확산은 파나마 지협Isthmus of Panama이 형성된 약 300만 년 전에 일어났다. 이 이주는 북미에 있는 일부 종들이 남미를 침공할 수 있게 해줬다. 남미에는 회색여우Urocyon cinereoargenteus 말고도 덤불개bush dog, Speothos venaticus와 갈기늑대Chrysocyon brachyurus 같은 토착종들이 있었다.

홍적세와 현대의 개의 분포

빙하기Ice Age로 흔히 알려진 홍적세(Pleistocene, 약 280만 년 전~약 1만 2,000년 전)는 추위(빙하기)와 따뜻함(간빙기)이 반복되는 게 특징이었다. 개과 동물 입장에서, 홍적세에 일어난 주목할 만한 사건은 아프리카를 북부를 통해 거듭해서 침공한 종들(특히 자칼)이 대량 서식에 성공했다는 것과 유라시아 회색늑대gray wolf들이 "조상이 살던 땅"인 북미대륙으로 복귀한 거였다.

▼ 최초의 개과 동물은 약 4,000만 년 전에 북미대륙에서 출현했다. 그들의 후손들은 800만 년 전쯤에야 유라시아에 도착했다. 개와 가까운 친척들(개속)은 구세계에서 진화했다. 늑대가 미국에 "복귀"한 건 100만 년이 채 안 된다.

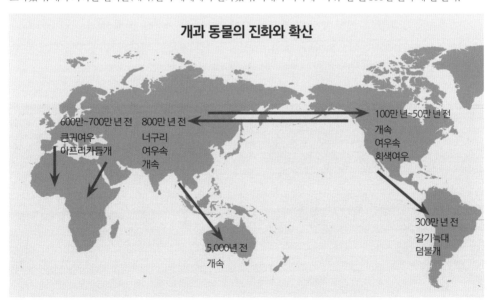

개과 동물의 진화와 확산

600만 년~700만 년 전
큰귀여우
아프리카들개

800만 년 전
너구리
여우속
개속

100만 년~50만 년 전
개속
여우속
회색여우

5,000년 전
개속

300만 년 전
갈기늑대
덤불개

개아과亞科, Caninae가 살아남은 이유

진화는 새로운 종들의 출현뿐 아니라 다른 많은 종의 멸종과 함께 찾아온다. 세계 전역에 현존하는 개과 종들은 이 포식동물 무리를 대단히 성공적인 종으로 간주할 수 있다는 증거다. 그들의 멀거나 가까웠던 많은 친척들이 지구상에서 이미 자취를 감췄다는 걸 알기 때문에 그 증거는 특히 더 강력하다. 개아과 동물의 생존과 멸종은, 지질학적 변화와 기후 변화가 그들의 생활에 가한 강한 충격에 영향을 받기도 했지만, 대체로는 그들의 생태적인 특징에 의해 좌우됐다.

현존하는 개과 동물의 생태

개과 동물은 각자의 몸집에 따라 곤충처럼 조그만 먹이를 먹거나 엘크elk와 무스moose 같은 덩치 큰 짐승을 잡는다. 하지만 현존하는 거의 모든 개과 동물은 전형적인 과육식성 종이 아니다. 식사량의 약 70퍼센트만 동물성 단백질원에서 섭취하기 때문이다. 개과 동물이 섭취하는 나머지 영양분은 식물이나 과일, 심지어 견과류에서 비롯된다.

개과 동물이 혼자 지내는 일은 결코 없을 것이다. 그들은 적어도 느슨하게나마 관계를 맺은 짝과 거의 1년 내내 유대관계를 유지한다—이보다 더 흔한 생활 형태는 여러 쌍이 함께 살거나 소규모 가족을 꾸리거나, 일부 종의 경우에는 대규모의 무리를 형성해서 사는 것이다. 현존하는 개과 동물은 모두 사회적인 종social species으로 간주할 수 있다. 회색늑대와 승냥이, 아프리카들개 *African wild dog*도 "초사회적hypersocial"이라는 용어에 들어맞을 것이다.

마지막으로, 개과 동물은 해마다 새끼를 키우는 데 상대적으로 긴 기간을 보내는 대단히 헌신적인 부모로 간주할 수 있다. 종마다 특유한 사회적인 버릇에 따라, 성체成體와 전년도에 태어난 새끼들은 자그마한 몸집으로 앞을 보지 못하는 무력한 개체로 태어난 탓에 부모의 오랜 보살핌을 필요로 하는 어린 새끼들을 돌보는 데 참여한다.

회색늑대는 가장 성공적인 개과 동물에 속한다. 이 덩치 큰 육식동물은 무리를 이뤄 생활하고 번식하며 사냥한다. 이 늑대 무리는 심지어 무스와 엘크 같은 덩치 큰 유제有蹄동물hoofed animal도 제압할 수 있다.

▲ 북미대륙에서 진화한 다이어 울프는 마지막 빙하기가 끝나갈 무렵에 멸종됐다. 사냥할 수 있는 덩치 큰 먹잇감에만 특화돼서 진화한 다이어 울프는 결국 회색늑대에게 밀려나고 말았다.

▲ 거대한 털 매머드는 빙하기 동안 북반구에 널리 서식하는 동물이었다. 상대적으로 최근(약 1만 년 전)에 이뤄진 멸종의 원인은 빠르게 일어난 기후 변화였을 것이다.

홍적세 말미에 성취한 개과 동물의 생존

홍적세 말기에 마지막 빙하기가 끝나면서 빙하기 거대동물(Megafauna, 매머드처럼 덩치 큰 야생동물－옮긴이)의 소멸이라 부르는 총체적인 멸종이 일어났다. 거대한 육생 포유류 수백 종이 상대적으로 단기간에 멸종됐는데, 그중에는 몇 차례 반복된 빙하기와 간빙기에서도 성공적으로 살아남은 털 매머드woolly mammoth와 검치호劍齒虎, saber-toothed tiger도 있었다. 개과 동물은 다른 분류군들보다 훨씬 잘 적응한 동물에 속했다. 널리 알려진 유일한 예외는 다이어 울프(dire wolf, Canis dirus, 신생대에 살았던 늑대의 한 종－옮긴이)인데, 이 종은 홍적세 말에 자취를 감췄다.

다이어 울프의 사례

다이어 울프는 포식동물이 일시적으로 거둔 성공과 훗날에 맞은 종말에서 섭식 생태가 어떤 역할을 수행하는지를 뚜렷하게 보여준다. 미국 대륙에서 진화한 다이어 울프는 오늘날의 회색늑대만큼 덩치가 컸다. 검치호처럼 동시대에 활동한 경쟁자들에 비하면 특별히 덩치가 큰 편은 아니었지만, 그들이 살던 시대에 사냥할 수 있었던 제일 큰 먹잇감－들소, 야생마, 심지어 매머드－을 잡는 능력은 모두 갖추고 있었다. 해골 화석에 따르면, 다이어 울프는 한때 북미와 남미의 양쪽 대륙에 서식한 고도로 사회화된 사냥꾼이었다. 그렇지만 그들은 약 2만 년 전에 개체군population 규모의 쇠락을 보여주기 시작하면서 이후 1만 년 동안 완전히 멸종해버렸다.

그들의 쇠락에 작용한 주된 요인은 거대 초식동물megaherbivore 먹잇감에 지나치게 의존한 거였다. 다이어 울프는 과육식성 동물로, 거대한 초식동물이 드물어졌을 때 먹잇감을 덩치가 작은 먹잇감으로 유연하게 교체하지 못했다. 회색늑대와 다른 현존하는 개과 동물들이 살아남은 건 (효과적인 사회적 행동 외에도) 변화하는 섭식 기회에 무척 유연하게 반응할 수 있었기 때문이다.

개의 먼 친척들

남극대륙을 제외한 모든 대륙에 서식하는, 유전
적으로 대단히 가까운 관계인 몇 송이 개과 동물
을 대표한다(아래 표를 보라). 유사한 체형과 비슷비슷한
생활사life history뿐 아니라 유전자 구조도 그들이 가까운 관계
라는 걸 뒷받침한다. 그들은 유전자 구조가 대단히 유사하기
때문에, 다른 종에 속한 개체들끼리도 함께 기르면서 번식하
게 만들 수 있을 정도다. 이종교배interbreeding는 자연에서 일
어나기도 하는데, 그런 일이 일어나면 이 포식동물 집단이 더
진화할 가능성이 생긴다. 이건 "늑대"와 "자칼," "코요테" 같
은 명칭은 생물학적인 카테고리를 반영했다기보다는 전통적
인 명칭에 더 바탕을 둔 것이라는 뜻이기도 하다.

▲ 검은등자칼(1과 4)과 가로줄무늬자
칼(2), 황금자칼(3), 에티오피아늑대
(5, 예전에는 에티오피아자칼로 불렸지
만, 현재는 늑대 종으로 간주된다). 자칼
은 유럽과 아시아, 아프리카의 다양한
지역에 서식한다.

늑대Canis lupus

홍적세가 끝날 무렵에 멸종이 일어난 후, 늑대는 북미대륙과 유라시아의 정상급 포식동물로 살
아남았다. 개체수가 가장 많은 종으로 남은 회색늑대는 몸집과 먹이 선택, 라이프스타일이 각
기 다른 많은 아종亞種으로 갈라져 진화했다. 최근에는 에티오피아늑대(Ethiopian wolf, 예전에는
에티오피아자칼Ethiopian jackal로 불렸다)가 이 집단으로 분류됐다. 이 종의 서식지는 아프리카이지
만, 유전자를 분석해보니 자칼보다는 늑대에 더 가깝다는 게 결과가 나왔기 때문이다.

코요테Canis latrans

이 종은 북미대륙에서 진화했다(그리고 그곳의 고유종이다). 코요테의 라이프스타일은 늑대의 그

개과 동물의 비교 요약(셸든SHELDON 1988을 기초로 함)

종	체고(體高)	체중	임신기간, 한배에서 낳는 새끼 수와 육아 형태
가로줄무늬자칼	16~20인치/41~50cm	14~31파운드/6.5~14kg	57~70일(최대 7마리 출산)
황금자칼	15~20인치/38~50cm	15~33파운드/7~15kg	63일(최대 9마리 출산); 양친 모두 육아 참여, 이계 부모의 보살핌
검은등자칼	15~19인치/38~48cm	13~30파운드/6~13.5kg	61일(최대 9마리 출산); 양친 모두 육아 참여, 이계 부모의 보살핌
에티오피아늑대	21~24인치/53~62cm	24~42파운드/11~19kg	60~2일(최대 6마리 출산); 양친 모두 육아 참여, 이계 부모의 보살핌
회색늑대	18~32인치/45~80cm	40~132파운드/18~60kg	62~5일(최대 13마리 출산); 양친 모두 육아 참여, 이계 부모의 보살핌
코요테	18~21인치/45~53cm	15~44파운드/7~20kg	대략 60일(최대 12마리 출산); 양친 모두 육아 참여, 이계 부모의 보살
붉은늑대	26~31인치/66~79cm	35~90파운드/16~41kg	60~2일(최대 8마리 출산); 양친 모두 육아 참여

것과 대단히 비슷하지만, 몸집이 늑대보다 약간 작고, 규모가 큰 무리를 이루지는 않는다. 코요테는 최근까지만 해도 북미대륙의 상당히 넓은 남쪽지역만 점유하고 있었다. 하지만 최근 들어 상당한 규모의 개체들이 북쪽으로 이주하기 시작했다.

자칼

이 집단은 3종으로 나눠진다. 자칼은 늑대와 코요테보다 몸집이 많이 작고, 소규모 가족집단을 이뤄 살아가는 경향이 있다. 황금자칼은 보통은 유럽 남부와 남아시아에 분포돼 있지만, 최근에는 유럽 북부로 이주하기 시작했다—2013년에 에스토니아에서 자칼이 목격됐다. 검은등자칼black-backed jackal, Canis mesomelas과 가로줄무늬자칼side-striped jackal, Canis adustus은 아프리카의 사하라 이남지역에 서식한다. 확 트인 공간에서 살면서 쌍으로, 또는 소규모 가족을 이뤄 돌아다니는 걸 선호한다.

붉은늑대Red Wolf와 다른 유형

▲ 개과 동물에 속한 종들은 서로서로 밀접한 관계가 있다. 체형과 행동의 유사성이 이 점을 보여준다. 회색늑대(6과 7)는 친척이 몇 되지 않는다: 붉은늑대(8)와 코요테(9).

야생에서 살아가는 일부 개과 동물의 계통발생학상 지위에 대한 연구자들의 의견은 엇갈린다. 예를 들어, 다수의 연구자들은 붉은늑대를 별도의 종Canis rufus로 간주하지만, 이 종을 늑대와 코요테 사이에서 생겨난 잡종hybrid으로 간주할 수도 있다. 최근의 연구 결과들은 늑대와 코요테 사이에서, 심지어 프리 레인징 도그와 사이에서 예전에 생각했던 것보다 훨씬 더 빈번하게 잡종이 태어난다는 걸 보여준다. 이 결과는 특유한 개과 동물의 개체군이 기온 상승과 인간의 간섭이라는 지속적이고 폭넓은 위협을 비롯한 생태학적 변화를 견디는 능력이 더 뛰어나기 때문에 더 성공적으로 생존하고 있다는 결론으로 이어질 수 있다.

식성	사회 조직	활동 범위
잡식성; 썩은 고기, 작은 짐승, 식물/과일	쌍+새끼	약 0.4평방마일/1.1평방킬로미터
썩은 고기, 작은 짐승; 집단 사냥	대단히 다양함, 쌍+새끼(+1살배기들)	사냥범위 1~7.7평방마일/2.5~20평방킬로미터
썩은 고기, 식물/과일; 집단 사냥	쌍+새끼	약 7평방마일/18평방킬로미터
설치류; 단독 사냥	쌍+새끼	약 1.5~2.3평방마일/4~6평방킬로미터
육식; 썩은 고기, 식물/과일; 집단 사냥	대단히 다양함, 쌍+새끼+1살배기들	약 7~5,000평방마일/18~13,000평방킬로미터
육식; 썩은 고기, 식물/과일; 집단 사냥	대단히 다양함, 쌍+새끼+1살배기들	약 7~39평방마일/1~100평방킬로미터
작은 짐승, 썩은 고기, 식물	대단히 다양함, 쌍+새끼+1살배기들	약 15~31평방마일/40~80평방킬로미터

늑대의 출현 ✿

회색늑대의 중요성

회색늑대Canis lupus는 야생 개과 동물 중에서 가장 잘 알려진, 가장 상징적인 종일 것이다. 회색늑대는 현존하는 동물 중에서 개와 가장 가까운 종이기도 하지만, 최근에 가장 큰 성공을 거둔 덩치 큰 육생 포식동물이기도 하다. 인간을 예외로 할 경우, 먹이 피라미드의 정점에 있는 육식동물인 늑대는 생물학적으로 지구 북반구 생태계의 최근 진화에 가장 큰 영향을 끼친 종일 것이다.

간결하게 요약한 진화의 주요 단계들

회색늑대는 상대적으로 생겨난 지 얼마 되지 않은 종이다. 개과 동물에 속한 늑대 비슷한 종들이 선신세(Pliocene, 533만~2,580만 년 전―옮긴이) 후기와 홍적세(258만~1만 2,000년 전)의 대부분의 기간 동안 번성했지만 말이다. 이 종은 유라시아에서 유전적으로 구별되는 몇 종의 계통군 clade으로 진화했다. (아프리카를 제외한) 드넓은 구세계 전역에 서식했던 회색늑대는 상대적으로 최근인 30만 년 전 이내의 과거에 북미대륙에 처음으로 등장했다.

고생물학과 분자유전학은 현존하는 개과 동물의 구성원들로부터 가장 이른 시기에 갈라져 나온 혈통이 황금자칼로 이어졌다는 걸 확인해줬다. 다소 놀라운 건, 회색늑대와 더 가까운 관계였던 다른 종들이 유라시아에서 자취를 감춘 탓에 코요테가 회색늑대의 현존하는 가장 가까운 친척이라는 인식이 거의 일반화됐다는 것이다.

▲북반구 전역에서 회색늑대를 볼 수 있지만, 그들이 인간과 빚은 갈등 탓에 그들의 최근 분포는, 몇 천 년 전의 광대한 행동범위에 비하면, 강한 위축세를 보여준다.

빙하기의 늑대들

빙하기가 절정에 달했을 때(1만 5,000년~2만 5,000년 전), 영구적인 얼음이 남쪽으로 5대호Great Lakes가 있는 지역까지 북미대륙의 대부분과 유라시아의 많은 지역(주로 현재의 러시아), 스칸디나비아와 영국 제도諸島, 유럽 남부의 카르파티아산맥 북부까지를 덮었다. 늑대 종들의 "발상지cradle"는 유라시아 동부지역으로 추정된다. 베링 육교(Beringia, 알래스카와 유라시아의 최동단을 잇는 지역)는 얼음이 얼지 않는 곳으로 남았고, 베링 해협은 초창기의 늑대와 그들의 친척들이 "구"세계와 "신"세계를 오갈 수 있게 해준 루트를 제공했다. 마지막이자 가장 성공적이었던 늑대의 침공은 겨우 8만 년 전에 일어났다. 마지막 빙하기는 빙하기 중에서도 가장 혹독한 시기였지만, 대륙 전체를 가로지르는 빙원氷原이 녹아버린 탓에 유라시아의 늑대들이 멀리 떨어진 대륙에 갑작스레 등장하는 건 불가능한 일이 돼버렸다.

북부에 있는, 먹이사슬의 정점에 자리한 포식동물

회색늑대는 현존하는 개과 동물 중에서 제일 덩치 큰 종이지만(전북구全北區, Holarctic 유형의 덩치 큰 수컷은 체중이 176파운드/80킬로그램에 체고가 32~34인치/80~85센티미터에 달할 수 있다), 이 수치들은 마지막 빙하기가 끝날 무렵에 멸종된 일부 곰들, 그리고 특히 (스밀로돈Smilodon 같은) 덩치 큰 고양잇과 동물들에 비하면 여전히 작은 편이다.

늑대가 독특한 진화적 성공을 거둔 비법은 다양한 먹이유형을 먹으면서 고도로 효과적인 사회적 집단을 형성하는 능력이다. 늑대는 대체로 사냥이 가능한 덩치 큰 먹이—발굽이 달린 짐승들—을 사냥하지만, 필요한 때가 되면 (토끼와 설치류 같은) 작은 먹이를 먹으면서 생존할 수도 있다. 중요한 건, 늑대는 단독으로 무스와 엘크 성체를 잡을 수 있을 만큼 몸집이 크지는 않다는 것이다. 그런데 큰 무리를 지어 생활하는 것이 이점이 되는 게 바로 이 지점이다. 늑대는 덩치 큰 짐승을 잡으려고 협동하면서 무리의 구성원들끼리 먹이를 공유한다. 공동체 전체가 새끼를 기르는 데 참여하기도 한다.

늑대는, 과거에나 지금이나, 기동성이 무척 뛰어나고 개체로서나 개체군으로서나 너른 영역에서 활동한다. 이 특징 덕에, 늑대 종은 새로운 영역을 활용할 수 있을 때, 또는 악화하는 기후조건 때문에 퇴각할 때가 됐을 때 한층 더 큰 이점을 누릴 수 있었다. 대단히 성공적인 회색늑대는 삼림지역이 방대하고 사냥감이 풍부했던 후빙기(後氷期, postglacial, 대략 1만 년 전부터 지금까지—옮긴이) 북반구에서 번성했다. 늑대 개체군은 불과 몇 천 년 전에 전성기에 도달했다가 숙명적인 상대—인간—와 맞닥뜨렸다.

▶ 늑대는 고도로 사회화된 종이다. 늑대는 다양한 목소리를 활용한다. 하울링(howling, 울부짖음)은 그중에서도 가장 잘 알려진 목소리인 게 분명하다. 하울링은 무리가 동시에 활동을 개시하게 만드는 데, 그리고 이웃에 있는 무리에게 자신들의 존재를 알리는 데 활용된다.

인간과 늑대-현시대의 늑대들

현생 인류(호모 사피엔스Homo Sapiens)는 늑대보다 훨씬 더 최근에 생겨난 종이다. 인간 개체군은 4만~6만 년 전에 유럽과 아시아에 정착했는데, 당시에 그들은 규모를 키운 늑대 개체군을 대표하는 다양한 무리들과 처음으로 맞닥뜨렸다. 1만 넌 전까지만 해도 인간과 늑대가 직대직인 관계였다는 걸 보여주는 증거는 거의 없다. 두 종 모두 크고 작은 먹이를 사양하는 솜씨가 고도로 뛰어난 집단 사냥꾼이었으면서도 서로를 적합한 먹잇감으로 간주하지는 않았다. 구석기시대 유적을 발굴한 몇 곳에서 인간에게 목숨을 잃은 늑대의 뼈가 발견됐지만, 그 수량은 의도치 않게 하게 된 사냥의 수준을 넘지 않았다. 수렵과 채집으로 생계를 꾸리던 인간 집단이 결국에는 늑대의 라이벌이 됐지만, 그때까지도 대대적인 전쟁은 아직 발발하지 않은 상태였다.

인간이 농경을 하고 가축을 치는 쪽으로 방향을 틀면서 상황이 변했다. 늑대는 우리 조상들에게 생계의 수단을 제공하는 동물들이 혐오하고 두려워하는 포식동물이 됐고, 그래서 늑대는 뿌리를 뽑아야만 했다. 결국, "무서운 적the big bad wolf"은 "악惡"의 화신이 됐다. 그리고 중세시대 사람들은 유럽에 서식하는 늑대 개체군의 대부분을 성공적으로 몰살시켰다. 인간에게서 비롯된, 늑대의 쇠퇴를 불러온 또 다른 요인은 풍경이 바뀐 거였다. 인간이 자행한 대규모 삼림 파괴 탓에, 늑대는 서식지와 먹잇감을 모두 잃었다. 20세기가 시작될 때, 유럽 한 지역에서만 삼림지대의 비율이 10세기에 접어들 무렵의 추정치 75퍼센트에서 20퍼센트로 줄었다.

오늘날, 세계의 총 늑대 개체수는 약 30만 마리일 것으로 추정된다. 회색늑대는 북미대륙 남쪽, 유럽의 북부와 서부, 인도, 일본에 있던 예전 서식지에서 거의 전부가 사라졌다. 이 지역의 곳곳에 있는 고립된 개체군들을 제외하면, 오늘날 회색늑대의 대부분은 북미와 유라시아에서 가장 춥고 삼림이 우거진 지역들에 서식한다.

20세기 동안 늑대는 많은 나라에서 멸종 위기종이 됐고, 그러면서 특정한 지역에 늑대를 다시 도입하려는 활동들이 벌어졌다. 가장 잘 알려진 늑대 재도입은 1990년대에 미국의 옐로스톤Yellowstone 국립공원에서 일어났다. 이 재도입의 결과로 엘크와 사슴 개체수가 감소하고, 방목 압박이 약해진 결과로 삼림지역이 복원되는 대규모의 생태학적 결과가 빚어졌다. 현재, 늑대는 새로운 개체들이 스위스와 독일에서 자리를 잡으면서 유럽에서도 서식지를 넓혀가고 있다.

늑대의 보호(그리고 재도입)는 세계 모든 곳에서 민감한 이슈로 남았다. 이 이슈는 정책을 집행하기 전에 신중한 고려과정을 거칠 필요가 있다. 늑대는 사냥감과 가축을 구별해서 먹이로 삼지 않는다. 그래서 두 "정상급" 포식동물인 인간과 늑대의 공존은 결코 해결 가능하지 않은 문제다. 여러 나라에서 격렬한 논쟁이 벌어져 왔다. 미국도 그런 나라에 속하는데, 다년간 늑대를 보호해 온 미국에서 늑대의 개체수가 증가세를 보이는 까닭에 일부 정책입안자들은 늑대 사냥을 재도입하자는 목소리를 높이게 됐다.

오늘날 늑대는 대체로 북반구 고위도 지역에만 서식한다. 적응력이 좋은 이 육식동물은
겨울이 길고 덩치 큰 먹잇감이 많이 서식하며 사람은 드문 지역에서 많은 수가 살고 있다.

인간과 맺은 첫 관계들

가축화domestication는 고대의 늑대 개체군들이 일련의 유전적 변화를 통해 인간과 인공적인 환경에 석응하게 된 기간에 일어난 진화과정이다. 그런데 이 과정의 정확한 세부적인 상황은 모호한 상태로 남아있고, 이런 상황은 근 몇 십 년 간 많은 과학자들이 새로운 이론과 아이디어들을 궁리하느라 분주하게 만들었다. 과학자들은 하나같이 다음의 사실에는 뜻을 모은다: 개와 인간의 역사는 과거 1만 6,000년 전부터 3만 2,000년 전 사이에 긴밀하게 뒤섞여왔다.

◀ 기원전 4세기부터 3세기 사이에 키프로스에서 만들어진 석회암 조각.

▲ 개의 뼈가 들어 있는 이 이집트 미라는 기원전 400년에서 서기 100년 사이에 만들어진 것으로 보인다.

▼ 기원전 500년경에 만들어진 이 테라코타 스키포스(skyphos, 술잔) 같은 고대 그리스의 흑화黑畵식 기법black-figured의 작품에는 개가 그려져 있다.

▼ 서기 25년부터 220년 사이에 중국의 동한東漢에서 만들어진 개 모양 도기.

가축화를 설명하는 이론들

가축화를 설명하는 이론들은 많은데, 대부분의 이론이 신뢰할 만한 요소들을 갖고 있다. 그 이론들을 모두 아울러 고려해보면 연달아 일어난 사건들에 대한 가장 그럴싸한 설명이 도출될 것이다. 다음은 그런 이론들의 몇 가지 사례다.

1. **새끼 늑대들의 사회화(개체에 기반을 둔 선택)** 야생 개과 동물의 새끼들이 인간들을 향해 대단히 다양한 행동을 보여준다. 그러면서 인간들이 새끼 늑대들을 키우는 게 가능해졌고, 새끼들이 보여준 "적절한" 기질이 많은 세대에 걸쳐 선택됐다.

2. **늑대들이 스스로 가축화됐다(개체군에 기반을 둔 선택)** 인간이 벌인 (사냥 같은) 활동 때문에 늑대가 새로운 식량의 출처로 쉽게 활용할 수 있는 지나치게 많은 음식물 쓰레기가 만들어졌다. 개과 동물의 (일부) 개체군들이 몇 세대에 걸쳐 이걸 활용할 수 있게 됐다. 그런 먹이를 먹으면서 생활할 수 있었고 인간이 눈앞에 있더라도 겁을 먹지 않은 몸집이 작은 개체들이 (딱 도시 비둘기가 그러는 것처럼) 야생에서 살아가는 나머지 개체군들과 점차 분리됐다.

3. **늑대를 향한 선호(인간 집단의 선택)** 개과 동물을 친밀하게 여기는 성향을 가진 인간 집단들이 선택적인 이점들을 누렸다. 개과 동물의 행동을 관찰하면서 지식을 얻은 것이 사냥하고 거주지를 설립하는 데 도움이 됐을 가능성이 있기 때문이다. 그 결과, 인간은 개에게 매력을 느꼈고, 개는 후손을 널리 퍼뜨렸다.

4. **개들이 수행하는 역할의 다양화** 원래 개는 제한적인 역할들만 수행했었다. 그러나 훗날에 인간은 (사냥 파트너, 난방용 개heater, 경비견, 썰매개, 식량의 출처 같은) 상이한 과업들에 개를 활용할 방법들을 찾아냈다.

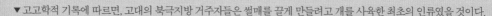

▼ 고고학적 기록에 따르면, 고대의 북극지방 거주자들은 썰매를 끌게 만들려고 개를 사육한 최초의 인류였을 것이다.

인간이 늑대를 만나다

30만~40만 년 전

일찍이 아프리카를 떠난 호모*Homo* 속에 속한 3종이 여로에서 늑대를 만났을 것이다. 하지만 이 기간에 늑대 개체군들에게는 아무런 변화도 일어나지 않았다.

4만 5,000~12만 년 전

현생 인류인 호모 사피엔스가 몇 차례에 걸쳐 아프리카를 떠나 유럽과 동아시아에 대규모의 터전을 닦았다. 최근의 개는 현생 인류가 늑대와 비슷한 개과 동물과 접촉한 결과로 출현했을 것이다. 상부上部 구석기시대의 개와 비슷한 동물의 유해가 벨기에에서 발견됐는데, 대략 3만 1,000년쯤 된 것으로 밝혀졌다.

1만~1만 2,000년 전

유골들을 보면 개의 몸집이 38~46퍼센트 줄었다. 그리고 개가 사냥에 참여했다. 이스라엘의 매장지에서는 사망한 인간의 손이 강아지 시신 위에 놓여 있는 게 발견됐는데, 이건 애정이 담긴 관계가 존재했음을 시사한다. 사람들은 세계 모든 지역에서 개를 매장하는 의식을 실행했다. 가축화된 다른 종들이 매장되는 경우는 훨씬 적었다.

8,000~1만 년 전

터키에서 발견된 사냥장면을 묘사한 벽화들이 개의 존재를 확인해준다. 몸집이 작은 개들이 독일과 스웨덴, 덴마크, 에스토니아, 영국에서 발견됐다. 다뉴브 강둑에 있는 세르비아의 발굴지에서 발견된 많은 부러진 개 뼈와 해골은 어업을 하고 사냥을 하던 공동체들이 이 동물을 먹었다는 걸 시사한다. 개가 북미대륙에 당도했다는 최초의 고고학적 증거는 연대가 현재로부터 9,000년 전으로 거슬러 올라간다.

4,000~6,000년 전

개를 묘사한 그림과 조각이 많다. 급격히 일어난 기술 변화에 발맞춰, 인간은 다양한 작업을 수행하는 역할들을 맡기려고 개를 선택하기 시작했고, 이런 선택은 형태상의 독특한 특성들, 그리고 아마도 행동 특성들을 낳았다. 이집트의 도자기와 벽화에 그려진 개는 몸이 호리호리하고 귀가 쫑긋 섰으며 꼬리가 둥그렇게 말린 사이트 하운드(sight hound, 뛰어난 시각과 스피드를 활용해서 사냥하는 견종―옮긴이)처럼 보인다.

3,000~4,000년 전

동물 조각상과 암석조각품들은 개가 가축몰이에, 그리고 경비를 서는 데 활용됐다는 걸 보여준다. 개체들의 몸집은 다양하고 꼬리는 둥그렇게 말렸으며 귀는 늘어져 있다. 오스트레일리아에 최초의 개들이 당도했고, 자유로이 떠도는 개체군들이 딩고dingo로 진화했다. 딩고는 오스트레일리아 애보리진Aborigine의 문화에서 여전히 중요한 역할을 수행한다. 암석조각품과 동굴벽화에 딩고가 묘사돼 있다.

2만 년 전

(마지막 빙하기가 지난 후) 인간 개체군의 규모가 커졌다. 1만~1만 5,000년 전쯤에는 대부분의 대륙에 인간이 거주했다. 이 기간 동안 몇 곳에서 농경이 등장했다.

1만 2,000~1만 5,000년 전

인간이 규모가 큰 영구정착지들을 세웠다. 이 정착지는 인간의 손을 탄 개과 개체군과 야생의 개과 동물 사이를 가로막는 장벽 역할을 했다. 인간/개가 공동생활을 했다는 명백한 증거가 1만 3,000년 된 유골의 형태로 독일에서 나왔다. 인간들이 교역을 하면서 사방으로 퍼져나가는 사건들이 개와 비슷한 동물들의 분포 영역을 급격히 넓혔을 수 있다.

6,000~8,000년 전

개가 근동에서 이집트로 소개됐고, 나중에는 아프리카 북부 곳곳으로 퍼져나갔다. 개와 인간을 합장한 것은 북미원주민 사냥꾼과 개가 끈끈한 관계였음을 보여준다. 가장 널리 퍼진 개는 메소아메리칸 코몬 도그Mesoamerican common dog였다(체고 16인치/40센티미터).

1,500~3,000년 전

로마시대에는 덩치 큰 개를 선택했던 게 분명하지만, 대단히 작은 랩도그(lapdog, 무릎에 앉히는 작은 개–옮긴이)도 보편화됐다. 이건 개를 노동에 투입해서 얻을 수 있는 가치보다 개의 생김새와 관련한 목표에 맞춰 선택해서 브리딩breeding한 개가 등장했다는 걸 보여준다. 이 시기 동안, 개는 이주하는 반투족Bantu을 따라 아프리카 최남단에 당도했다.

150~200년 전

대부분의 견종이 생겨났다.

오늘날의 전통사회와 그들이 기르는 개

케냐의 투르카나족Turkana의 촌충 감염률은 세계에서 가장 높다. 그들의 유목생활에서 개가 수행하는 독특한 역할 탓일 것이다. 개는 아이들의 놀이동무일 뿐 아니라, 아이들이 변을 보거나 토했을 때 아이들의 몸을 깨끗하게 닦아주는 일까지 한다. 또한 조리도구와 식기도 핥아서 닦고 여성들의 생리혈도 먹는다. 케냐 북서부의 반건조성 기후지역인 이곳에서는 신선한 물을 제한적으로만 구할 수 있다는 걸 감안하면 이해할 만한 관습이다.

개의 조상은 누구인가?

1990년대에 동물고고학 분야에 분자유전학 연구가 응용되기 시작했고, 1999년에 연구자들은 개의 가축화가 적어도 13만 5,000년 선에 시작됐다고 밝혔다. 그들은 늑대와 개, 코요테에서 얻은 미토콘드리아mt, mitochondria DNA에 일어난 유전적인 변화의 회수를 비교한 끝에 이런 결론에 도달했다. 이 연구들에 따르면, 개와 늑대는 10만 년이 넘는 과거에 갈라졌다. 하지만, 이런 추정들은 폭넓은 반박을 받았고, 새로운 연구들이 가축화가 일어난 시점과 장소에 대한 더 정확한 추정들을 제시하고 있다.

개의 원산지는 어디일까? 아시아? 유럽?… 또는 양쪽 다?

다양한 늑대들과 폭넓은 견종들에게서 얻은 상당한 규모의 mtDNA 컬렉션과 더불어 더 많은 유전자 표지genetic marker와 더 정교한 통계모형을 활용한 훗날의 연구들은 모든 개가 중국의 양쯔강Yangtze River 남쪽지역에 서식하던 늑대를 공통의 조상으로 두고 있다는 결론을 내렸다. 이 지역에 서식하는 개체군은 유전적으로 더 다양했는데, 이는 다른 개체군들의 창립자들이 이 지역에서 퍼져나갔고 유라시아의 다른 지역들로 이주한 후손들은 최초의 유전적 다양성의 부분집합만을 가져갔음을 시사한다.

 (선택적인 번식의 대상이 되지 않으면서 다른 개과 동물들하고는 분리된 채로 존재해온 까닭에 "대대로 전해져온" 개의 게놈genome을 대표하는 것으로 간주된) 마을을 자유로이 떠도는 개들의 DNA도 포함시킨 연구자들은 개가 북아프리카(이집트)를 포함한 유라시아에서 비롯됐을 것 같다는 결론을 내렸다. 오늘날, 남아시아와 유럽, 근동도 개의 가축화가 일어났을 가능성이 있는 지역들로 간주된다.

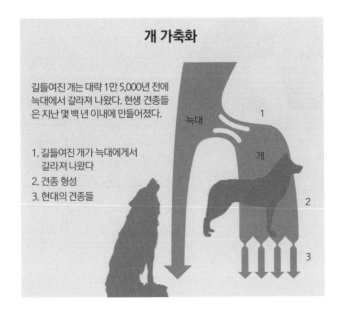

개 가축화

길들여진 개는 대략 1만 5,000년 전에 늑대에서 갈라져 나왔다. 현생 견종들은 지난 몇 백년 이내에 만들어졌다.

1. 길들여진 개가 늑대에게서 갈라져 나왔다
2. 견종 형성
3. 현대의 견종들

늑대

개

1
2
3

가축화는 언제 일어났을까?

어느 독립적인 연구는 시베리아에서 출토된 3만 3,000년 된 개의 화석이 현생 개와 선사시대 북미대륙의 늑대들과 관련

▲ 모든 개와 늑대는 외형과 행동이 제각기 다르면서도 공통의 조상을 갖고 있다. 하지만, 인간이 대대적인 사회화 교육을 시키더라도 늑대를 개로 만들지는 못한다.

▶ 초기의 개 개체군은 꾸준히 늑대와 교배시켜 잡종을 만들 수 있었다. 개의 일부 유전자도 늑대의 유전자에 파고들어갈 길을 찾아냈다. 이 늑대/개의 잡종 후손들은 부모가 가진 특징들의 조각들을 독특하게 조합해서 보유하고 있다.

이 있지만 현생 늑대들하고는 관련이 없을지도 모른다고 보고했다. 더 많은 화석을 분석에 투입한 연구자들은 현생 개가 고대의 유럽 개과 동물과 관련이 있으며 가축화는 1만 9,000~3만 2,000년 전에 시작됐을 것 같다는 사실을 발견했다.

중국과 근동, 유럽에서 기원한 개체들의 유전자 염기서열을 분석한 결과는 가축화가 1만 1,000~1만 6,000년 전에 시작됐고 그때부터 수많은 병목(bottleneck, 개체군 규모의 급격한 감소)이 발생했을 거라는 관점을 뒷받침했다. 데이터는 개의 직계조상이 지금은 멸종됐다는 걸 시사했다. 따라서 현존하는 표본들에만 기초해서 가축화가 일어난 지역을 알아내는 건 불가능한 일이다.

일치된 의견을 향해

2016년에, 개의 가축화를 연구하는 거의 모든 연구자가 대규모 연구를 위해 자신들이 가진 개과 동물의 샘플들을 내놓았다. 그렇게 실행한 연구의 결과는 개의 가축화가 두 번 일어났다는 걸 보여줬다: 유럽에서 약 1만 5,000년 전에, 아시아에서 1만 4,000년 전에. 유럽 서부에 있는 개체군의 대부분이 6,400년 전과 1만 4,000년 전 사이에 아시아에서 온 개들에 의해 대체됐다. 그러므로 개의 가축화는 몇 차례에 걸쳐 시작됐을 가능성이 크지만, 원형이 된 많은 개의 혈통은 살아남는 데 실패했다.

고대의 개에게서 추출한 최초의 완벽한 게놈

아일랜드에서 발굴된 5,000년 가까이 된 개의 내이內耳뼈가 개 화석의 유전자 염기서열 전체를 최초로 분석하는 데 필요한 DNA를 획득하는 작업에 사용됐다. 이후, 고대 아일랜드 개의 DNA를 세계 전역에 있는 현생 개 605마리의 DNA와 비교했다. 이 동물들의 가계도family tree는 (아일랜드에서 발견된 고대의 개와 골든 리트리버golden retriever 같은) 유럽 개와 (티베트에서 유래된 샤페이shar-pei와 빌리지 도그village dog 같은) 아시아 개 사이의 차이점을 밝혀줬다.

종種이란 무엇인가?

모든 유기체에 적용되는 방식으로 "종species"이라는 용어를 정의하는 건 어려운 일이다. 종의 생물학적 정의는 그 종에 속한 개체들이 동일한 종을 대표하는 생식력 있는 후손을 낳을 수 있다는 뜻이다.

생태학적인 정의에 따르면, 종은 다른 동일한 집단들과 생식적으로 분리된, 이종교배를 할 가능성이 있는 자연적인 개체군들로 구성돼 있다.

이런 정의들은 여러 혼란으로 이어진다. 전자의 정의를 따르자면, 개는 늑대의 아종으로 분류돼 *Canis lupus familiaris*라는 이름으로 불러야만 옳기 때문이다.

그러나 생태학적인 정의에 따르면, 개와 늑대가 자연 상태에서 교배를 통해 잡종을 낳는 게 전형적인 일은 아니기 때문에, 둘은 별개의 종이다. 그러므로 개는 유명한 스웨덴 과학자 칼 린네Carl Linnaeus가 부여한 라틴명 *Canis familiaris*를 그대로 유지해야 마땅하다. 요즘의 과학문헌들이 두 이름을 모두 사용하는 건 꽤나 유감스러운 일이다.

개와 다른 개과 동물 종들 사이의 이종교배

1세기가 넘는 기간 동안 논쟁을 벌인 끝에, 현재는 개와 가장 가까운 현존하는 친척은 회색늑대 *Canis lupus*라는 합의가 도출됐다. 개과 동물에 속한 다른 종이 개의 유전계통에 기여했다는 증거는 없다. 이건 약간 놀라운 일인데, 개는 황금자칼과 코요테와 이종교배를 할 수 있기 때문이다. 하지만 자연 상태에서 그런 잡종이 자연스럽게 생겨나는 건 현재까지는 드문 일이었다. 그런데 개과 동물에 속한 상이한 종들끼리 교배를 시키는 건 몇 천 년 간 행해져온 일로, 이런 이종교배는 최근 들어 더욱 빈번해졌다:

• 콜럼버스가 도착하기 이전의 멕시코에서는 주인에게는 충직하지만 낯선 이에게는 강하게

▲ 자칼-개의 잡종은 조련하기 힘들다. 하지만 술리모프 도그는 개와 역교배한 후 뛰어난 후각 능력을 갖게끔 육종돼 왔다. 이 개는 러시아에서 항공보안용 개로 활용된다.

가축화와 관련된 사실들

- 개는 제일 오래 전에 가축화된 동물이다.
- 현생 개와 늑대의 조상들은 형태상으로 1만 6,000~3만 5,000년 전에 갈라지기 시작했다. 고고학적 증거를 감안하면, 1만 5,000년 전이 개의 가축화가 처음 시작된 시기로 규정하기에 편리한 시점으로 보인다.
- 개는 아프리카와 아메리카, 오스트레일리아, 인도 아대륙에서는 생겨나지 않았다.
- 가축화는 유라시아의 동부와 서부에서 따로따로 일어났지만, 유라시아 동부의 개들이 서부의 개들을 대부분 대체했다.
- 개의 직계조상이던 늑대 개체군은 현재는 멸종됐다.

저항하는 경비견guard dog을 얻으려고 코요테와 늑대, 개를 의도적으로 이종교배했다.

- 일부 설명에 따르면, 캐나다 북부에 거주하는 원주민들은 더 강인하고 회복력 좋은 썰매개를 얻으려고 코요테와 늑대를 자신들이 기르는 개와 짝짓기시켰다.
- 2015년에 크로아티아에서 자연 상태에서 야생 자칼과 개 사이에 이종교배가 일어났다는 게 처음으로 확인됐다. 술리모프 도그Sulimov dog(또는 샬라이카Shalaika)는 러시아에서 마약탐지견 sniffer dog으로 만들어낸 자칼-개의 잡종이다.
- 이른바 울프도그(wolfdog, 늑대-늑대와 비슷한 개 사이에서 태어난 잡종)는 잠재적으로 위협적인 존재가 될 수 있는데도 미국에서 반려견으로 인기가 좋다. 이 개들은 행동을 예측하고 조련하기가 어렵기 때문에 위험한 개가 될 수도 있다. 사를로스 울프도그Saarloos Wolfdog와 체코슬로바키언 울프도그Czechoslovakian wolfdog를 비롯한 현존하는 잘 알려진 견종 몇 종은 늑대와 개를 이종교배시킨 결과물이다. 그렇게 탄생한 첫 세대는, 늑대의 DNA 비중을 줄이기 위해, 개(저먼 셰퍼드 도그German shepherd dog)와 역교배backcross됐다.

▲ 저먼 셰퍼드 도그와 골든 리트리버 같은 현대의 견종들은 100세대에서 120세대에 걸친 선택적 교배와 근친교배의 결과물이다.

현생 견종의 출현

오랫동안, 인간이 이룬 사회적 집단에 합류하는 걸 허락받은 고대의 개들은 각자가 수행하는 기능에 따른 뚜렷한 유형으로 진화하지 않았다. 대신, 그들은 인간의 행동에 어울리게끔 각자의 행동을 조절하는 능력, 그리고 갈등이 빚어지는 상황을 회피하는 능력과 연관된 몇 가지 중요한 행동 특성에 기초한 정교하지 못한 선택만 받았다. 개와 인간이 함께 생활한 몇 천 년 동안, 선택의 기준은 꾸준히 변하는 목표들에 맞춰 변해 왔다.

"유서 깊은" 견종은 얼마나 오래 됐나?

많은 현생 견종의 모습이 고대에 만들어진 각종 작품들에 묘사된 개들과 비슷해 보이지만, 이런 이른바 "유서 깊은" 견종들을 대표하는 오늘날의 개에게서 얻은 DNA 데이터는 그런 개들 대부분이 조상들과 유전적 공통점이 거의 없다는 증거를 내놓는다. 사람들은 오랫동안 이 견종들의 기원은 1,000년이 넘을 거라고 믿어 왔다. 그렇지만, 오직 몇 종만이 늑대의 유전적 구성과 어느 정도나마 가까운 관계에 있다. 이 견종들, 예를 들어 샤페이, 아키타견*akita inu*, 시바견*shiba inu*, 차우차우*chow chow*, 바센지*basenji*는 유전적으로 볼 때 현생 견종들의 압도적인 대다수와 구분되는 별개의 견종이라는 게 입증됐다. (파라오 하운드*pharaoh hound* 같은) 일부 경우에, 본래의 유형은 멸종됐고, 나중에 현존하는 많은 변종들을 바탕으로 현생 견종이 창조됐다. 새롭게 탄생한 견종은 본래 견종의 외양만 그대로 유지할 뿐, 유전적인 혈통은 이어지지 않는다.

영원한 젊음?

현생 견종의 일부 해부학적 변형은 유형진화(幼形進化, paedomorphosis, 조상 종이 배아시기에만 가지고 있던 형질이 자손 종에서는 성체가 된 후에도 유지되는 현상－옮긴이)에 압도됐고, 그래서 성견成犬은 늑대가 겪는 어린 시절의 단계와 닮았다. 외양 면에서 늑대와 비슷한 점의 각각 다른 수준을 대표하는 (카발리에 킹 찰스 스패니얼*Cavalier King Charles spaniel*부터 시베리안 허스키*Siberian husky*에 이르는) 견종 표본에서, 이들 견종의 조상들이 보여주던 지배적인 행동패턴과 순종적인 행동패턴을 신호로 보내는 능력은 해당 견종이 육체적으로 늑대와 닮은 정도와 정비례

▶ 고대 그리스인과 로마인들은 몰로시안*Molossian* 같은 대형견을 경비견이나 군견으로 활용했다.

하는 상관관계를 보여준다. 이건 현생 견종들이 가축화되는 동안 육체적인 유형보유幼形保有, paedomorphism가 신호를 보내는 능력의 변화와 동반해서 일어났다는 걸 시사한다.

개의 기능

넓은 의미에서 볼 때, 개 브리딩은 바람직하다고 여겨지는 특성을 얻기 위해 부모 세대들 그리고/또는 후손을 어느 정도 의도적으로 선택하는 걸 뜻한다. 선택적으로 짝짓기를 시키고 그렇게 해서 태어난 후손들이 각자에게 기대하는 기능에 적합한지 여부를 테스트하는 방식으로 특정한 특징들(표현형phenotype)을 얻기 위한 브리딩은 유전의 기본적인 원칙들이 과학적으로 밝혀지기 이전에도 몇 세기 동안 진행돼왔었다. 개 브리딩에서 (인간이 주도하는) 인위적인 선택은 개의 행동과 외형, 크기에 영향을 끼쳤고, 그 결과 오늘날의 개는 세상의 모든 종들 중에서도 가장 폭넓고 다양한 표현형을 가진 종일 것이다.

최초의 개first dog 유형

소묘와 회화작품에서 얻는 동물고고학적 발견과 정보만이 최초의 견종의 등장에 대한 약간의 힌트를 제공한다. 피라미드의 벽에서 볼 수 있는 개나 도자기를 장식한 그림에 묘사된 개와 오늘날의 견종 사이에는 아무런 관계도 없을 가능성이 크다. 그러므로 그리스인들과 로

▲ 파라오 하운드는 이름과는 달리 고대 이집트하고는 아무런 관련이 없는 현생 견종이다.
▼ 아키타는 유전적으로 늑대와 가까운 일본 견종이다.

마인들이 전쟁을 할 때 활용했던 ("마스티프mastiff 비슷한") 몸집이 탄탄한 개는 외형이 오늘날 존재하는 일부 견종과 비슷할지 모르지만, 유전적으로는 관련이 없을 것이다. 하운드hound 유형도 생식적으로는 별개의 견종으로 존재 해온 초기의 견종 중 하나이지만, 이번에도 그 개들의 유전적 구성은 근동에서 기원한 현대의 사냥개들과 다를 것이다.

프리 레인징 도그: 떠돌이 개Stray Dog, 빌리지 도그Village dog, 파리아 도그Pariah Dog

오늘날 개가 개별적으로 인간에게 의지하는 의존도의 수준은 대단히 다양한 듯 보인다. 세계의 산업화된 나라들에서 많은 개들이 반려견으로 살아간다. 반면, 다수의 개들이 반려견으로서 소중한 대우를 받는 그들의 사촌들과는 그리 공통점이 많지 않은 듯 보이는 세상에서 살아가고 있다.

떠돌이 개, 빌리지 도그, 파리아 도그-의존도 수준

세계의 산업화된 지역에서는 "주인이 있는" 개와 (일종의 이례적인 사례로 간주되는) 떠돌이 개 사이에 선명한 선이 그어져 있는 반면, 예를 들어, 아프리카의 빌리지 도그들은 약간은 복잡한 상황을 향유한다. 개-인간의 관계를 기술하는 다음과 같은 두 가지 특성을 바탕으로 개를 분류할 수 있다: 생존을 위한 의존dependency 과 번식과정의 제약restrictions.

완전히 의존하면서 철저한 제약을 받는다-집에서 키우는 개와 작업견

이런 개들은 견주에게 헌신하고, 그들의 행동과 번식은 견주에 의해 엄격히 관리되며, 그들과 같이 사는 사람은 그들이 필요로 하는 영양분의 섭취와 잠자리, 의료서비스를 단독으로, 그리고 직접 제공한다.

완전히 의존하면서 부분적인 제약을 받는다-떠돌이 개

일부 산업화된 사회에서, 이 개들은 사실상 견주가 있는 개이지만, 그 견주는 개들이 떠돌아다니는 걸 철저히 통제하지는 않는다; 또는 그 개들은 주인을 잃거나 주인이 방치했거나 유기한, "진정한 떠돌이"일 수 있다. 이 개들 입장에서 주인 없는 떠돌이 개가 되는 건 안정적인 상황이 아니다. 이 동물들은 얼마 지나지 않아 입양이나 유기견

▲◀ 프리 레인징 도그들은 호리호리한 근육질로, 쫑긋 선 귀 같은 "늑대와 비슷한" 특징들을 자주 보여준다. 일반적으로, 그들의 해부학적 특징은 생활환경이 거칠고 인간의 지원이 있을 법하지 않은 환경에서 생존하는 데 유리하다.

보호소를 통해 사회에 재편입되는 게 보통이다.

부분적으로 의존하면서 제약받지 않는다—빌리지 도그나 파리아 도그

파리아 도그에게는 충성을 바치는 견주가 없다. 그들은 대체로 인간이 제공하는 자원들(특히 먹이와 주거지)을 활용하는 편이지만 말이다. 그들은 이런 환경에서 생존해나가는 고도로 솜씨 좋은 생존자들이다. 번식능력(아래를 보라)을 감안할 때, 그들은 개들 중에서 생태적인 측면에서 가장 전형적인 변종에 속한다고 볼 수 있다.

의존하지 않고 제약받지 않는다—야생 개feral dogs

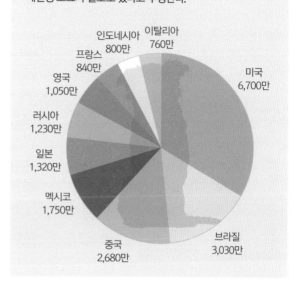

세계의 개 소유 현황

견주에게 소유된 개의 숫자가 가장 많은 10개국은 아래와 같다. 세계보건기구WHO는 세계적으로 2억 마리 이상의 프리 레인징 도그가 별도로 있다고 추정한다.

인도네시아 800만
이탈리아 760만
프랑스 840만
영국 1,050만
미국 6,700만
러시아 1,230만
일본 1,320만
멕시코 1,750만
브라질 3,030만
중국 2,680만

이런 개들이 자급자족적인 개체군으로 살면서 인간이 제공하는 (먹이)자원과 완전히 독립된 생활을 해나간다는 증거가 고작 몇 가지 특정사례밖에 없기 때문에 이건 논란의 여지가 있는 카테고리다. 동남아시아와 오스트레일리아에 사는 일부 개들(예를 들어, 싱잉 도그singing dogs와 딩고)이 이 카테고리에 가장 잘 들어맞는다.

▼ 프리 레인징 도그나 파리아 도그는 인도와 아프리카, 남미의 도시와 시골지역에 많이 산다. 이 개들과 세계 다른 곳에 있는 비슷한 형편의 개들은 굉장히 닮았다.

불편한 사실 받아들이기-파리아 도그는 독특하게 성공한 견종이다

세계 전역에 살고 있는 개의 규모와 관련해서는 추정치만 존재한다. 가장 큰 추정치는 우리가 이 행성을 10억 마리 가량의 개와 공유하고 있고 이 개들 중 대략 20퍼센트만이 인간의 면밀한 관리 아래 살고 있을 가능성이 크다는 것이다—이건 세계적으로 파리아 도그가 8억 마리 정도 있다는 뜻이다. 그들 중 상당수가 따스한 기후에서, 특히 인도와 동남아시아, 아프리카, 멕시코, 남미에서 살고 있다.

파리아 도그의 외모는 순종견과 그들이 낳은 잡종들을 통해 우리에게 친숙해진 외모와 대단히 비슷하다. 정말로, 파리아 도그의 모습은 서식하는 대륙을 불문하고 놀라울 정도로 획일적이다 몸집은 작은 편에서 중간 크기 사이이고, 직사각형의 균형 잡힌 체구에 털이 짧으며, 색깔은 황갈색이거나 흰색이 섞인 황갈색이다. 이건 파리아 도그들이 자원을 효율적으로 이용하면서도, 그들이 처한 생태적 틈새niche—즉, 인간 사회의 변두리—에서 고도의 성공을 구가하는 강인한 유기체를 낳는 자연선택 과정을 겪어 왔다는 뜻이다.

파리아 도그의 생태와 행동

파리아 도그는 인간이 내놓는 식량 자원에 의존한다—인간이 그런 자원을 기꺼이 제공하는 경우는 드물고 개들 스스로 그걸 마련해야 한다. 그들은 대체로 도시와 시골의 길거리에서, 또는 —쓰레기장처럼—먹이가 꾸준히 공급되는 환경에 영원한 터전을 잡고 끼니를 해결한다. 인간이 내놓는 먹이가 이런 곳들로 꾸준히 흘러들어온 결과 야생 개는 안정적인 개체군을 유지한다. 하지만 이런 먹이의 영양분 품질은 늑대들이 먹는 육류를 기초로 한 식단에 비해 현저히 낮다. 파리아 도그는 몸집을 자그마하게 줄여 이런 틈새에 적응했다—인간이 버린 먹이는 덩치 큰 개가 생활을 지탱하기에 충분치 않다. 파리아 도그의 먹이는 육체적인 힘을 써서 제압할 필요가 없는 것들이다. 파리아 도그는 무리를 이뤄 사냥을 하는 것 같지도 않는다.

파리아 도그는 위계를 갖춘 조직을 이뤄 생활하며, 자신들의 영역을 침범하는 다른 집단에는 공격성을 드러낸다. 그들은 1년 내내 번식한다—먹이가 꾸준히 공급되고 기후조건이 생활하기

▲◀ 프리 레인징 도그는 인간 사회가 꾸준히 내놓는 영양 공급에 의존한다. 이 개들의 적응력은 고도로 뛰어나다. 그리고 큰 문제를 야기하는 일 없이 인간과 공존하는 게 보통이다. 그렇지 않다면 인간들이 그들을 감내하지 않을 테니까.

에 안락한 상황을 반영한 결과다. 수컷은 임신이 가능한 암컷들을 꾸준히 쫓아다니고, 암컷들은 새끼를 해마다 2마리 낳는다. 파리아 도그 어미들은 새끼들을 생후 8~10주까지만 보살핀다. 새끼의 양육을 돕는 개(나이 많은 새끼들)나 새끼를 돌보는 아비는 없다. 그래서 파리아 도그 강아지는 젖을 떼는 즉시 먹이를 놓고 성견들을 상대로 치열하게 경쟁해야 한다. 그래서 그들 중 대다수가 태어난 해에 목숨을 잃는다.

딩고—진정한 "들개"

딩고는 개과 동물에 속한 별도의 종을 대표한다는 (틀린) 말이 자주 나온다. 사실은 딩고도 세계 전역에 있는 다른 개들처럼 인간이 만든 종이다. 기원전 4000~5000년경에 오스트레일리아에서 인간 정착자들이 그들을 받아들였고, 그러면서 그들은 애보리진과 가까운 관계가 됐다. 하지만 이런 딩고 중 다수가 야생화되면서 오스트레일리아 대륙 특유의 지역적인 어려움들에 성공적으로 적응했다. 요즘, 그들은 가축을 잡아먹기 때문에 대체로 유해동물로 간주되고 있다.

파리아 도그와 인간의 관계

파리아 도그는 인간과 몇 가지 유형의 관계를 맺고 있다는 점에서 "야생"이 아니다. 그들은 집에서 키우는 개들처럼 사회화되지는 않았지만, 파리아 도그 강아지들은 인간이 만들어낸 (후각적 신호와 인공적인 물건, 시각적 자극 같은) 흔적들이 풍부한 인공적인 환경에서 태어난다. 지역에 사는 아이들이 강아지를 입양한 후에 관광객에게 파는 일도 자주 있다. 파리아 도그 성견은 인간의 정착지를 돌아다니면서도 전혀 불안해하지 않고, 인간과 갈등을 빚는 일도 드물다. 일부 시민들은 도둑이나 다른 파리아 도그에 맞서는 경비 임무에 활용하려는 의도로 그 지역의 파리아 도그 무리에게 주기적으로 먹이를 준다.

파리아 도그의 생태적인 역할에 대한 우려

가축화된 종이 야성을 드러내는 현상(야생화feralization)은 걱정스러운 경향으로, 생태계에 심각한 영향을 끼치는 경우가 잦다. 고양이, 흰담비, 낙타 등이 특정 지역의 동물군이나 식물군에 큰 악영향을 준다는 게 입증됐다. 그러므로 파리아 도그 수 억 마리가—먹잇감을 사냥하는 잠재적 포식동물이자 다른 육식동물의 경쟁자로서—고유종에 부정적 영향을 줄 거라고 가정할 수도 있다. 하지만 파리아 도그는 먹이의 대부분을 인간이 버린 음식물 쓰레기에 의존하기 때문에, 이들이 이용 경쟁자(exploitative competitors, 제한된 자원을 놓고 제로섬 게임을 하는 경쟁자—옮긴이)가 돼서 사자나 치타와 동일한 먹잇감을 사냥할 가능성은 적다. 대신, 야생에서 살아가는 자칼과 오소리, 고양이 같은 일부 종을 못살게 굴거나 그들의 사냥을 훼방 놓는 걸 통해 그 종들의 간섭 경쟁자(interference competitors, 다른 종의 자원 이용을 막는 경쟁자—옮긴이)가 될 수는 있다.

제2장

해부학적 구조와 생명활동

포유동물이자 육식동물로서 개

개는 수만 년에 걸쳐 가축화가 진행되는 동안 엄청나게 다양한 생김새와 기능을 보여주고 있기는 하지만, 포유동물이자 육식동물의 후손으로서 가진 모든 특징들도 여전히 보여주고 있다. "진정한" 포유동물은 쥐라기(Jurassic, 2억 100만~1억 4,500만 년 전─옮긴이) 말기에 새로운 해부학적 특징과 기능적인 특징을 몇 가지 보여주는 일부 파충류 유형으로부터 등장했다. 포유류 중에서 쥐라기 중기에 갈라진 진수류(眞獸類, Eutheria, 태반이 있는 포유류)와 후수하강(後獸下綱, Metatheria, 유대목 동물)은 백악기 대멸종 이후에 세력을 넓히면서 조룡(祖龍, archosaur)이 사라지며 남겨진 틈새들을 채웠다. 이 사건은 6,000만 년 이전에 일어난 육식동물의 등장을 비롯한 최근의 주요한 포유류 집단들의 진화로 이어졌다.

1. 털fur은 초기 포유류의 발생과 더불어 진화했다. 털(또는 가죽coat)은 체온을 조절하는 데 기여할 뿐 아니라 위장偽裝과 신체 보호, 커뮤니케이션 역할도 수행한다. 가축화가 진행되는 동안 개의 털가죽은 많은 면에서 바뀌어 왔다. 털hair과 털가죽fur은 다르다. 털의 대체적인 특징은 길게 자라면서 털갈이를 덜 한다는 것이다. 광범위한 털의 색깔은 늑대에게는 존재하지 않는 것으로, 개만 선택해 온 것이다.

7. 피부기름샘皮脂腺, sebaceous gland은 물에 저항력을 갖게 해주고 털가죽과 피부에 기름기가 돌게 만들어주는, 물과 친화력이 적은 성질을 가진 물질인 피지를 만든다. 피부기름샘은 수분이 피부를 통해 빠져나가는 걸 막고 체온을 단열하는 기능을 향상시켜준다. 에크린eccrine땀샘은 증발하면서 신체를 식혀주는 물기 많은 땀을 분비하면서 체온을 조절하는 역할을 수행한다. 개는 발가락 볼록살(paw pad, 육구肉球)과 코에만 이런 피부기름샘이 있다. 그래서 개는 헐떡거리는 행동을 통해 체온을 조절한다.

6. 포유류는 온혈동물이다. 체온을 일정한 수준으로 유지한다는 뜻이다. 개의 정상적인 체온은 화씨 101~102.5도/섭씨 38.3~39.2도(인간의 체온은 화씨 98.6도/섭씨 37도)다.

2. 포유류는 고막을 내이內耳로 이어주는 작은 뼈 3개(모루뼈incus, 망치뼈malleus, 등자뼈stapes)가 들어 있는 특유한 중이中耳를 진화시켰다. 파충류의 턱의 일부인 각진 관절뼈articular bone는 중이의 모루뼈와 망치뼈로 진화됐다. 이 3개의 뼈가 소리 전달에 관여하면서 포유류의 가청범위가 넓어졌다. 개의 가청범위는 약 30~40헤르츠(Hz)부터 4만 4,000헤르츠 사이다.

3. 포유류는 진화하는 동안 망막에 있는 색상을 감지하는 원뿔세포cone 2개를 잃으면서 이색형 색각二色型色覺, dichromatic이 됐다─빨간 빛과 파란 빛만 감지하게 됐다.

4. 포유류의 턱 구조는 특이하다. (젖니를 딱 1번만 대체하는) 영구치가 달린 치골齒骨, dentary bone은 관절에 의해 두개골의 측두린골squamosal bone에 연결된다. 성견의 이빨은 42개로, 22개는 아래턱에 있다. 젖니는 생후 20일쯤에 돋고, 견종에 따라 생후 5개월부터 6개월이 될 때까지 그 자리를 지킨다.

5. 젖샘乳腺, mammary gland은 자식을 먹이는 데 활용되는 지방과 당분, 단백질이 풍부한 분비물인 젖을 만들어내는 특별한 유형의 땀샘汗腺이다. 젖샘은 암컷과 수컷에 모두 있지만, 잉태 이후의 수유기 동안에만 활성화된다. 에스트로겐estrogen과 프로락틴prolactin을 비롯한 여성호르몬이 이 기관의 성장과 기능을 조절한다. 개의 젖에는 지방과 단백질이 특히 풍부하고, 당분은 인간의 젖보다 덜 들어 있다.

▲ 현재 알려져 있는 현존 포유류 6,000여 종을 다른 동물들과 구분해주는 포유류만의 중요한 특징이 7가지 있다.

개의 골격과 운동능력

다른 많은 포식성 포유동물처럼, 개는 탄탄한 체구를 갖고 있다. 개의 골격은 체중을 지탱하면서, 단거리 전력질주와 오래달리기를 모두 할 수 있게 해준다. 개의 일반적인 생김새와 체형은 수백만 년에 걸친 선택의 결과지만, 최근의 브리딩 전략들은 다양한 방법으로 골격을 변화시켜왔다. 견종간의 몸집 차이는 어마어마하지만(치와와*Chihuahua*와 그레이트데인*Great Dane*의 몸집 차이는 100배가 넘을 수도 있다), 모든 개가 가진 뼈의 개수는, 꼬리 길이와 며느리발톱dewclaw의 존재 유무라는 변수가 있기는 하지만, 거의 같다-평균 319개.

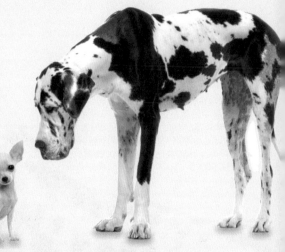

▲ 제일 작은 개(2인치/6~7센티미터)와 제일 큰 개(42인치/110센티미터) 모두 인간에게 있는 것보다 대략 113개 많은 뼈를 공유한다. 토이 견종toy breed의 골격은 대략 생후 6개월이면 다 자라는데, 이는 거대 견종giant breed보다 3배 더 빠른 성장속도다.

개의 골격기관

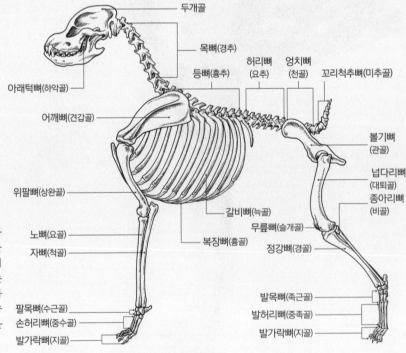

두개골
목뼈(경추)
허리뼈(요추)
엉치뼈(천골)
꼬리척추뼈(미추골)
아래턱뼈(하악골)
등뼈(흉추)
어깨뼈(견갑골)
볼기뼈(관골)
넙다리뼈(대퇴골)
종아리뼈(비골)
위팔뼈(상완골)
갈비뼈(늑골)
무릎뼈(슬개골)
정강뼈(경골)
노뼈(요골)
복장뼈(흉골)
자뼈(척골)
발목뼈(족근골)
팔목뼈(수근골)
발허리뼈(중족골)
손허리뼈(중수골)
발가락뼈(지골)
발가락뼈(지골)

▶ 뼈는 개의 이동을 가능하게 해줄뿐더러 체내 장기들을 떠받치고 보호하며 미네랄도 저장한다. 일부 뼈는 백혈구와 적혈구도 생산하고, 과도한 pH(수소이온농도지수) 변화에 맞서 혈액을 보호하기도 한다.

두개골

개는 동일한 크기의 늑대에 비해 두개골이 20퍼센트 작은 편이고 이마가 더 반구半球형이다. 극단적인 경우로는 장두長頭, dolichocephalic형 견종과 단두短頭, brachycephalic형 견종이 있다. 두개골이 짧아짐에 따라 뇌가 재편되는 결과가 이어졌는데, 뇌의 재편은 단두형 견종이 후각은 좋지 않고 시각은 더 예리해진 이유를 설명해줄 수 있다.

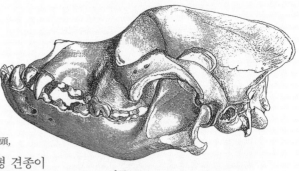

단두短頭, Brachycephaly/불도그Bulldog

▲ 불도그는 위턱이 아래턱보다 짧은 극단적인 모양새의 턱 때문에 씹을 때 고생한다.

치아

성견의 영구치는 42개다. 먹이를 자르고 다듬는 데 이용하는 앞니incisor 12개, 상당한 압력으로 물고는 찢어발기는 긴 송곳니canine 4개, 날카로운 작은 어금니premolar 16개, 씹는 데 이용되는 표면이 울퉁불퉁한 어금니molar 10개. 강아지는 작은 어금니가 12개이고 어금니는 없다. 영구치는 생후 3~7개월에 돈는데, 이 과정에는 침을 흘리고 짜증을 잘 내는 성향이 동반될 수 있다.

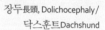

장두長頭, Dolichocephaly/ 닥스훈트Dachshund

▲ 길쭉한 두개골 모양은 야생 개과 동물에 더 전형적이다. 개의 일부 견종은 이 특성을 그대로 유지해 왔거나, 심지어는 이 좁은 두상 때문에 선택되기도 했다.

골반

정상적인 골반에서 대퇴골femur의 둥근 대퇴골두head of femur는 골반에 있는 오목한 자국인 관골구acetabulum에 깊이 들어맞는다. 부주의한 브리딩 탓에, 많은 견종에서 골반 기형이 고질화됐다. 이형성異形成, dysplastic 골반에서, 대퇴골두는 딱 들어맞지 않고 느슨하게 덜컹거리거나 움푹 팬 곳에서 완전히 탈구되기도 한다.

혀

개가 가장 현란하게 사용하는 근육기관이 혀다. 혀는 양쪽에 있는 3개의 주요 근육으로 구성돼 있다. 혀에는 모세혈관이 많아서 개가 헐떡거리는 동안 체온을 조절하는 걸 도와준다. 개의 혀 중에서 가장 긴 혀의 세계 최고기록은 17인치/43센티미터로, 복서boxer 견종의 혀였다.

발

개는 발가락으로 걷는다. 발가락 볼록살과 발바닥 볼록살metacarpal pad은 충격 흡수장치 구실을 하고, 발목 볼록살carpal pad은 미끄러운 표면에서 브레이크처럼 작동한다. 발바닥의 기름기 많은 조직은 극단적인 외부기온에 맞서 내부조직을 단열시켜준다. 발바닥에는 땀샘도 있기 때문에, 발바닥은 체온조절에 중요한 역할을 한다. 스트레스를 받은 개의 발바닥은 인간의 손이 그러는 것처럼 축축해진다. 일부 견종은, 예를 들어 뉴펀들랜드Newfoulndland는 발가락이 길고 발에 물갈퀴가 있어서 수영을 빼어나게 잘한다.

며느리발톱은 앞다리 안쪽에 추가된 발가락으로 뒷다리에 나있는 경우도 가끔씩 있다. 위치는 인간의 엄지와 비슷한 곳이다. 서 있는 자세에서 이 발톱은 지면에 닿지 않는다.

앞발

뒷발

목 볼록살
carpal pad

첫째발가락의 발가락 볼록살
digital pad

발바닥 볼록살
metacarpal pad
발허리 볼록살

발허리 볼록살

주관절

주관절elbow은 체중의 60퍼센트를 감당하는 복잡한 관절이다. 어린 대형 견종이나 거대 견종이 앞다리를 절뚝거리는 건, 관절을 이루는 3개의 뼈(위팔뼈humerus, 노뼈radius, 자뼈ulna)가 적절하게 들어맞지 않는 주관절 형성 장애의 특정 유형 때문인 경우가 보통이다.

꼬리

꼬리의 길이에 따라, 뼈의 개수는 6개에서 23개 사이로 다양하다. 개의 꼬리는 일자형straight이나 낫 모양sickle, 말린 모양curled, 나선형으로 감긴 모양corkscrew일 수 있고,

▶ 아프리카 중부의 유서 깊은 견종인 바센지 *basenji*의 꼬리는 팽팽하게 말려 있는데, 이 꼬리는 바센지가 최고 속도로 달릴 때 균형을 더 잘 잡게 해주려고 꼿꼿해진다.

꼬리가 아예 없는 개도 있다. 개의 꼬리를 자르는 것斷尾, tail docking은 많은 나라에서 불법이다.

근육

개의 근육기관은 몸을 움직일 수 있게 해주고 신체의 관절들에 안정성을 제공한다. 각자 수행해야 하는 과업에 따라 상이한 유형의 근육들이 있다.

1. 민무늬근smooth muscles은 위나 혈관처럼 속이 비어있는 장기臟器의 내벽wall에서 발견된다. 이 근육은 혈관의 지름을 변화시켜서 혈압을 조절한다. 창자의 내벽에 있는 이런 근육은 음식물을 이동시킨다.
2. 골격근skeletal muscles은 힘줄tendon에 의해 골격기관에 속한 뼈에 직접 이어져 있다. 근육이 수축하면 힘줄이 뼈를 잡아당긴다. 개의 관절 대부분에는 각각의 동작—예를 들어 몸을 구부리는 것과 기지개를 켜는 것—을 위해 적어도 두 개의 근육이 달려 있다.
3. 심근cardiac muscles은 심장에만 있는 것으로, 골격근과 많은 세포적인 특정을 공유한다. 이 근육의 주된 역할은 심장을 수축시키고 이완시켜 혈액이 체내를 순환하게 만드는 것이다. 안정 시 심장박동resting heart rate은 개의 몸집에 따라 분당 70회에서 160회 사이다.

보행 형태

견종들이 선호하는 걸음걸이는 다양하다. 예를 들어, 그레이하운드greyhound는 보통은 트롯trot 보행을 하지 않는다—보통 걸음으로 걷거나walk 달린다gallop. 개의 발의 위치는 다리 길이와 앵귤레이션(angulation, 뼈와 뼈가 결합해 있는 각도)에 따라 상이하다.

보통 걸음으로 걷는 개walking dog는 세 발이 동시에 땅을 딛고 있다. 앞발들은 몸통을 이동시키는 데 큰 역할을 떠맡으며, 뒷다리의 역할은 개를 앞으로 이동시키는 것이다. 앞다리는 개가 이동을 멈추게 만드는 데 더 많이 관여하기도 한다. 느릿느릿 걷는 개는 모래나 눈밭을 걸을 때 에너지를 아끼려고 뒷발을 같은 방향에 있는 앞발이 남긴 발자국에 위치시키는 게 전형적이다.

대각선 위치에 있는 다리들이 동시에 움직일 때 트롯 보행을 한다고 말한다. 이때는 두 다리만이 동시에 땅을 딛고 있는 게 일반적이다. 트롯 보행이 남긴 발자국은 대개가 단일한 직선 형태를 그린다. 다리가 길거나 척추가 짧은 개는 뒷다리의 움직임이 앞다리의 움직임을 방해하기 때문에 트롯 보행을 하는 데 어려움이 있다.

페이싱pacing으로 걷는 개는 같은 방향의 앞다리와 뒷다리를 휙휙 움직여서 이동한다. 그러는 동안 땅을 딛고 있는 다른 두 다리가 체중을 지탱한다. 페이싱, 또는 느긋하게 걷는 걸음걸이는 트롯 보행을 하는 데 어려움을 겪는 개들에게 더 보편적이다. 지치거나 기진맥진한 개, 또는 기형인 개들이 이런 보행 유형을 보여주곤 한다.

달리기gallop는 빠른 속도로 이동할 필요가 있을 때 행해진다. 달리는 동안, 개의 다리는 땅에 하나도 닿아 있지 않거나 하나만 닿아 있다. 달리는 개는 자세를 취하는 단계의 기간을 줄여서, 그리고 보통 걸음으로 걷거나 트롯 보행할 때에 비해 다리를 휘젓는 단계의 기간을 늘려서 속도를 붙인다. 개의 달리기는 두 가지로 구분할 수 있다. 느린 달리기는 뛰는 걸음canter이라고 불린다. 개는 빠른 달리기를 제한된 기간 동안만 유지할 수 있다.

개의 털가죽과 피부

털가죽

개의 털가죽은 더블 코트double coat거나 싱글코트single coat다. 더블 코트 또는 퍼 코트fur coat는 단열 재 구실을 하는 부드럽고 촘촘한 언더코트undercoat와 물과 먼지가 묻지 못하게 막는 뻣뻣한 털로 이뤄진 질긴 톱코트topcoat로 구성돼 있다. 그레이하운드나 살루키saluki, 푸들poodle처럼 싱글 코트 인 개는 오스트레일리언 셰퍼드Australian shepherd나 케언 테리어cairn terrier, 골든 리트리버 같은 더 블 코트인 개보다 털이 훨씬 덜 빠지고 그루밍(grooming, 털가죽 손질―옮긴이)이 덜 필요하다.

개는 털갈이shedding를 통해 오래 되거나 손상된 털을 없앤다. 털갈이는 계절에 따라 이뤄질 수 있는데, 두툼한 겨울용 털을 봄에 털갈이하는 개가 많다. 하지만, 실내에서 생활하는 개는 털갈 이를 1년 내내 하는 경향이 있다.

털가죽의 색깔과 행동

제일 유순하고 스트레스도 제일 덜 받는 개들을 바탕으로 브리딩을 하는 바람에, 신진대사 경로 metabolic pathway를 통해 행동에 영향을 주는 호르몬의 변화와 신경화학적 변화들이 일어났다. 이 런 변화들과 관련된 유전자는 털가죽의 색깔을 생리적으로 통제하는 과정에도 관여할 수 있다. 순전히 온순한 성격만을 기준으로 선택된 은여우silver fox들도 털가죽의 색깔과 무늬의 변화를 보 여줬다. 털가죽의 색깔은 행동과 직접적으로 연관돼 있는 듯하다: 털이 황금색인 잉글리시 코커 스패니얼Golden English cocker spaniel은 더 공격적으로 행동하는 편인 반면, 동일한 견종인데도 알록 달록한 색상의 개체들은 한결 온순한 편이다. 색소가 극단적으로 색소탈실depigmentation되는 현 상은 신경과 관련된 문제들, 그리고 시각 및 청각 장애와 상관관계가 있을 수도 있다.

▼ 개는 털가죽의 색깔과 무늬, 털의 길이, 감촉이 개과에 속한 다른 동물들에 비해 엄청나게 다양하다. 털가죽의 유형 은 기후와 작업환경에 적합하게끔 선택됐다.

블루/와이머라너   바이컬러/보더 콜리   도미노/아프간하운드   벨튼/잉글리시 세터   할리퀸/그레이트데인

색깔과 무늬patch

가축화는 털가죽의 색상과 패턴의 다양한 정도를 크게 확장시켰다. 다음은 제일 빈번하게 눈에 띄는 패턴들의 리스트다. 견종이 다르면 동일한 색상이 다르게 불릴 수 있고, 동일한 용어가 다른 색상을 뜻할 수도 있다.

저자극성 털가죽

푸들과 비숑bichon 같은 일부 견종은 털갈이를 거의 하지 않기 때문에 "저자극성hypoallergenic" 털가죽을 가진 것으로 유명하다. 사실을 말하자면, 알레르기를 전혀 일으키지 않는 개는 세상에 존재하지 않는다. 개는 털뿐 아니라 침이나 비듬도 사람에게 알레르기 반응을 일으킬 수 있다. 알레르기가 있는 사람들이 각각의 개에 대해 보이는 반응은, 견종과는 무관하게, 엄청나게 다양할 수 있다.

벨튼Belton: 다양한 색깔의 작은 반점들. 플렉드((flecked, 얼룩이 있는), 틱드(ticked, 얼룩진), 스페클드(speckled, 얼룩덜룩한)로 불리기도 한다(잉글리시 세터, 저먼 숏헤어드 포인터German shorthaired pointer)

바이컬러Bicolor: 무슨 색상이건 흰색 반점과 짝을 이룬 경우. 투 컬러two-color, 아이리시 점무늬Irish spotted, 플래시flashy, 패치드patched, 턱시도tuxedo, 얼룩무늬(piebald, 보더 콜리), 블렌하임(Blenheim, 카발리에 킹 찰스 스패니얼 견종에서 붉은 기가 도는 갈색 조합의 경우)이라고 불리기도 한다.

블루Blue: 푸른 기가 도는 회색(차우차우, 그레이트데인). 애쉬드(ashed, 잿빛)라고 불리기도 한다.

브린들Brindle: 상이한 색소로 이뤄진 띠가 번갈아 드러나는 패턴. 노랑과 검정("호랑이 줄무늬"), 빨강과 검정, 크림색과 회색(그레이트데인, 보스턴 테리어Boston terrier)이 그런 경우다.

브라운Brown: 견종과 정확한 색조에 따라 초콜릿, 리버liver, 마호가니, 빨강, 세지(sedge. 사초), 데드 그래스(dead grass, 시든 풀)로 불리기도 한다(래브라도 리트리버, 체사피크 베이 리트리버Chesapeake Bay retriever).

도미노Domino: 아프간하운드의 몸통 윗부분과 양 옆, 머리와 꼬리, 네 다리의 바깥쪽이 연한 색으로 덮여 있는 걸 묘사할 때 사용된다. 살루키 견종에서는 유사한 패턴을 "그리즐grizzle"이라고 부른다.

폰Fawn: 노랑과 황갈색, 연한 갈색, 또는 얼굴이 진한 검정색인 크림색 개를 일컫는 게 전형적이다(퍼그, 잉글리시 마스티프English mastiff).

할리퀸Harlequin: 그레이트데인에서 흰색 바탕에 들쑥날쑥하게 난 검정 반점들.

멀Merle: 흰색으로 덮인 많은 구역 사이에 있는, 진한 무늬와 반점들이 있는 대리석 색상의 털가죽(셰틀랜드 쉽도그Shetland Sheepdog). 닥스훈트 견종의 경우는 대플dapple이라고 부른다.

트라이컬러Tricolor: 선명하게 구분되는 세 가지 색상의 조합(비글, 스무스 콜리, 셰틀랜드 쉽도그).

멀/무디

브라운/래브라도

폰/퍼그

트라이컬러/비글

브린들/그레이하운드

피부

피부는 가장 큰 장기다. 탈수증을 일으키지 않게 해주고, 기후에 노출되는 걸 막아주며, 혈관을 통해, 그리고 털을 부풀려서 몸통 바로 옆에 있는 데워진 공기를 가두는 근육활동을 통해 체온을 조절하는 걸 도와준다. 개는 털로 덮인 부분에서는 땀을 흘리지 않는다. 하지만 발가락 볼록살을 통해서는 땀을 흘린다. 네 발이 지면을 더 잘 움켜쥘 수 있도록 해주기 위해서다. 피부는 신체를 지키는 최초의 방어선으로서, 개를 부상과 질병, 햇빛 속 자외선에 의한 손상에서 막아주는 장벽이다. 피부의 색소는 천연 자외선 차단제다.

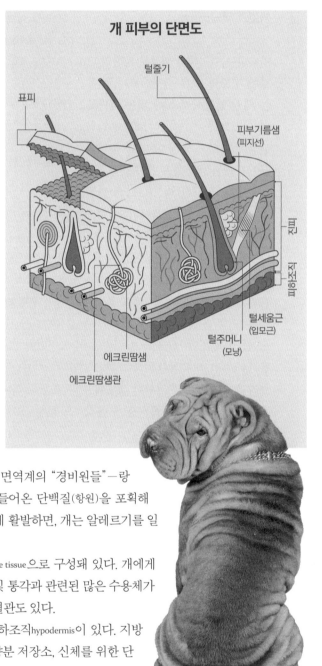

개 피부의 단면도

표피

털줄기

피부기름샘 (피지선)

진피

피하조직

털세움근 (입모근)

털주머니 (모낭)

에크린땀샘

에크린땀샘관

피부의 구성

표피epidermis는 끊임없이 벗겨지는 각질화keratinized된 세포들로 구성돼 있다. 기저 세포층에서 새 세포가 생겨난다. 표피에는 혈관이 없다. 피부가 감염되면, 면역계의 "경비원들"—랑게르한스세포Langerhans cell—이 외부에서 들어온 단백질(항원)을 포획해서 처리한다. 경비원들의 활동이 지나치게 활발하면, 개는 알레르기를 일으킬 수 있고, 그 결과로 가려워한다.

진피dermis는 일반적으로 결합조직connective tissue으로 구성돼 있다. 개에게 주위환경에 대한 감각을 제공하는 촉각 및 통각과 관련된 많은 수용체가 이 층에 있다. 이 층에는 모공과 분비샘, 혈관도 있다.

진피 아래에는 지방이 다량 함유된 피하조직hypodermis이 있다. 지방은 신체를 보호하는 충격흡수장치와 영양분 저장소, 신체를 위한 단열재 구실을 한다.

▶ 샤페이는 깊이 팬 주름으로 유명하다. 샤페이는 헐렁한 피부 탓에 중국에서 투견으로 활용됐다. 하지만 이런 피부는 만성 알레르기성 피부질환을 일으킬 위험도 크다.

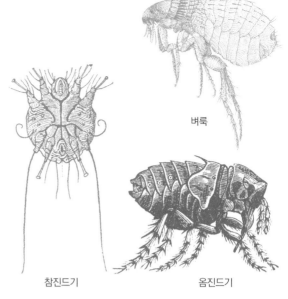

벼룩

참진드기

옴진드기

▲ 개는 다양한 외부 기생충을 제거하려고 피부를 긁는다. 그렇더라도, 견주는 참진드기와 벼룩, 다른 기생충의 존재를 정기적으로 확인해야 한다. 위험한 질병을 옮기는 것들이기 때문이다.

▲ 외부 기생충은 신체조직을 먹고 산다. 기생충이 일으키는 부상과 피부 염증은 가벼운 통증을 낳으며, 심하면 피부에 심각한 문제를 일으킬 수도 있다.

피부 기생충

건강한 피부는 개의 전반적인 건강을 반영한 결과물이다. 피부 기생충은 동물의 심신을 심하게 약화시키는 탈모와 짜증의 원인이 될 수 있다.

모낭충Demodex mites은 모낭에 산다. 이 기생충에 감염된 개는 붉은 흡윤개선(red mange, 모낭충증demodicosis)에 걸린다. 이 질환은 사람에게는 옮지 않는다.

옴진드기Sarcoptes mites는 피부를 파고든다. 개뿐 아니라 고양이와 돼지, 심지어 인간에게도 옮는다. 이 진드기에 옮은 개는 다른 개들로부터 격리시킬 필요가 있고, 수의과 치료를 받아야 한다. 이런 개가 이용했던 곳은 깨끗이 청소해야 한다.

벼룩Flea은 날지 못하는 작은 곤충으로, 촌충의 매개체다. 벼룩의 침은 알레르기를 일으킬 수 있다. 머리와 목, 꼬리의 피부에 모여 있는 게 보통이다. 벼룩의 배설물은 피부 위에서 후추 크기의 자그마한 검정 반점들로 발견된다. 육안으로 찾아내 참빗을 써서 잡을 수 있다. 개벼룩은 개와 고양이의 피를 빨아먹는 게 보통으로, 가끔은 사람을 문다. 벼룩을 잡는 데 쓰는 전문적인 용품을 사용하기에 앞서 수의사와 상의해보는 게 현명한 일이다.

참진드기Tick는 다리가 8개인 절지동물로, 동물을 물어 라임병Lyme disease과 바베시아 감염증babesiosis, 기타 질병들을 옮길 수 있다. 참진드기는 먹잇감이 지나가기를 기다리다 개가 스치고 지나갈 때 개의 털가죽에 뛰어내리거나 털을 타고 오른다. 최상의 예방책은 방충제를 사용하고 산책 후에 개를 살펴 참진드기를 제거해주는 것이다. 참진드기는 개의 피부에 난 작은 혹처럼 느껴진다. (참진드기 제거용 도구나 핀셋을 써서) 신속히 제거하면 질병에 걸릴 위험이 줄어든다. 참진드기 때문에 생기는 질병의 증상으로는 피로와 식욕상실, 고열, 절뚝거림, 혈뇨血尿 등이 있다.

개의 식생활

주로 육식을 한 포식동물을 직계조상으로 뒀으면서도, 세계 전역의 파리아 도그 수억 마리가 쓰레기나 다름없는 질 낮은 먹이를 먹으면서도 번성한다는 사실은 패러독스처럼 보인다. 우리가 키우는 개를 위한 이상적인 식단을 찾아내는 작업은 왜 그리도 복잡할까? 딜레마의 원인으로는 문화적인 이유가 제일 큰 것 같다: 반려견이 인간의 세계에 깊이 편입된 까닭에, 그들이 섭취해야 할 영양분에 대한 논의는 인간이 섭취할 영양분을 둘러싼 논의만큼이나 격렬한 논쟁을 낳는다.

개는 포식동물인가?

개는 육식동물에 속한다. 개가 가진 전형적인 개과 동물의 턱과 치아는 대형 포식동물의 먹이행동을 보여준다. 개는 송곳니로 상대에게 심각한 부상을 입힐 수 있고, 먹잇감이 격렬하게 탈출을 시도하더라도 그것들을 꽉 붙들어둘 수 있다. 무리를 이뤄 사냥하는 늑대 비슷한 조상들에게서 물려받은 개가 가진 또 다른 특성은 드물게 얻어지는 덩치 큰 먹잇감을 소비하는 데 필요한 능력(그리고 그런 것을 선호하는 성향), 그리고 그와 짝을 이룬, 다른 개들과 먹이를 놓고 격렬한 경쟁을 벌이는 성향이다.

앞니
송곳니
작은어금니
어금니
위턱
아래턱
어금니
작은 어금니
송곳니
앞니

개가 먹는 식단의 영양분

개가 먹는 식단을 구성하는 이상적인 영양분의 명세가 아래에 있다. 이 명세는 그들의 늑대 조상들이 소비해 왔을 법한 섭취량을 바탕으로 작성한 것이다.

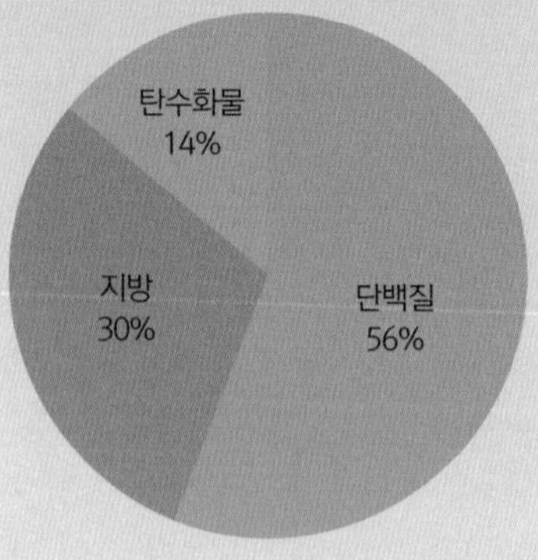

탄수화물
14%

지방
30%

단백질
56%

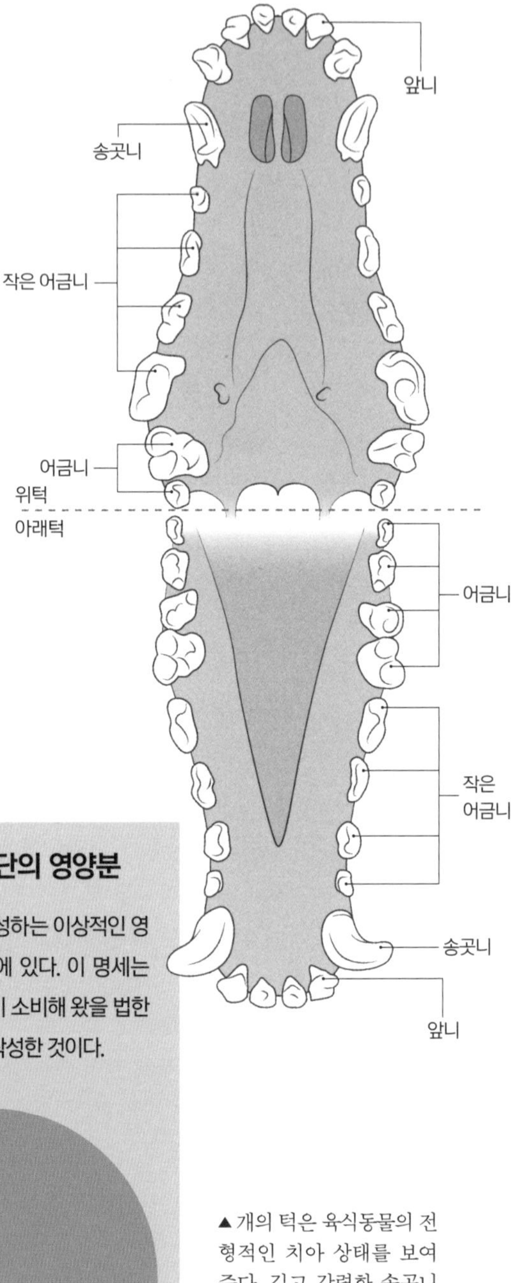

▲ 개의 턱은 육식동물의 전형적인 치아 상태를 보여준다. 길고 강력한 송곳니는 먹잇감을 붙잡는 용도로(그리고 동족끼리 싸우는 용도로) 쓰이고, 절삭용 도구 같은 어금니는 제아무리 튼튼한 힘줄과 뼈도 자르고 으스러뜨린다.

개가 먹으면 안 되는 것들

개가 먹으면 안 되는 식품 유형이 몇 가지 있다. 아보카도, 포도, 건포도, 초콜릿, 커피, 마카다미아너트, 그리고 (껌 같은) 자일리톨을 함유한 식품이 여기에 해당된다. 더불어, 인간이 먹는 식품이지만 개가 먹으면 개를 앓게 만들 수도 있는 식품도 폭넓게 존재한다. 예를 들면, 설탕과 감귤유citrus oil, 버섯이 그렇다.

생닭

조리한 닭고기

곡류 기반 (습식)

곡류 기반 (건식)

▲ 반려견의 식단에는 여러 가지 옵션이 존재한다. 영양가와 편리성, 유행이 비슷비슷하게 중요한 역할을 수행할 수 있는 부유한 국가에서는 특히 더 그렇다.

다양한 먹이

인간이 제공하는 음식물을 직접 획득하지 않는 파리아 도그는 주로 동물성 먹이를 먹고 산다. 브라질의 들개들은 도마뱀과 쥐, 곤충 같은 눈에 띄는 소형 척추동물은 무엇이건 먹어치운다. 아프리카에서, 야생 개들은 동물의 시체를 먹는 동물들과 썩은 고기를 놓고 경쟁한다.

실험실에서 실시한 테스트들은 반려견이 곡류 기반 식단보다 육류를 더 선호한다는 걸 보여줬다; 개들은 육류 중에서도 돼지고기, 소고기, 양고기를 닭고기와 말고기, 간肝보다 선호한다. 개는 날고기보다는 조리된 고기를 더 선호한다는 것도 밝혀졌다.

체중이 110파운드/50킬로그램인 개는 하루에 2,400kcal가 필요하다. 35살 난 체중 155파운드/70킬로그램인 남성의 하루 소요 칼로리와 비슷하다. 개의 식단 단백질에 편중돼야 한다(매일 체중 5파운드 당 약 1/8온스(체중 1킬로그램 당 1.5~2.5그램)의 단백질; 소형견은 상대적으로 더 많은 단백질이 필요하다. 동물성 단백질이 낮고, 지방 대 단백질 비율은 1:3~1:4 정도여야 한다.

영양분의 출처에 대한 의견은 다양하다. 공장에서 제조한 사료는 과학적 테스트를 거친 "이상적인" 다량영양소(macronutrient, 생물체가 다량으로 필요로 하는 영양소−옮긴이)와 미량영양소micronutrient와 비타민의 비율을 보장할뿐더러 엄격한 위생기준도 준수한다고 말하는 전문가가 많지만, 날것 형태의 식품에 함유된 천연(가공되지 않은) 성분들을 옹호하는 전문가들도 있다.

식생활과 건강

음식과민증food intolerance과 알레르기는 개 수백 만 마리의 (그리고 견주들의) 안녕을 위협한다. 충격적인 건, 개가 그들의 식단을 구성하는 특정 "천연" 성분에 알레르기 반응을 보일 수도 있다는 것이다. 이 서글픈 시나리오의 원인은 어렸을 때 걸린 대장 감염, 사료나 환경에 들어 있는 인공 화학물질, 근교약세(inbreeding depression, 근친교배를 오래 한 탓에 환경 적응력이 떨어지는 현상−옮긴이)를 비롯한 여러 가지다. 병원균 감염도 자주 알레르기를 일으킬 수 있다.

개의 생리 🐾

생리적 과정의 주된 역할은 개가 내부나 외부환경의 어떤 변화에도 대처할 수 있도록 신체의 균형을 (항상성homeostasis을) 유지할 수 있게 해주는 것이다. 모든 장기가 적절히 작동하면 개의 병적인 상태가 악화되는 걸 예방할 수 있다.

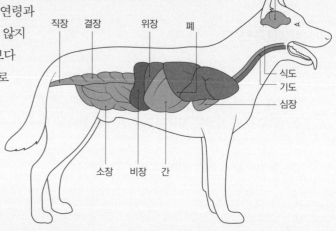

유익한 스트레스

건강한 개가 되려면 스트레스에 노출될 필요가 있다는 말은 모순된 말처럼 들린다. 이 경우에 "유익한 스트레스good stress"는 놀이를 하거나 끈끈한 사회적 접촉을 할 때처럼 긍정적인 감정을 느끼는 것과 결합된 생리적 상태를 뜻한다. 부정적인 스트레스를 약간 제한된 정도로만 경험하는 것도 중요할 수 있다. 이런 경험을 통해, 개가 살아가는 동안 겪을 수도 있는 난점들을 다루는 법을 배울 수 있기 때문이다.

심장과 순환기관

주요한 장기 중 하나가 심장으로, 심장의 역할은 혈액이 체내에서 계속 순환하게 만드는 것이다. 혈액이 지속적으로 순환해야 신체의 모든 부위가 에너지가 풍부한 분자와 산소에 접근하게 된다. 동시에, 혈액은 폐기물과 이산화탄소를 재빨리 처리한다. 개는 대략 체중 2.2파운드 당 3액량 온스(fl. oz.)의 혈액(체중 1킬로그램 당 80~90ml의 혈액)을 갖고 있다. 분당 70회에서 160회 사이의 심장박동이 이 혈액을 펌프질한다.

개의 에너지 소요

성견의 유지에너지요구량MER, the maintenance energy requirement은 개가 전형적인 수준의 활동을 하는 데 필요한 일일 최소 에너지다. 이 수치는 반려견들 사이에서도 생활환경과 활동, 견종에 따라 다양하다. 소형견은 대형견보다 상대적으로 에너지를 더 많이 쓴다: 체중이 4.4파운드(2킬로그램)인 개는 파운드 당 50킬로칼로리kcal(킬로그램 당 110킬로칼로리)가 필요하다. 반면, 체중이 44파운드(20킬로그램)인 개는 파운드 당 27킬로칼로리(킬로그램 당 60킬로칼로리)만 필요하다. 연령과 성별은 그다지 큰 차이를 빚어내지 않지만, 중성화한 개는 그렇지 않은 개보다 에너지를 약 25~30퍼센트 덜 필요로 한다.

▶ 개는 네 발 달린 육식동물들의 전형적인 주요 장기들을 갖고 있다.

항상성 유지

생리적인 제어 과정에 많은 요인이 영향을 준다—배고픔과 갈증뿐 아니라, 주위의 온도 하락이나 다른 개 때문에 느끼는 두려움 같은 외부의 자극요인들. 일반적으로 이런 영향들을 몇몇 종류의 스트레스로 요약할 수 있다. 스트레스는 신체가 균형을 유지하는 걸 도와주는 특정한 신경구조(교감신경계)와 (코르티솔cortisol 같은) 호르몬을 활성화한다. 예를 들어, 개가 견주와 놀이를 시작하면 개의 신체는 더 많은 에너지를 필요로 한다. 그래서 교감신경계가 활성화되면 심장이 더 빨리 뛰고, 체내 저장소에 보관돼 있던 에

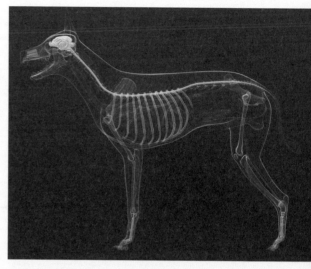

▲ 개의 중추신경계의 주요 부위들(뇌와 척수).

너지가 풍부한 분자들이 근육과 뇌로 흘러들어간다. 추가적인 에너지가 필요치 않다면, 부교감신경계가 생리과정을 통제한다.

코르티솔과 스트레스

코르티솔은 "스트레스 호르몬"으로 (그릇되게) 불리는 경우가 잦다. 사람들은 코르티솔 수치가 치솟는 건 체내가 부정적인 상태에 있다는 뜻이라고 가정하기 때문이다. 사실을 따져보면, 뇌우雷雨에 공포증을 가진 개들은 폭풍우가 몰아칠 때 이 호르몬의 수치가 치솟는 걸 보여주지만, 개들끼리 또는 개와 사람이 적극적으로 상호작용을 할 때도 높은 수준의 코르티솔 분비가 이어진다.

그런데 개가 견주와 함께, 또는 개들끼리 놀고 있을 경우에 코르티솔 농도도 증가한다. 그러므로 코르티솔은 생리상태가 "긍정적"이거나 "부정적"인 방향으로 균형을 잃고 있다는 걸 보여주는 지표에 더 가깝다.

개와 인간의 활력 관련 수치

인간	개
체온	
화씨 101~102.5도	화씨 97~99도
(섭씨 38.3~39.2도)	(섭씨 36.1~37.2도)
호흡수	
분당 10~12회	분당 10~35회
혈압	
90~120mmHg(심장 수축 시)	130~180mmHg(심장 수축 시)
60~85mmHg(심장 확장 시)	60~95mmHg(심장 확장 시)
심장박동	
분당 50~90회	분당 140~180회
	(작은 견종은 분당 심장박동bpm이 높다)

개는 어떻게 세상을 보나

개는 광량光量이 적은 환경에서 활동하는 데 특히 잘 적응된 포유동물의 전형적인 시각 시스템을 소유한 듯 보인다. 개는 그들의 시각능력에, 우리가 예상하는 것보다 많이 의존한다. 인간이 만든 (사회적) 환경에서는 시각적인 정보가 더 중요하기 때문이다. 그런데 인위적인 선택에 따른 브리딩은 개의 두상頭相과 눈의 위치, 망막의 구조가 엄청나게 다양해지는 결과로 이어졌다. 그래서 개의 시각능력은 견종에 따라 두드러진 차이를 보일 수 있다.

진한 갈색
파란색
연한 갈색
녹색/회색
오드 아이

▲ 개의 눈동자는 대부분 갈색이지만, 특정 견종의 경우에는 파란색 같은 다른 색깔의 눈동자도 전형적일 수 있다.

개가 보는 대상

인간은 개가 우리와 비슷한 방식으로 세상을 볼 거라고, 그래서 개들의 시각적 관점도 우리와 같을 거라고 가정한다. 하지만 이런 가정은 몇 가지 이유에서 맞지 않다. 먼저, 키가 큰 인간은 지형을 개보다 훨씬 더 잘 파악한다. 반면, 개의 시각視角, visual angle은 인간보다 넓다. 개의 눈은 머리의 정면에서 더 옆쪽에 놓여 있다. 그래서 개는 풍경을 훑어볼 때 고개를 돌릴 필요가 없다.

시각 처리 능력

빛의 밝기를 예민하게 인지하는 능력은 적은 광량 아래에서 사냥하는 포식동물에게 대단히 중요하다. 일반적으로, 개는 회색 색조에 인간보다 절반 정도만 민감하다. 그렇지만, 일반적으로 개는 빛에 더 민감하다. 개의 안구 뒤쪽에 있는 특별

두상이 변하면서 초점을 맞추는 능력이 영향을 받았다

표적으로 삼은 대상에 초점을 맞추고 주위를 집중하는 능력은 눈에 들어오는 대상의 이미지를 망막 위에 있는, 비전vision이 선명하게 맺히는 지점인 중심와fovea로 향하게 만드는 능력에 부분적으로 의존한다. 머리가 긴(장두형인) 개들의 대부분은 중심와가 없다. 그래서 이런 개들에게 있는 비전이 선명하게 맺히는 영역은 수평적인 띠 모양이다. 하지만 머리가 짧은(단두형인) 개들을 선택한 브리딩은 망막의 구조에 영향을 줬고, 그래서 퍼그 같은 많은 견종이 눈에 중심와와 비슷한 곳을 획득했다.

장두
단두

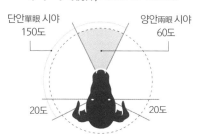

개와 인간의 색상 인식능력 비교

삼색형 색각Trichromatic

이색형 색각Dichromatic

개의 시계視界, FIELD OF VISION

단안單眼 시야
150도

양안兩眼 시야
60도

20도   20도

▲ 개의 시계視界는 인간의 그것보다 크다. 개가 두 눈으로 보는 시계는 전형적인 인간의 시계의 절반 정도로, 이래서 개는 깊이를 인지하는 능력이 상대적으로 떨어진다.

한 층(휘판輝板, 또는 반사막tapetum lucidum) 덕에 눈에 들어오는 빛이 안구의 뒤쪽에 반영된다. 그러면서 개는 집중적으로 바라보는 장면을 이런 특성이 없는 인간보다 더 밝게 볼 수 있다.

시력視力, acuity은 멀리 떨어진 곳에서 두 가지 대상을 시각적으로 분간하는 능력을 가리킨다. 인간의 시력은 특히 좋다—우리는 멀리 떨어진 곳에 있는 수직선 두 개 사이의 대단히 좁은 간격도 구분할 수 있다. 다른 자극이 다 동일한 상황에서, 인간이 약 25야드/22.5미터 떨어진 곳에서 두 개의 평행선이 떨어져있다는 걸 알 수 있다면, 개는 똑같은 패턴을 보기 위해 대상에 20피트/6미터까지 접근해야만 한다.

포식동물의 후손인 개는 움직임을 감지하는 민감성이 뛰어나다. 개는 인간의 관찰시야를 벗어난 상대적으로 먼 거리에서 일어난 아주 미세한 움직임도 감지한다. 이 특성은 개들이 작은 먹잇감의 위치를 파악하는 걸 도와준다. 그리고 이런 사실은 많은 개가 풀밭에 있는 움직이지 않는 물체를 찾아내는 데 문제를 보이는 이유도 설명해준다.

개의 망막은 인간의 눈에 청자색blue-violet 과 녹황색으로 보이는 색상에 더 민감한 특유한 두 가지 유형의 수용체 세포(원뿔세포)로 구성돼 있다. 따라서 (위의 그림에 보이듯) 개는 이색형 색각시스템을 갖는 반면, 인간은 삼색형三色型 색각시스템을 갖는다. 개는 노랑 계통의 물체와 파랑 계통의 물체를 쉽게 분간할 수 있지만, 빨간색과 비슷한 색상은 보지 못하면서 그 색깔들을 회색의 일종으로 인지한다.

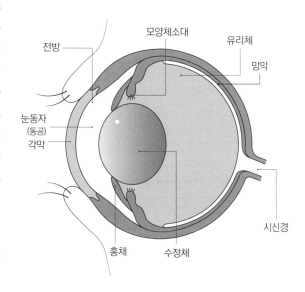

모양체소대

유리체

망막

전방

눈동자
(동공)

각막

홍채   수정체

시신경

▶ 개의 눈의 구성성분은 인간의 눈과 동일하지만, 개의 각막과 수정체는 인간의 그것들보다 더 동그랗다.

개는 어떻게 소리를 듣나 🐾

인간은 개가 소음에, 특히 밤중에 나는 소리에 대단히 예민하다는 걸 알아차렸을 때 개를 뛰어난 경비견으로 만들기로 결정했을 것이다. 낯선 이들이 다가올 때 큰소리로 짖어 경보를 발령하는 개는 포식동물뿐 아니라 인간 침입자에 맞서는 유용한 도우미였을 것이다.

개의 귀는 안테나처럼 작동한다

뛰어난 청력은 어느 포식동물에게나 중요한 능력이다. 광량이 적은 상황에서 사냥을 하는 동물에게는 특히 더 그렇다. 먹잇감이 내는 소리는 먼 거리를 이동할 수 있고, 나무나 덤불, 바위에 의한 방해를 그 순간에 포착한 시각적 광경보다 덜 받는다. 그래서 우수한 청력을 지닌 포식동물은 먹잇감의 존재와 떨어져 있는 거리, 방향을 수월하게 감지할 수 있다. 개에게서 이 능력은 움직일 수 있는 바깥귀 덕분에 두드러지게 향상된다. 귀를 움직이는 건 소리의 출처를 공간적으로 파악하는 데 도움을 준다. 인위적인 선택의 결과, 많은 견종이 이런 능력을 손상시킬 수도 있는 늘어진 귀를 갖게 됐다.

귀를 움직이는 건 개가 경청하고 있는 대상이 무엇인지를 알 수 있게 해주는 좋은 시각적 표식이다. 고대하는 표정으로 견주에게 주위를 기울이고 있으면서도 귀는 뒤쪽으로 돌리고 있는 개는 인간 반려자를 주시하기보다는 귀에 들려오는 소리에 더 집중하고 있는 것이다.

개는 고주파 소리를 듣는 능력이 탁월하다

개의 가청범위가 인간의 그것보다 훨씬 넓다는 사실은 잘 알려져 있다. 개와 인간은 저주파 소리(~30~40헤르츠)를 듣는 능력은 동일하지만, 고주파 소리(~4만 4,000헤르츠)를 듣는 개의 청력은 인간의 최대 가청범위(~1만 8,000~2만 헤르츠)를 훌쩍 뛰어넘는다. 개가 초음파 범위의 소리

◀ 늘어진 귀hanging ears는 가축화의 결과로 생겨났을지 모르지만, 그걸 목표로 선택되지는 않았을 것이다.
▶ 쫑긋 선 귀erected ears는 먼 거리에서 먹잇감이나 반려자의 위치를 파악하는 데 도움을 줄 수 있다.

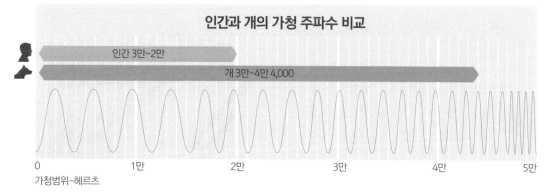

인간과 개의 가청 주파수 비교

인간 3만~2만

개 3만~4만 4,000

| 0 | 1만 | 2만 | 3만 | 4만 | 5만 |

가청범위-헤르츠

를 상당히 잘 듣는다는 뜻이다. 그래서 개는 생쥐 같은 작은 설치류가 내는 고주파 소리도 잘 듣는다. 고주파 소리를 듣는 청력은 개에게 이로울 것이다. 주위를 돌아다니는 작은 먹잇감이 그런 소리를 자주 내기 때문이다. 이건 개가 기계나 가전제품이 내는, 인간의 귀에는 들리지 않는 초음파 소음에 무척 쉽게 불안해할 수 있다는 뜻이기도 하다. 개의 높은 가청범위가 안겨주는 실용적인 이점 하나는 옆에 선 사람들은 듣지 못하는 초음파 호루라기가 내는 소리를 듣고 견주에게 돌아오도록 조련할 수 있다는 것이다.

소리가 난 곳의 위치 파악하기

방향감 테스트directional hearing test는 실험대상이 멀리 떨어져 있는 소리의 출처를 정확하게 파악할 수 있느냐 여부를 알아내는 테스트다. 이 테스트와 관련해서 입수할 수 있는 데이터는 많지 않지만, 인간은 공간적으로 1° 벗어난 위치들을 구분할 수 있기 때문에 그런 과업을 수행하는 능력이 탁월한 반면, 개는 8°의 각도에서야 대상들을 구분할 수 있다. 바깥귀가 소리의 출처 파악을 도와준다는 증거가 있지만, 쫑긋 선 귀나 늘어진 귀를 가진 개들이 이와 관련한 청력이 다르다는 걸 보여주는 연구는 없다.

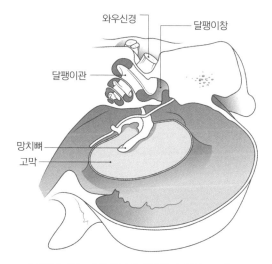

와우신경

달팽이창

달팽이관

망치뼈

고막

▲ 오른쪽에 있는, 개의 중이의 내부를 보여주는 그림은 소리를 감지하는 곳인 달팽이관을 보여준다. 고주파 소리는 달팽이관의 맨 아래 부분에서, 저주파 소리는 맨 위에서 감지된다.

수술로 개의 바깥귀를 변형시키는 행위는 피해야 한다

"공인된" 외모를 얻으려고 바깥귀를 외과적으로 수술해서 변형시키는 일부 견종이 있다. 오스트레일리아와 뉴질랜드, 유럽의 상당수 국가를 비롯한 세계 전역의 많은 나라가 단이斷耳, ear cropping 수술을 금지시켰지만, 그래도 여전히 많은 개가 이 불필요한 절차를 겪고 있다. 외과수술을 통한 개입은 의학적인 조언을 바탕으로 할 때에만 착수해야 마땅하다.

개는 어떻게 냄새를 맡고 맛을 보나

몇몇 이론에 따르면, 개는 뛰어난 후각능력 때문에 가축화됐다. 인간은 후각으로 정보를 획득하는 데는 딱히 재능이 없다. 그래서 인간은 개와 같이 일하면 사냥 성공률을 높일 수 있었다. 이게 그럴싸한 시나리오인지 여부는 모르겠지만, 냄새를 맡는 개의 능력은 비범하다고 묘사되는 일이 잦다. 개가 사냥의 도우미로 활용돼 온 건, 그리고 최근 들어 수색구조견search and rescue dog이나 치안과 보안서비스를 위한 탐지견detector으로 더더욱 많이 활용되는 건 놀라운 일이 아니다.

흔적을 쫓아가는 능력이 탁월한 특정 견종들은 마약탐지견sniffer dog으로 조련된다.

개의 뛰어난 후각

개의 뛰어난 후각능력은 크게 두 가지 요인에 의존한다. 개는, 늑대와 비슷한 조상이 딱 그랬듯, 작은 골벽(bony wall, 상중비갑개上中鼻介ethmoturbinates)들이 이룬 복잡한 시스템으로 구성된 동굴troglodytic 형태의 커다란 비강鼻腔을 갖고 있다. 비강에 도달하는 분자들을 감지하는 기관인 후각상피上皮가 이 넓고 주름진 표면을 덮고 있다. 개가 보유한 후각상피의 총 넓이는 23평방인치/150평방센티미터에 달하기도 한다. 반면, 인간의 그것은 거의 1평방인치/5평방센티미터다. 이건, 몇 개 안 되는 냄새분자가 개의 후각상피에 도달할 가능성이 인간의 그것보다 훨씬 크다는 뜻이다.

개는 활발한 후각수용체 유전자를 인간보다 더 (30퍼센트) 많이 갖고 있다. 후각 뉴런의 세포막에 앉은 단백질분자들의 정체를 밝혀내는 이 수용체

▶ 헝가리안 비즐라Hungarian vizsla 같은 사냥개에게 농도가 낮은 화학물질을 감지하는 능력은 특히 중요하다.

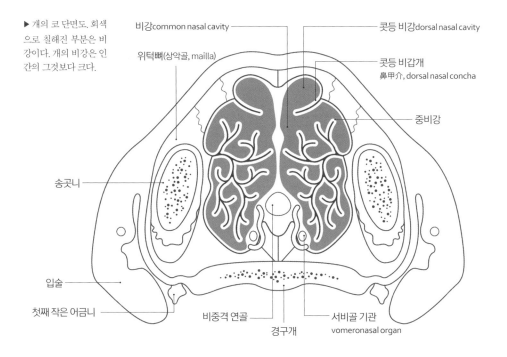

▶ 개의 코 단면도. 회색으로 칠해진 부분은 비강이다. 개의 비강은 인간의 그것보다 크다.

비강common nasal cavity

위턱뼈(상악골, mailla)

콧등 비강dorsal nasal cavity

콧등 비갑개
鼻甲介, dorsal nasal concha

중비강

송곳니

입술

첫째 작은 어금니

비중격 연골

경구개

서비골 기관
vomeronasal organ

는 공기를 통해 운반되는 냄새 나는 화합물을 수용하는 기관이다. 따라서 냄새분자를 호흡으로 들이마실 때, 개는 그 냄새에 의해 활성화되는 후각상피의 세포막에 그 분자에 대응하는 수용체를 갖고 있을 확률이 높다.

암을 감지하는 개

최근 몇 년 사이, 많은 개가 인간의 체내에 존재하는 암세포를 감지하도록 조련을 받았다. 사람들은 개가 건강한 조직과 병든 조직이 내뿜는 화학성분들의 극히 미세한 차이를 인식할 수도 있을 것 같다고 추정했다. 개가 전립선암에 걸린 사람에게서 얻은 소변 샘플을 알아차릴 수 있다고, 그리고 폐암에 걸린 사람들의 그것들도 골라낼 수도 있다고 보고한 연구가 많다.

이 개들이 환자를 진단할 수 있을 것 같지는 않지만, 암 발병 여부를 감지해내는 그들의 활동을 조사해보면 특정 질환을 가리키는 생체지표biomarker로 활용할 수 있는 분자들을 찾아내려는 연구자들에게 실마리를 제공할 수도 있다.

▶ 개의 코 단면도. 회색으로 칠해진 부분은 비강이다. 개의 비강은 인간의 그것보다 크다.

저먼 셰퍼드는 흔적을 쫓는 작업에 대단히 적합한 견종이다.

냄새 맡기

냄새를 맡는 과정은 활발하게 전개된다. 개는 대략 4~7헤르츠Hz(초당 킁킁거리는 횟수)의 빠른 속도로 공기를 들이마실 수 있다. 이 행동은 냄새분자들이 비강 깊숙한 부위까지 다다르게 해주고, 그중 15퍼센트는 다음번에 냄새를 맡는 동안 그곳에 머무른다. 이 행동은 코에 들어온 화학 물질의 농도를 높여주고, 냄새를 분석하는 시간을 더 많이 제공하기도 한다. 킁킁거리는 행동은 수색하는 과정 중에 바뀌기도 한다. 냄새의 흔적이 시작되는 위치를 찾아내야 할 때, 개는 처음부터 대단히 효율적으로 냄새를 맡는다. 냄새의 출발점을 찾아낸 후, 개는 더 느긋하게 주변을 돌아다니고 킁킁거리는 횟수는 줄어들 수 있다.

개의 후각

몇몇 실험은 일부 화학물질의 경우에 개가 인간보다 훨씬 더 민감하다는 걸 밝혀냈다. 냄새분자의 종류에 따라 이 차이는 3~10배나 높을 수 있고, (노르말아밀 아세트산n-amyl acetate의 경우) 심지어 1만배나 차이가 날 수도 있다. 대부분의 경우, 개는 (마약이나 폭발물 성분 같은) 특정한 냄새를 인식하는 조련을 받아야 한다. 조련을 받고 숙달된 개는 그런 물질의 농도가 극히 미세하더라도 해당 물질을 감지할 수 있다.

  견종에 따라 능력차이가 있을 거라 예상되기는 하지만, 그런 예상을 제대로 뒷받침하는 문건은 없다. (비글 같은) 센트 도그(scent dog, 후각능력이 뛰어난 개―옮긴이)와 늑대는 (아프간하운드처럼) 후각능력이 떨어지는 개와 (복서 같은) 코가 낮은 견종에 비해 냄새를 맡는 능력이 선천적으로 뛰어나다는 증거가 일부 있다.

냄새 식별과 냄새 대조

냄새 감지는 중요한 능력이다. 작업견은 냄새들을 잘 대조해서 일치하는 냄새들을 연결 지을 수 있어야 한다. 잘 조련된 개는 냄새를 식별하고 구별하는 과업을 수행할 때 100퍼센트 가까운 성공률을 보여준다. 조련된 개는 어떤 물체에 코를 대고 몇 번 킁킁거려 그 물체가 지나간 경로를 찾아내기도 한다. 이 기술은 실종자를 수색할 때 유용하다. 범행현장에서 찾아낸 냄새 흔적과 용의자의 의복이나 소지품에서 나는 냄새를 대조해서 연결 지을 경우, 경찰수사에 큰 도움을 줄 수도 있다. 심지어 개는 일란성 쌍둥이들도 확실하게 구분할 수 있다.

서비골 기관鋤鼻骨 器官, vomeronasal organ

냄새를 맡는 데 쓰이는 이 기관은 입천장에 (위 앞니 약간 뒤에) 있고, 비강으로 통하는 관管을 갖고 있다. 서비골 기관이 수행하는 기능은 여전히 미스터리다. 이 기관이 성적인 활동과 관련된 페로몬에 특히 민감할 거라는 게 전반적인 추정이기는 하다. 서비골 기관이 손상된 수캐는 전형적인 마운팅 mounting 행동을 보여주지 않고, 동일한 손상을 입은 암캐는 수캐의 구애를 받아들이지 않는다.

미각 인식

개의 미각수용체는 인간의 그것과 상당히 비슷하다. 혀의 특정영역에 있는 맛봉오리(미뢰, taste bud)에 5가지 기본적인 맛(단맛, 쓴맛, 신맛, 짠맛, 감칠맛) 중 하나에 민감한 수용체들이 있다.

미각 감지에 기여하는 상이한 수용체 단백질이 많다. 개는 쓴맛을 감지하는 수용체를 만들어내는 유전자를 15개 갖고 있다. 개가 단맛을 좋아하는 건 위험한 일일 수 있다. 집안에서 그들에게 유독한 (초콜릿과 자일리톨 같은) 단 음식을 맞닥뜨릴 수 있기 때문이다.

이른 시기의 선호 학습

강아지는 임신기간에 배아胚芽로서 맞닥뜨렸던 물질에 대한 선호를 보여준다. 예를 들어, 어미가 임신하고 수유하는 동안 아니스anise를 먹었을 경우, 생후 몇 주 된 강아지들은 아니스 냄새가 나는 먹이를 선호한다. 그런 먹이 선호는 강아지가 젖을 뗀 이후에 안전한 먹이를 먹는 데 도움을 줄 것이다.

강아지는 어미를 통해 먹이를 먹는 동안 어미가 먹어 온 먹이들에 맛을 들인다.

게놈Genome

유전학자들은 개가 보유한 유전자가 대략 18,500개라는
결론에 도달했다. 인간이 보유한 유전자 개수(19,500개)
와 엇비슷한 규모다. 인간게놈 프로젝트HGP, the Human Genome
Project가 종료된 직후, 2004년에 이름이 타샤Tasha인 복서가 가
진 전체 게놈의 염기서열이 분석됐다.

바셋 하운드는 다리의 성장을 저해하는 결과를 낳는 연골이
형성증chondrodysplasia을 갖도록 의도적으로 브리딩됐다. 이
질환은 성장과 관련된 유전자의 별도의 사본 때문에 생긴다.

염색체chromosome

개의 유전자는 체세포염색체body chromosome 38쌍과 성염색체sex chromosome 1쌍으로 이뤄져 있다
(인간은 총 23쌍을 갖고 있다). 수정이 되는 순간, 양쪽 부모는 각각의 염색체 쌍 중 하나를 후손에
게 물려준다. 성性과 관련된 유전적 특징들은 성염색체를 통해 전달된다. 수캐는 X와 Y 성염색
체를 하나씩 가진 반면, 암캐는 X 성염색체 두 개를 갖고 있다.
개와 인간 사이의 진화적 거리evolutionary distance는 멀지만, 양쪽은 염색체의 많은 부분을 공유한
다. 유전적인 면에서 인간과 개는 인간과 쥐보다 더 유사하다. 개와 인간은 동일한 결과를 낳는
유전자를 많이 공유하기도 한다. 그러므로 양쪽 종 모두, 어떤 돌연변이가 일어나면 유사한 기
능 부전으로 이어질 수 있다.

유전자가 개의 생김새에 미친 영향

인간의 인슐린 유사 성장인자 1(IGF-1, insulin-like growth factor 1)이라는 유전자가 성장과정과
성장이 끝난 뒤의 최종적인 몸집과 체중 결정에 관련돼 있다는 게 알려진 지 오래다. 최근 연구
는 이 유전자가 개에게서도 동일한 기능을 수행한다는 걸 밝혀냈다. 이 유전자의 변형(대립형
질allele)은 그 개가 소형견(미니어처슈나우저miniature schnauzer)이 될지 대형견(자이언트 슈나우저giant

▶ 모든 소형견 견종에서 IGF-1
유전자의 변이가 발견되지만,
대형견과 회색늑대에서는 이
런 변이가 거의 보이지 않는다.
이 유전자는 미니어처슈나우
저, 스탠더드 슈나우저standard
schnauzer, 자이언트 슈나우저
같은 개의 덩치를 결정하는 데
중요한 역할을 수행한다.

개는 탄수화물을 소화하는 데 필요한 유전자를 갖고 있고, 그래서 아밀라아제 효소로 탄수화물을 당분으로 분해하는 능력이 늑대보다 뛰어나다.

schnauzer)이 될지를 결정한다. 특정 IGF-1은 일부 대형견의 몸집의 40퍼센트를 통제한다. 바셋 하운드basset hound와 닥스훈트처럼 다리가 짧은 개short-legged dog에서, 장골長骨, long bone은 이른 시기에 성장을 멈춘다. 이건 다리의 성장을 책임지는 섬유모세포 성장인자 4 유전자(FGF4, the fibroblast growth factor 4)의 우성 돌연변이dominant mutation가 부분적인 원인이다.

유전자는 식단의 변화와 관련 있을 수도 있다

인간이 만들어낸 환경에서 사는 개는 대체로 야생에 있는 친척들보다 탄수화물을 더 많이 먹는다. 개가 커다란 탄수화물 분자를 작은 단위들(올리고당oligosaccharide)로 분해하는 알파-아밀라아제 효소alpha-amylase enzyme를 코팅하는 유전자AMY2B 사본을 늑대보다 많이 갖고 있다는 게 밝혀졌다. 이 유전자 사본이 많으면 효소가 더 많이 생산되고 소화과정의 효율이 높아진다.

유전적 요인들

유전학자들의 신형 장비 덕에 개와 인간이 시달리는 질환에서 유전적 요인이 수행하는 역할이 밝혀질 거라는 희망이 커져 왔다. 인간을 괴롭히는 질환의 대부분은 개도 괴롭히기 때문이다. DNA 테스트는 브리더들이 질병을 보유한 개들끼리 교배시키는 걸 피할 수 있게도 해준다.

형질의 유전 🌿

개의 유전을 이해하면 브리딩을 더 잘하고 다른 질병이 발병하는 걸 피하는 데 도움을 받을 수 있다. 털가죽의 색깔과 유형을 통제하는 유전자는 개의 유전시스템에서 가장 잘 알려진 것에 속한다. 일반적으로, 어떤 견종의 털가죽 색상이 더 전형적일수록, 관찰된 패턴에 더 많은 유전자가 기여한다. 특정 유전자의 변이(대립형질)의 존재나 부재를 확인하려는 유전자 테스트는 브리딩에 적절한 개체들을 선택하는 데 도움을 줄 수 있다. 특정 유전자의 일부 대립형질은 개의 행복에 부정적인 영향을 줄 수도 있다.

키와 덩치

짖지 않음

털가죽 색깔과 유형

꼬리

색깔과 무늬

개의 생김새와 행동은 개가 가진 유전자와 개가 사는 환경의 조합에 의해 결정된다.

행동의 유전

행동 특질behavior trait은 다유전자성(polygenic, 2개 이상의 유전자가 관여한다는 뜻—옮긴이)이다. 그래서 행동의 유전에 관여하는 유전자들은 대부분 제한적인 영향만 줄 뿐이다. 이 유전자들의 영향은 생활 환경에 좌우되는 게 보통이라서(유전자-환경 상호작용) 유전자가 개의 행동에 끼치는 영향을 탐지하는 게 훨씬 더 어려워진다. 유전적인 관련성이 먼 견종들끼리 교배시키면 유전자가 행동에 끼치는 영향을 측정할 수 있다. 예를 들어, 연구자들이 짖지 않는 바센지를 상대적으로 많이 짖는 코커스패니얼과 교배시켰을 때, 그 사이에서 태어난 첫 세대는 코커스패니얼 견종처럼 많이 짖었다.

유전자와 털가죽 색깔

털가죽의 색깔과 관련이 있는 개의 유전자는 8개가 알려져 있다. 각각의 유전자에는 적어도 2개의 대립형질이 있다. 이

유전자와 행동의 관계

도파민 수용체(뇌세포의 세포막에 있는 단백질 분자)는 도파민(dopamine, 신경전달물질)에 의해 활성화된다. 인간을 대상으로 한 최초의 유전자-행동 연관관계 연구 중 한 건은 수용체 유전자의 대립형질들이 신기하고 새로운 걸 추구하는 행위의 차이 정도를 설명해준다는 걸 발견했다. 연구자들은 동일한 유전자가 개의 행동에도 유사한 방식으로 영향을 줄 거라는 가정을 세웠다. 실제로, 그들은 특정한 대립형질 유형 하나를 보유한 개는 활발하게 움직이면서 충동적인 성향을 많이 보여준다는 걸 발견했다.

유전자들은 털 한 올 한 올의 색소 분포, 유멜라닌(eumelanin, 검정) 색소와 페오멜라닌(pheomelanin, 노랑) 색소의 생산, 색소의 강도intensity를 통제한다.

아구우티Agouti: 각각의 털에 줄무늬가 있는지(agouti) 단일색상인지를 결정하는 유전자다. 아구우티는 야생에서 보편적인 색깔로, 여우와 쥐가 느끼는 두려움과 관련이 있다. 개에게는 아구우티 신호 펩티드ASIP, the agouti signal peptide의 생산을 통제하는 것으로 의심되는 유전자가 5개 있다.

검은늑대의 색깔은 개에게서 먼저 발생한 돌연변이 탓이다. 나중에 이 유전자는 개-늑대 이종교배를 통해 늑대에게 전달됐다.

브라운Brown: 검정 유멜라닌 색소의 생산을 통제하는 이 유전자의 대립형질은 적어도 2개가 알려져 있다. B(브라운) 대립형질은 b(브라운이 아님) 대립형질에 우성이다.

다일루트Dilute: 이 유전자의 상이한 대립형질은 색소의 강도强度를 결정한다. D 대립형질(다일루트 아님)은 d 대립형질에 우성이다. 개가 d를 2개 보유할 경우, 검정은 회색이나 파랑이 되고, 갈색은 연한 황갈색이나 "회황색Isabella"이 된다.

익스텐션Extension: 어떤 개가 털가죽에 유멜라닌 색소를 드러내느냐 여부를 결정하는 대립형질이 5개 알려져 있다. E나 Em, Eg, Eh 대립형질이 존재하면 몸뚱어리 곳곳에서 유멜라닌이 생산되게 해주면서 검정이나 갈색 털가죽이 만들어진다; 유멜라닌이 없으면 털가죽은 열성 e 대립형질이 존재할 때만(ee) 빨강이나 노랑이 된다. Em은 머리 부분에 짙은 색 마스크가 생기게 만든다. Eg(회색) 대립형질은 (사이트 하운드 견종에서) 아구우티가 만들어낸 황갈색 반점의 패턴을 변형시킨다. 코커스패니얼에서 식별된 Eh 대립형질은 검정개에게 페오멜라닌 반점들을 만들어내면서 흑담비와 비슷한 패턴을 낳는다.

도미넌트 블랙Dominant black: 색깔 있는 무늬를 결정하는 대립형질은 3개가 알려져 있다. 개가 우성 대립형질KB을 최소한 하나 갖고 있다면, 그 유전자는 아구우티ASIP 유전자의 영향을 제거한다. 다른 대립형질이 있으면, 브린들이나 아구우티가 나타날 수 있다. 완전히 새까만 털가죽은 개에게서 먼저 나타났고, 늑대-개 이종교배를 통해 검은늑대black wolf가 이 색깔을 획득했다.

멀: 멀 패턴(산발적으로 뿌려진 색깔 있는 털과 연한 색 털로 이뤄진 부분들)을 통제하는 대립형질은 2개다. 멀(M) 대립형질은 멀이 아닌(m) 대립형질에 우성이다. M이 초래하는 표현형은 ee가 아닌 개에게서만 볼 수 있다(위를 참조하라). M 대립형질의 존재는 청각능력 및 시각능력의 이상과 관련이 있다. 따라서 멀 색상의 개들끼리는 짝짓기를 시키지 말아야 한다.

할리퀸: 할리퀸은 우성 H 대립형질을 딱 하나만 가질 수 있다. H 대립형질 2개는 초기 성장기에 치명적으로 작동하기 때문이다. 그런 배아들은 자궁에 흡수된다. 할리퀸 패턴을 보이는 개는 최소한 하나의 M 대립형질(멀)을 갖고 있다.

스포팅Spotting: 개 털가죽의 얼룩진 정도와 분포를 결정하는 대립형질은 2개 아니면 4개가 있다.

털가죽 유형

장모長毛, Long hair: 아직까지 긴 털이 나게 만드는 유전자들이 모두 밝혀지지는 않았다. 하지만 많은 견종에서 생긴 한 가지 유전자의 돌연변이가 털이 더 길게 자라게 만든다. 많은 단모短毛, short-haired 견종이 가끔씩 긴 털이 난 강아지를 낳는다. 긴 털이 나게 만드는 대립형질이 많은 세대 동안 표현되는 일이 없이 후대로 전달됐을 수도 있기 때문이다.

곱슬곱슬한 털Curly hair: 이런 털이 나는 건 이 유전자와 결합된 다른 털가죽 유형 유전자에 달려 있다. 헝가리안 풀리Hungarian puli

털의 두께는 언더코트undercoat와 아우터코트outer-coat 사이의 균형에 달려 있다.

두꺼운 털가죽은 부상에서 보호해준다.

헝가리안 풀리Hungarian puli

와 코몬도르komondor의 대걸레 같은 털가죽은 두툼한 전기코드 같아서 그들을 공격하는 적들과 극단적인 기상상황에서 그들을 보호해준다.

빳빳한 털Wire hair: 빳빳한 털을 낳는 대립형질은 우성이다. 그런데 또 다른 유전자(I)가 이 유전자의 표현형에 영향을 줘서 길고 부드러운 털을 낳을 수도 있다.

무모無毛, Hairlessness: 털이 나지 않는 견종은 네 종류가 있다: 멕시칸 헤어리스(Mexican hairless, 숄로이츠퀸틀xoloitzcuintli), 페루비안 잉카 오키드

부드럽고 긴 털

짙은 색 오버레이

추위에서 몸을 보호하기 위한 두툼한 털

아프간하운드

털이 빳빳한 포인터

▶ 멕시칸 헤어리스 도그는 유서 깊은 견종으로, 기원이 3,000년도 더 된 과거로 거슬러 올라갈 것으로 믿어진다.

Peruvian Inca orchid, 차이니즈 크레스티드 도그 *Chinese crested dog*, 아메리칸 헤어리스 테리어 *American hairless terrier*. 이런 견종에 속한 모든 개체가 털이 나지 않는 것은 아니다. 앞의 세 견종은 털이 나지 않는 게 우성이다. 이 견종에 털이 나지 않으려면 무모 유전자의 우성 H 대립형질이 하나 필요하다는 뜻이다. 실제로, 털이 나지 않는 모든 개는 H 대립형질을 딱 하나만 갖고 있다. H 두 개를 물려받은 배아는 자궁에 흡수될 것이기 때문이다.

　털이 없는 개의 유형들은 건강 문제, 주로 알레르기 문제와 관련될 수 있다. 그런 개는 햇볕에 화상을 입고 피부암에 걸릴 가능성도 높다. 우성 무모 유전자는 치아와 관련된 문제도 일으킬 수 있다.

단순 유전의 사례: 무모 유전자

브리딩으로 빚어낼 수 있는 실현 가능한 결과물들은 퍼넷 사각형(Punnett square, 아래를 보라)을 활용해서 추정할 수 있다. 무모 유전자에는 대립형질이 두 개 있다. 그중 하나(H)는 다른 것(h, 열성 대립형질)에 우성이다. 부모 각자가 이것 아니면 다른 대립형질을 물려줄 확률은 50퍼센트다(개체들은 항상 각 유전자의 대립형질 두 개를 갖는다). 우성 대립형질은 털이 사라지게 만든다. 그런데 이 대립형질의 사본을 두 개 갖는 것은 치명적이다. 그래서 털이 없는 개체들은 항상 H 하나와 h 대립형질(이형접합체heterozygote) 하나를 갖는다.

털이 없는
몸통

털이 난
발과 머리

▶ 차이니즈 크레스티드 도그는 털이 없는 견종임에도 다리와 꼬리, 머리에 다발로 털이 나 있다.

무모 유전자가 낳는 가능한 결과들

부모가 가진 무모 대립형질

	H	h
H	HH 치명적	Hh 털이 없다
h	hH 털이 없다	hh 파우더퍼프

(powder puff, 차이니즈 크레스티드 도그의 두 가지 유형 중 하나—옮긴이)

제3장

행동과 사회

개의 사회적 행동

고도로 사회화된 동물이자 가족 단위로 서식한다는 것이 개과 동물의 유별난 특징이다. 개과 동물의 기본적인 바탕은 동일하다―차이점은 순전히 양적인 차이일 뿐이다. 반려견은 야생에 사는 친척들이 가진 사회적 특성을 대부분 물려받았지만, 사회적 상호작용의 특이한 점들은 학습을 통해 습득해야 한다. 많은 개가 인간의 가정에서 함께 살아가고 있는 현대에 이 점은 특히 중요하다.

가족의 구성

늑대 무리는 두 세대, 또는 세 세대가 함께 사는 게 전형적이다. 반면, 자칼과 코요테가 이루는 무리는 그보다 규모가 작은 게 보통이다. 실제 가족의 구성은 많은 요소에 달려있다. 늑대의 경우, 그렇게 구성된 가족의 무리들이 모두 합세해 20~30마리의 개체로 구성된 한층 더 큰 무리를 이루는 건 드문 일이 아니다. 구성원들 사이의 유전적인 관계는 무리가 대체로 평온하게 생활하는 걸 보장한다. 부모들의 생존과 새끼들의 생존에 무리의 성공이 달려 있기 때문이다. 그러므로 무리에 속한 젊은 구성원들의 아비인 최연장자 수컷은 가장 많은 경험을 한, 대부분의 의사결정을 내리는 리더에 가깝다. 그렇지만 그의 이해관계는 결국에는 가족 구성원의 이해관계와 일치할 가능성이 크다.

늑대는 2살이나 3살이 되면 새 가정을 꾸리려고 무리를 떠난다. 그가 정한 활동영역이 다른 늑대의 세력권과 겹친다는 점을 감안하면, 이런 과업을 수행하는 데에는 용기와 경험이 필요하다. 그러니 이런 과업을 달성하는 데 성공하는 늑대가 몇 마리에 불과하다는 건 놀라운 일이 아니다. 이건 전형적인 반려견에게는 존재하지 않는 특성이다. 반려견 대부분은 인간 가족과 함께 머무르는 쪽을 선호하기 때문이다. 프리 레인징 도그가 무리를 떠나 흩어지는 연령은 제각각이지만, 그 개들은 다른 무리에 한결 더 쉽게 받아들여지기도 한다.

수컷과 암컷의 전략

무리 내에서 벌어지는 사회적 상호작용은 암컷 리더, 즉 어미가 발정기에 들어갈 때 증가한다. 현장 관찰field observation을 해보면 대부분의 구애

▶ 자칼 종에 속한 동물이 모두 그렇듯, 검은등자칼은 소규모 가족 단위로 산다.

활동은 함께 새끼를 기르는 한 쌍에게만 국한된 것이라는 걸 알 수 있다. 짝짓기 철 동안, 아비는 성숙한 수컷들이 어미와 성적인 상호작용을 하는 걸 막으려고 애쓰면서 다른 수컷들을 향해 공격성을 보이는 게 일반적이다. 이와는 대조적으로, 주도적인 암컷은 1년 내내 다른 암컷들을 향해 낮은 수준의 성내性內 공격성intrasexual aggression을 보여주려는 의지가 더 강하다.

프리 레인징 도그의 사회에 존재하는 폭넓고 다양한 짝짓기 시스템은 성과 관련된 그런 특유한 역할들을 뒷받침하지 않고, 반려견도 짝을 찾는 문제와 관련해서 그런 전략적인 행동에 그리 많이 휘말리지 않는다.

화해

개과 동물의 사회적 집단에게 화합은 대단히 중요하다. 일부 경우에는 다툼을 벌이는 걸 피할 수 없지만, 원수처럼 지내던 개체들끼리 화해하는 것도 다툼과 비슷한 정도로 중요하다. 늑대들과 가족 집단 내부 양쪽을 모두 관찰한 관찰 연구들은 공격적인 상호작용이 일어난 뒤에 그런 화해가 행해진다는 걸 보여줬다. 전투를 벌이고 나면, 패자나 승자는 상대방과 가까운 곳에 머무는 걸 선호한다는 걸 보여줄 것이고, 두 개체는 신체적 접촉을 하면서 상대를 사교적으로 핥아주는 행위를 할 것이다. 화해는 무리의 구성원들이, 영역을 방어할 필요가 생겼을 때와 사냥할 때, 서로서로 협동하려는 의향을 반드시 그대로 유지하고 있게끔 만든다.

사냥하는 무리

사냥은 모든 개과 동물에게 중요한 활동이다. 그런데 많은 개체들이 참여하는 가장 복잡한 사냥은 주로 캐나다와 알래스카 북부에 서식하는 늑대들에게서 관찰된다. 전문가들은 전형적인 늑대 가족의 크기도 먹잇감의 몸집에 의해 결정된다고 추측한다. 늑대는 엘크나 사향소를 사냥해야 할 때는 더 큰 무리를 이뤄 서식하지만, 먹잇감이 그보다 작으면 단독으로 사냥에 나설 것이다.

먹잇감의 위치를 파악하고 먹잇감을 쫓는 것이 사냥의 전부가 아니다. 늑대는 자신들이 활동하는 광대한 영역을—먹잇감이 어디에서 언제 이동하고 있는지를—대단히 잘 파악하고 있어야 하고, 12~40마일(20~65킬로미터)의 범위에 걸쳐서 하는 사냥을 체계적으로 기획할 수 있어야 한다. 늑대가 지름길을 택하거나 심지어 기습을 위해 매복을 하는 것도 관찰됐다. 프리 레인징 도그는 무리를 이뤄 사냥하는 경우가 드물다. 인간의 거주지 근처에서 먹이를 발견하는 데는 그보다 더 간단한 계책으로도 충부하기 때문이다.

▶ 가족 내에서도 공격적인 상호작용이 일어날 수 있지만, 이런저런 형태의 화해가 이어지는 게 보통이다.

늑대에게 사냥은 무리가 협동해서 벌이는 활동인 경우가 잦다. 사냥은 무리의 구성원들이 영역을 수색하면서 먹잇감이 남긴 흔적을 찾아나서는 것으로 시작된다.

먹이 공유

무리 생활에서 사냥으로 얻은 소중한 먹이를 나누는 건 분쟁을 낳는 흔한 문젯거리다. 일반적으로, 이 과업의 책임자는 리더다. 먹이가 (무스 성체처럼) 크면 분쟁이 일어나는 경우는 드물다. 그런데 송아지를 나눠 먹어야 하는 경우에는 격한 다툼이 일어난다. 각각의 늑대에게는 "소유권을 주장하는 부위"가 있다: 다른 늑대가 고기 한 점을 이미 입에 물고 있으면 리더조차 그 늑대가 그 부위에 가진 소유권을 존중할

덩치 큰 사냥감을 사냥하는 데 성공하려면 무리를 이뤄야만 한다. 먹이를 잡고 나면, 무리의 구성원들은 각자의 몫을 챙긴다. 그리고 그 과정에 약간의 체계가 적용된다.

것이다. 먹이 공유는 새끼를 낳았을 때 한층 더 많이 일어난다. 부모들과 다른 형제자매들은 먹은 걸 게워 내거나 사냥한 고깃덩이를 집에 가져와 어린 새끼들과 먹이를 공유할 것이다.

개에게도 이런 행동 특성이 존재한다. 개들이 식사를 간섭할 수도 있는 인간들을 감내할 수 있도록 만들기 위해, 또는 다른 개가 소유한 먹이를 존중하도록 사회화시킬 필요가 있다.

무리들 사이의 관계

무리들간에 분쟁이 일어나면 무자비한 행동이 자행되는 듯 보인다. 야생에 사는 개과 동물이 동종의 무리나 다른 종의 무리와 맞닥뜨렸을 때가 이런 경우다. 늑대와 코요테는 북미대륙에서 경쟁하는 사이다. 늑대와 자칼이 유라시아 남부지역에서 그러는 것처럼 말이다. 단독으로 활동하는 개체들은 영역에서 쫓겨날 가능성이 크다. 그리고 그런 개체들은 자주 목숨을 잃는다.

모든 야생 개과 동물은 어렸을 때 누가 그들 가족의 구성원이고 누가 낯선 개체인지를 배운다. 이 학습은 그들이 자신만의 가정을 꾸릴 때 되풀이된다. 대조적으로, 대부분의 반려견은 낯선 개를 선뜻 받아들이고 친화적으로 행동하지만, 그 정도 수준으로 사회적인 생활을 능숙하게 하게 만들려면 다른 개들과 어울리는 사회화를 시킬 필요가 있다.

개를 여러 마리 키우는 가정

한 가정에서 여러 마리 개를 키우는 게 대중화됐다. 같은 집에서 사는 개들이 스스로 무리를 조직하는 방식은 몇 가지 요인에 달려 있다. 모순적으로 보이겠지만, 이런 경우에는 "지배적인 dominant" 개에 대해 말하는 게 타당할 듯하다. 한 가정에 사는 개들은 유전적으로 가까운 사이가 아니라서 강력한 계급관계를 발전시켜야 하기 때문이다. 어렸을 때 다른 개들과 어울리고 견주의 감독 아래 서로를 충분히 파악한 반려견 무리는 우호적인 관계 속에 평화로이 생활할 수 있다.

위계와 협동 🐾

우리와 함께 사는 반려견이─늘대의 사회적 위계와 유사한─엄격한 위계질서를 발전시키면서 꾸준히 자신이 속한 "무리"를 지배하려 애쓰는 경향이 있다는 주장은 오랜 논쟁거리다. 그런데 최근까지 축적돼 온 많은 증거는 이 주장에 결함이 있음을 보여주고 있다. 주된 이유는, 관찰대상이 된 늘대들이 인간에게 포획된 늘대들이라서 늘대의 사회적 조직에 대한 그릇된 그림을 제공하기 때문이다.

대부분의 사회적 종에서 일부 형태의 위계는 중요하고 종간 차이점을 조정해서 적용할 수 있지만, 조직의 본성은 특유한 환경에 존재하는 생태적이고 사회적인 제약요인들에 상당한 영향을 받는다. 일반적으로, 대단히 엄격한 위계는 협동의 출현을 저해하기도 한다.

동물원에 있는 늑대와 자연에 있는 늑대

포획된 늑대 집단의 구성은 자연 상태에서 형성된 무리의 그것과 대단히 다르다. 동물원과 늑대공원wolf-park에 있는 늘대들은 가까운 친척지간이 아닌데다가 제한된 공간을 너무 많은 성체들이 공유하고 있기 때문이다; 리더십을 쟁취하려는 격렬한 경쟁이 관찰돼 온 이유가 이것이다.

대조적으로, 자연 상태의 늑대 무리는 새끼를 기르는 한 쌍과 그들이 낳은 새끼 몇 세대를 포함하는 대가족일 가능성이 무척 크다. 이 가족에 속한 새끼들은 성적 성숙기에 도달하기 전에 뿔뿔이 흩어진다. 현재, 늑대의 타고난 사회적 행동은 대체로 공격적인 상호작용이 아니라 가족 사이의 친화적인 유대관계를 바탕으로 이뤄지는 것으로 알려져 있다. 가족이 되는 것은 늑대들

늑대 무리의 엄격한 위계구조라는 고전적인 관념은 인간에게 포획된 늑대들을 관찰한 경험에 바탕을 둔 것이다.

이 높은 수준의 협동적인 행동을 보여주는 걸 보장한다. 위험한 사냥에 나서거나 새끼들을 먹이는 일을 조직적으로 행할 때는 특히 더 그렇다.

가정에서 개가 차지하는 위치

가축화 과정을 거치면서, 인간과 개 사이의 위계질서를 유지하는 데 있어서 직접적인 공격성을 드러내는 것의 중요성은 지속적으로 줄어들었다. 개가 인간에게 더욱 더 의존하게 됐고, 그 결과 그들의 종속적인 지위가 확실해졌기 때문이다. 각각의 개가 인간과 애착관계를 발전시키고 공격성을 보이는 수준이 낮아지면서 협동적인 행동을 위한 기반이 형성됐다.

반려견에 먹이를 줄 때는 특유한 절차를 따르는 게 중요하다. "지배"와 관련된 이유 때문이 아니라, 반려견에게 자제력을 가르칠 적절한 기회가 이 시기라는 단순한 이유에서다.

연구 결과는 인간의 가정에서 사는 반려견은 투쟁을 통해 "알파alpha"의 지위에 오르려 애쓰지 않는 게 일반적이라는 걸 보여준다; 반대로, 개는 (예를 들자면, 서비스 도그service dog의 사례에서) 인간과 지배와 피지배관계에 기초할 수 없는 상호작용을 해야 하는 복잡한 과업을 수행할 때조차 견주와 협동해서 작업하는 걸 열망한다.

견주는 리더가 되거나 추종자가 될 수 있을 뿐이라는 관념은 협동이라는 관념과 양립할 수없다; 협동은, 핵심적인 속성상, 효과적인 유대관계와 신뢰할만한 사회적 환경에 기초한다. 이건 늑대나 개가 그들이 속한 사회를 지배하려는 성향을 보여주지 않는다는 뜻이 아니다. 늑대나 개가 그런 성향을 드러내는 건 그들이 처한 상황에 무척이나 많이 좌우된다. 그리고 개의 경우, 개체들이 보여주는 그런 성향의 정도는 천차만별이다.

좋은 리더

"알파 메일alpha male"이라는 시대에 뒤떨어진, 게다가 그릇되기까지 한 이론은 견주가 우월한 지위에 있는 건 자신이라는 한결같고 명료한 신호들을 전달하는 것으로 무리의 리더 역할을 맡아야 옳다고 주장했다. 그렇지만 "알파"라는 용어는, 몇 십 년 간 잘못 사용돼 온 탓에, 현재는 완력을 바탕으로 한 엄격한 지배적인 위계를 그릇되게 암시하는 용어로 쓰인다.

반려견과 상호작용할 때는 다투는 일이 드물고 부모들이 어린 개체들의 타고난 리더 구실을 하는 가족 무리family pack를 모델로 삼으려 노력하는 편이 낫다. 대부분의 개들은 무례한 보스처럼 구는 리더가 아니라, 솔선수범으로 무리를 관리하는 경험 많고 자신감 넘치는 리더를 필요로 한다.

▶ 늑대 무리는 전형적인 가정이다. 긍정적인 상호작용이 늑대 무리의 사회적 생활에 끼치는 영향은 오랫동안 도외시돼 왔다.

친화성과 공격성

개들끼리의, 그리고 인간과 개 사이의 사회적 관계는 긴장감이 팽배한 불편한 접촉과 친화적인 상호작용의 영향을 받는다. 우호적인 상호작용, 적극적인 순종, 놀이, 화해, 위로는 모두 갈등을 회피하는 데 도움을 주고 집단의 안정성을 높이는 데 상당한 기여를 한다.

개가 하는 사회적 행동이 가진 측면들의 대부분은 동종同種인 개들과 상호작용하는 걸 관찰해서 이해할 수 있지만, 가축화는 개라는 종이 가진 인식시스템을 변화시켰다. 인간-개의 관계는 개가 자발적으로 드러내는 애착attachment에 바탕을 둔다. 그리고 대단히 많은 사례에서, 반려견들은 인간과 상호작용하는 동안 전적으로 친화적인 행동들만 보여준다. 이 점을 염두에 두면, 견주-개의 유대관계를 묘사하기 위해 낡은 개념들을 사용하는 건 불완전한 일인 듯 보이고, 최근 들어서는 그 관계를—반드시 서로가 동등한 위치를 차지하는 관계는 아닐지라도—우정으로 간주하자는 아이디어가 제안돼 왔다.

의사소통으로서 공격성

공격성aggression의 주된 기능은 집단 구성원들 사이에서 빚어지는 갈등을 최소화하면서 제한된 자원을 나누는 것이다. 사회를 이뤄 활동하는 종이 보여주는 공격적인 행동은 주로 의사소통을 위해 활용되는 표현들로 구성된다. 결과적으로, 공격적인 행동을 한다고 해서 반드시 육체적인 공격을 하겠다는 뜻인 건 아니다. 개는 더 나은 (즉, 비용이 덜 드는/덜 위험한) 해결책이 없는 경우에만 싸움에 탐닉한다. 집단 내부의 갈등은 상황의 악화를 피하기 위해 긴장감이 담긴 신호들을 활용하는 것으로 해결된다.

공격성의 기능

개가 보여주는 공격성(또는 공격적인 커뮤니케이션)이 가진 기능은 먹이나 장난감, 잠자리 같은 자원을 획득하거나 보호하는 것이다. 한편, 그런 공격적인 행동의 표적은 다른 개이

◀ 이 개가 취하는 순종적인 자세는 이 개가 충돌을 고대하고 있는 게 아니라는 걸 다른 개들에게 알려준다.

거나 인간일 수 있다. 사회를 이뤄 행동하는 종에서, 공격성은 집단 내부에서 발생한 것인지 집단들 사이에서 발생한 것인지에 따라 다르다. 개와 관련된 공격성은 두 가지 주된 맥락에서 일어난다—집안에 사는 개들 사이에, 그리고 같은 집에 살지 않는 개들을 향해. 암캐들은 집안에 사는 개들을 향한 공격성을 더 많이 드러내는 경향이 있는 반면, 수캐들은 같은 집에 살지 않는 개들을 공격하기 쉽다. 동성同性으로 구성된 짝들, 특히 암캐들로 구성된 짝들은 이성들로 구성된 짝들보다 가정 내에서 표출되는 공격성에 더 자주 휘말린다.

공격적인 행동은 두려움과 관련된 반응인 경우가 잦다. 그러므로 개에게 반격을 하거나 개를 안심시키는 것 모두 적절한 반응이 아니다. 개의 주의를 (먹이나 장난감 같은) 다른 쪽으로 돌리는 것과 개가 공격성을 드러내는 걸 그쳤을 때 칭찬하는 것이 최상책이다.

인간을 향한 공격성

가축화가 진행되는 동안 개가 인간을 직접 공격하는 성향은 꾸준히 줄어들었고, 인간과 개 사이의 상호작용에는 친화적이고 협동적인 성향이 점점 더 큰 영향을 끼쳐 왔다. 인간을 향한 공격성이 전반적으로 낮은 수준으로 줄어든 건 경쟁심에서 비롯된 행동을 통제할 수 있는 능력이 향상된 것과 나란히 일어났다. 그럼에도, 개가 인간과 관련된 일로 공격성을 드러내는 건, 심지어 오늘날에조차, 공중보건과 동물의 행복에 대한 심각한 우려를 제기한다.

우월함을 과시하기 위한 공격성

위계적인 사회 구조에서, 높은 계급을 차지하려 벌이는 투쟁은 지배하려는 공격성dominance aggression을 보여주는 전형적인 사례다. 개가 드러내는 지배하려는 공격성은 권위주의적이지 않은 견주들과 복종 훈련의 결여, 개를 응석받이로 만들거나 사람처럼 대우하는 것, 육체적 처벌을 사용하지 않는 것과 연관돼 왔다.

최근에, 이 관점은 격렬한 논쟁의 대상이 됐다. 일반적으로, (탁견시설daycare facility 같은 시설에서 동일한 집단에 속한) 반려견들 사이의, 그리고 개와 인간 사이의 위계적인 관계는 더 대등한 관계, 더 평등한 관계에 가깝기 때문이다. 하지만 위계를 만드는 능력을 가진 사회적인 종은 어느 것이나 높은 계급을 추구하려는 잠재적인 성향을 갖고 있다. 개도 이런 법칙의 예외는 아니다. 하지만 반려견들 사이에서 지배하려는 공격성이 드러나는 원인은 다양할 수 있고, 이런 공격성은 대부분의 사례에서 문제 있는 행동으로 간주된다.

자원 획득 잠재력(resource holding potential, 동물이 전면적으로 벌인 싸움에서 승리하는 능력—옮긴이)

리소스 가딩(resource guarding, 좋아하는 물건이나 음식 앞에서 위협적인 태도를 보이는 것—옮긴이)을 보이는 건 동종끼리 할 수 있는 완벽하게 정상적이고 적절한 행동이다. 하지만, 개가 인간을 향해 자신의 "소유물"을 공격적으로 방어할 때, 이런 행동을 어전히 용인할 만한 것으로 간주하더라도, 우리는 부상을 피하기 위해 상황에 개입해야만 한다. 심각하게 리소스 가딩을 하는 개의 행동을 교정하는 건 가능한 일이지만, 시간이 오래 걸리고 경험도 많이 해야 가능한 일일 수 있다. 그리고 일부 개체들은 결코 완벽하게 믿음직한 개체가 되지 못할 것이다.

견종에 따라 다양한 공격 성향

작업견으로 삼을 목적으로 개를 브리딩한 건 개가 하는 공격적인 행동을 두드러지게 변화시켰다. 인간은 일부 경우에는 그런 성향을 선택한 반면, 다른 경우에는 그런 성향을 제거하는 쪽을 선택했다. 하지만, 현대의 개 브리딩에서 이런 특성들 중 일부를 선택하지 않은 결과, 마땅히 통제했어야 할 공격적인 행동의 발생 빈도가 증가했다. 골든 리트리버의 일부 혈통에는 공격적인 행동이 상대적으로 널리 퍼져 있다. 이건 골든 리트리버는 하나같이 다정한 견종이라고 여기는 사람들의 가정 때문에 악화된 브리딩 관련 이슈다.

잉글리시 불도그*English bulldog*나 마스티프 같은 일부 견종은 그들의 조상이 원래는 투견으로 활용됐다는 순전히 그 이유 때문에 "위험한" 종으로 간주되는 일이 잦다. 하지만, 현대의 견종은 과거에 했던 불-베이팅(bull-baiting, 개를 부추겨 황소를 성나게 하는 놀이—옮긴이) 유형의 행동을 거의 보여주지 않는다.

견종 특유의 공격적인 행동을 바라보는 관점이 나라들마다 다른 것은 아마도 상이한 브리딩 관련 입법 때문에 그럴 것이다—예를 들어, 영국과 독일의 저먼 셰퍼드 도그 관련 브리딩 입법은 다르다. 일부 나라에서 가장 공격성이 강한 것으로 간주하는 견종을 다른 나라에서는 우호적인 견종으로 간주할 수도 있다.

서베이에 따르면, 개가 집안에서 보여주는 공격성은 토이 도그(toy dog, 스패니얼, 테리어 같이 덩치가 작거나 대단히 작은 견종—옮긴이)와 스포팅 도그(sporting dog, 사냥에 사용되는 견종—옮긴이) 같은 견종에서는 발생빈도가 낮고, 허딩 도그(herding dog, 목축에 사용되는 견종—옮긴이) 견종에서는 빈도가 높다. 한 식구가 아닌 개체를 향해 공격성을 보이는 경우는 테리어 견종들 사이에 더 널리 퍼져 있다.

잉글리시 스프링어 스패니얼*English springer spaniel* 견종

◀ 가장 우호적이고 차분한 개조차도 자신의 소유물을 지키려고 들 수 있다. 이건 타고난 행동의 일부이지만 성공적으로 해결할 수 있는 문제이기도 하다.

에서, 도그 쇼dog show에 출품될 목적으
로 브리딩된 개들은 들판에서 사육된
스패니얼보다 인간과 개를 향해 더
공격적이라는 것이 발견됐다. 하지만
견주를 향한 공격성의 경우, 래브라도
리트리버에서는 반대되는 패턴이 목격
됐다. 이건 개가 높은 수준의 공격성을
보여준다고 해서 그걸 쇼를 위해 브리딩
된 탓으로 돌릴 수는 없다는 뜻이다.

토이 · 스포팅 · 허딩

공격성을 더
빈번하게
드러냄

허딩

격성을 덜
빈번하게
드러냄

잉글리시 세터

▲ 집안에서 드러내는 공격적인 성향은 낯선 상대를
향해 보여주는 공격성의 수준과 다를 수 있다.

사회화와 조련은 유전적인 성향을 확실하게
교정할 수 있지만, 중요한 차이점을 완전히 제거
하지는 못한다. 잉글리시 세터English setter를 바탕
으로 군견軍犬을 창조해내는 건 불가능한 일이다. 한편, 특정 견종에 속한 많은 개체는 훌륭한
애완견이 되지 못한다. 그렇지만 중요한 건, 공격성 분야에서 견종과 관련한 차이점은 어떤 견
종을 다른 견종에 비해 차별할 이유를 하나도 제공하지 못한다는 것이다.

기분이 좋아 흔드는 꼬리-화가 나서 짖는 짖음?

개가 꼬리를 치고 짖는 이유는 많다. 따라서 개가 그런 행동을 할 때 명료한 메시지 딱 하나를
전달한다고 주장하는 식의 과도한 단순화는 잘못된 것일 수 있다. 두 유형의 신호 모두 개가 어
떤 식으로건 흥분했다는 사실을 반영한다. 그 신호들을 보디랭귀지의 다른 요소들과 동떨어진
것으로 해석해서는 안 된다.

개는 대체로 상대를 환영하는 상황에서, 그리고 우호적인 접촉을 하는 동안에 꼬리를 친다.
그렇지만 꼬리를 치는 건 갈등이 빚어진 상황에서 순종하겠다는 신호 역할을 할 수도 있다. 심
지어 기분이 좋아서 꼬리를 친다는 보편적인
오해는 위험천만한 상황으로 이어질 수도 있
다. 꼿꼿하게 높이 세워 흔드는 꼬리는 긴장이
나 적대감을 드러내는 것일 수도 있기 때문이
다. 개가 짖는 것으로 전달하는 메시지도 상대
를 위협하는 것부터 절망감과 두려움, 심지어
행복함을 전달하는 것까지 다양할 수 있다.

▶ 개가 꼬리를 세운 걸 친숙하지 않은 개를 지배하겠다는
신호로 해석해서는 안 된다. 그들 사이에는 아직 위계질서
가 확립되지 않았기 때문이다.

세력권 행동

인간들의 사회에서 살아가는 개들은 자원을 두고 경쟁할 필요가 거의 없고, 그래서 세력권 territory을 보호하지 않아도 된다. 상황이 이런데도, 그리고 가축화의 영향을 받고 브리딩의 결과로 견종별로 다양한 정도의 차이를 보이기는 하지만, 개에게는 세력권 행동territorial behavior의 요소들이 여전히 존재한다.

세력권 공격성territorial aggression

반려견이 보여주는 세력권 행동에 대한 정보는 드물다. 반려견의 활동이 견주들에 의해 제한되고 통제되기 때문에 특히 더 그렇다. 일부 개들이 생활하는 환경(집, 마당)을 방어하는 듯 보이지만, 이런 행동은 (가축경비견livestock guard dog처럼) 일부 작업견 견종을 선택할 때에만 선호돼 왔다. 먼 거리에서도 들리는 하울링 대신, 짖는 행동barking은 개가 세력권을 지키는 것과 관련해서 보내는 주요한 음향 신호acoustic signal가 됐다. 짖는 행동에는 집단의 다른 구성원들에게 신호 발신자가 하는 행동에 합류하라고 부추기는 모집recruit 효과가 있을 수 있다. 그래서 개는 그들의 생활 세력권에 들어온 침입자를 향해서만이 아니라 그쪽으로 다가오는 상대라면 누구에게나 짖어댄다. 근처에 있는 개들이 가세하면서 합창하듯 짖어댈 수도 있다.

냄새 표시scent marking

개가 후각을 통한 의사소통의 형태로 배설물에서 풍기는 냄새 신호에 의지하는지 여부는 알려져 있지 않다. 하지만 항문낭anal sac이 존재하고 항문샘anal gland에서 분비되는 물질의 성분이 개체마다 독특하다는 사실은 그것들에 의사소통 기능이 있음을 시사한다.

이와는 반대로, 개가 소변으로 남겨진 표시에 관심을 갖는 건 분명하다. 수컷은 (그리고 빈도는 덜하지만 암컷도) 높은 지점에 표시를 하려고 소변을 보는 동안 한쪽 다리를 높이 든다. 이렇게 다리를 드는 자세는 배뇨를 하지 않을 때도 가끔씩, 다른 개가 보는 앞에서 활용된다. 이것은 이런 행위가 우월함을 과시하려는 신호이거나 세력권의 소유권을 주장하는 신호라는 걸 시사한다.

▶ 개는 소변으로 냄새 표시를 남기려고 상이한 자세들을 활용하지만, 가장 보편적인 자세는 다리를 들고 소변을 보는 것이다. 이 자세는 코 높이에 표시를 남기는 걸 도와준다.

늑대의 텃세

늑대 무리는 넓은 세력권을 지킨다. 세력권의 크기는 계절별로, 그리고 먹잇감을 구할 수 있는 형편에 따라 역동적으로 변할 수 있다. 규모는 서식지의 특징에도 달려 있다: 삼림지대에서는 상대적으로 작은 영역(380평방마일/1,000평방킬로미터 이내)이 무리 하나의 생존을 지탱하는 데 필요한 자원을 제공할 수 있는 반면, 북쪽의 툰드라지역에서 일부 무리의 영역은 1,160평방마일/3,000평방킬로미터보다 넓게 확장된다. 늑대는 냄새 표시와 하울링으로 자신들의 세력권을 보호한다. 늑대는 일부 냄새 표시(소변과 대변)를 세력권 내부에 남기지만, 그걸 세력권의 경계선을 따라 대략 2750야드(250미터)마다 남기는 경우가 더 잦다. 이웃하는 무리의 구성원들을 내쫓는 그 표시들의 효과는 2~3주간 지속된다.

오버-마킹over-marking도 성별을 가리지 않고 암수 모두 하는 보편적인 행동이다. 이건 이 행동이 세력권을 지키려는 성향이 남긴 유산임을 시사한다. 이 행위 역시 수컷에게서 더 자주 관찰된다. 수컷은 배설 후 뒷다리로 땅을 긁어 흙을 뒤로 차내는 경향이 있다. 냄새를 더 효과적으로 퍼뜨리려고 하는 짓일 것이다. 냄새 표시는, 그 개체에 대한 정보를 전달하는 것 외에도, 그 지역에 있는 암캐들의 수용성(receptivity, 교미하려는 능력과 의도-옮긴이) 상태를 수컷들에게 알려주기도 할 것이다.

견종간 차이

가축 경비와 가축몰이를 위해 선택된 견종에 속한 개체들은 그들이 생활하는 세력권에 들어온 침입자에게 대단히 민감하게 반응한다. 이 개들은 다른 개나 인간, 늑대를 비롯한 일부 다른 동물에게도 높은 수준의 공격성을 보이며 반응할 수도 있다. 대조적으로, 사냥 같은 목적을 위해 선택된 견종들의 경우에는 낯선 인간이나 동종에게 인내심을 보이는 성향이 더 유리한 특성이었을 것이다.

▶ 이상적인 가축경비견은 낯선 이를 상대로는 영역을 지키려고 들면서 극도의 공격성을 보이지만 가축을 향해서는 유순하다. 이런 개는 양떼 안에서 양들을 불안하게 만드는 일 없이 차분하게 움직일 수 있다.

구애와 짝짓기

늘대들이 자연에서 하는 구애행동에 대해 알려진 건 거의 없다. 포획된 늘대들을 관찰해서 얻은 지식도 그 행동을 제대로 묘사한 진정한 그림을 제공하지는 못한다. 일부일처로 짝을 지어 살아가는 늘대의 유대관계는 다년간 지속된다. 이건 일부일처로 생활하는 경우가 상대적으로 드물고 짝짓기 철 동안 수컷과 암컷 모두 여러 마리의 파트너와 짝짓기를 하는 프리 레인징 도그를 비롯한 개들이 처한 상황하고는 상당히 다르다.

개의 구애행동

반려견을 비롯한 모든 개과 동물은 공통된 구애 패턴을 공유하는 것 같다. 구애행동은 수캐가 암컷 주위에서 춤을 추는 듯한 행동을 하는 것으로 시작된다. 수캐는 그러는 동안 간간이 몸의 앞부분을 낮추고 꼬리를 친다. 암컷의 상이한 부위들을, 우선적으로는 암컷의 얼굴과 목, 귀를 살짝 물기도 한다. 마운팅 시도는 처음에는 암컷의 옆구리를 향해 행해진다. 암컷이 짝짓기를 하려는 의향을 보이면, 수컷은 암컷을 뒤에서 올라탄다. 수컷의 구애를 매력적으로 여긴다면, 암컷은 낑낑거리는 소리를 동반한 순종적인 자세를 취하면서 꼬리를 옆으로 말 것이다. 암컷은 올라탄 수컷에게 생식기를 드러내고 수컷의 체중을 지탱하려고 견고한 자세로 선다.

구애행동이 실제 교미로 이어지는 비율은 낮다. 가정을 이뤄 살아가는 야생 개과 동물의 사례에서 그러는 것처럼, 개체들 사이에 끈끈한 유대관계가 있을 경우 구애와 관련해서 치르는 의식의 길이는 상당히 짧아질 수 있다.

▲ 모든 개과 동물이 보여주는 짝짓기 단계들은 비슷하다. 개가 하는 가장 독특한 행동은 수컷과 암컷이 몇 분간 몸을 붙인 상태를 유지하는 교미 속박이다.
▶ 개속에 속한 모든 동물은 엄격하게 일부일처제를 지킨다. 전형적으로, 번식이 가능한 가장 나이 많은 암컷만이 새끼를 낳는다는 뜻이다. 이런 상황이 무리에 속한 다른 개체들 사이에서 일어나는 구애를, 심지어는 마운팅을 못하게 차단하지는 않는다.

교미 속박copulatory tie

음경penis에 있는 작은 뼈는 발기해 있
는 동안 음경을 질膣로 삽입하는 걸 용
이하게 해준다. 이 과정이 일어난 후,
음경의 발기조직erectile tissue에 혈액이 스
며든다. 음경은 이런 식으로 질 안에 갇힌다.
삽입 후 상대적으로 빠른 시간 안에 사정射精이 이뤄
지지만, 암수 두 마리는 이어지는 5~20분 동안 상대
와 몸을 붙인 상태를 유지한다. 이 교미 속박은 개과
수컷에게 특유한 행동으로, 이 행동이 수행하는 기능은
알려져 있지 않다. 이 행동은 수컷의 정액이 다른 수컷
이 사정한 정액의 방해를 받지 않는 상태에서 난소로
이어지는 경로에 오르는 걸 보장하는 것일 수 있다.

구애

마운팅 시도

교미

짝 선택

교미 속박

▲ 떠돌이 개는 번식시스템이 다양하다는 게
특징이다. 친척 관계가 아닌 개체들이 상이한
유형의 집단을 이뤄 살아가기 때문이다. 암컷
들은 아비가 다른 강아지들을 낳을 수도 있다.

프리 레인징 도그의 번식

관찰 결과는 프리 레인징 도그들이 다양한 형태의 짝짓기에 관여한다는 걸 보여준다. 늑대에
게서 관찰되는 것과 비슷한 일부일처제가 발생하기도 하지만, 암컷 한 마리가 많은 수컷과 짝
짓기를 하거나(일처다부) 암컷과 수컷 양쪽이 여러 차례 짝짓기를 하는 게(난혼亂婚) 더 보편적
이다. 가끔씩, 그 집단에 속하지 않은 수컷이 암컷과 강제로 짝짓기를 하는 게(겁탈) 관찰된다.
암컷-수컷의 접촉의 다양성은 이런 개들이 하는 구애행동도 왜곡됐다는 걸 시사한다. 프리 레
인징 도그의 암컷들은 꽤나 깐깐하게 짝짓기 상대를 고른다─전체 사례들 중 90퍼센트에서 암
컷들은 선호하는 수컷들과 교미한다.

순종견의 번식행동

대다수 순종견의 번식은 브리더가 진행한다. 늑대와 프리 레인징 도그를 관찰한 결과를 근거로
보면, 이런 번식방법이 인간 사회에서 살아가는 개들의 번식행동에 부정적인 영향을 줬을 가능
성이 무척 크다. 게다가 인위적으로 수정授精하는 방법을 사용함에 따라 이 상황은 한층 더 악화
된다. 순종견을 브리딩하는 경우, 수컷은 암컷에게 구애하는 마운팅을, 다른 수컷들을 단념시
키는 마운팅을 성공적으로 수행하는 능력을 바탕으로 선택되지 않는다. 암컷이 그들의 선호를
바탕으로 수컷을 선택하는 것도 허용되지 않는다. 암컷의 수컷 선호는 자연 상태에서는 유전적
호환성genetic compatibility에 기초해서 행해지는 경우가 잦은 행동이지만 말이다.

발달development

개가 하는 행동의 발달에 대해 우리가 가진 지식의 많은 부분의 유래는 존 스콧John Scott과 존 풀러John Fuller가 메인Maine 주 바 하버Bar Harbor에 있는 잭슨 연구소Jackson Laboratory에서 13년 이상 대규모 연구를 진행했던 1950년대와 1960년대로 거슬러 올라간다. 이 연구들의 목표는 유전이 사회적 행동의 발달에 끼치는 영향을 밝혀내는 거였다.

그레이트데인 강아지가 어미의 다리 사이에 앉아있다. 대형견의 경우, 성견의 몸집에 도달하는 데 18개월이 걸릴 수도 있다.

행동발달은 균질적이지 않은 과정이다

강아지는 눈이 멀고 귀가 먹은 상태로 태어난다. 갓 태어난 강아지는 걷지는 못하고 간신히 기어 다닐 수만 있다. 그래서 어미가 보살펴주지 않으면 살아남지 못한다. 생후 몇 주와 몇 달간, 강아지의 몸집은 급격히 커지고 성견으로 필요한 능력과 솜씨도 발달한다. 갓 태어난 강아지의 몸집은 견종의 몸집에 따라 다르다. 그래서 강아지의 육체적 성장이 지속되는 기간은 그 개가 성견이 됐을 때 덩치에 따라 천차만별이다. 대단히 작은 개가 성견의 몸집에 도달하는 데 대략 6개월이 걸릴 수 있는 반면, 대형견은 18개월이 걸릴 수도 있다. 견종간에는 행동발달의 시기에도 차이가 있다. 일부 능력과 행동은 어떤 견종에서 다른 견종보다 훨씬 일찍 나타난다.

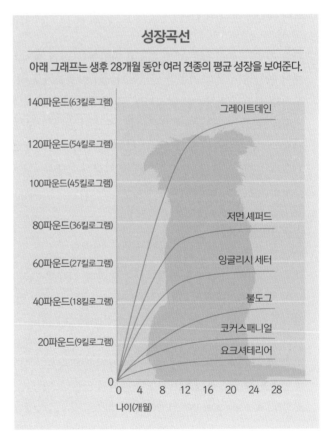

성장곡선

아래 그래프는 생후 28개월 동안 여러 견종의 평균 성장을 보여준다.

140파운드(63킬로그램)

120파운드(54킬로그램)

100파운드(45킬로그램)

80파운드(36킬로그램)

60파운드(27킬로그램)

40파운드(18킬로그램)

20파운드(9킬로그램)

그레이트데인

저먼 셰퍼드

잉글리시 세터

불도그

코커스패니얼

요크셔테리어

0 4 8 12 16 20 24 28

나이(개월)

사회화된 늑대와 강아지의 비교

몇몇 연구는 사회적인 자극을 향해 보여주는 행동 면에서 강아지와 새끼 늑대를 유사한 방식으로 사회화시켰다. 그런데 심지어 그렇게 강하게 사회화를 시켜도 늑대-개의 차이점을 약화시키거나 제거하지는 못한다는 게 밝혀졌다. 어린 개체들에게 친숙하지 않은 개와 그들을 보살펴주는 사람 사이에서 선택을 하게 만들었을 때, 새끼 늑대들은 딱히 어느 한 쪽에 대한 선호를 보여주지 않은 반면, 강아지는 사람 곁에서 많은 시간을 보냈다. 그러므로 인간과 어울리도록 사회화시켰다고 하더라도, 늑대는 동종에 대한 관심을 여전히 유지하고 있다.

사회적 파트너의 박탈

개가 어렸을 때 한 경험이 훗날에 하는 행동에 굉장히 큰 영향을 줄 수 있다는 건 잘 알려져 있다. 초기에 행해진 몇 번의 실험에서, 연구자들은 다양한 연령의 강아지들에게서 인간과 접촉하는 기회를 박탈했다. 초기 성장과정에서 인간과 접촉해본 경험이 전혀 없는 개들은 인간을 회피하는 반응을 뚜렷이 보였고, 이후에 사회화를 시키더라도 이런 반응을 완화시키지는 못했다. 이 결과는 강아지 시절에 인간과 시간을 보낸 적이 없는 많은 야생 개가 이후 여생 동안 인간을 계속 회피하는 이유를 설명해준다. 하지만 하루에 불과 몇 시간 정도로 아주 짧게 인간과 사회적인 접촉을 하게 해주더라도 인간에 대한 선호를 발달시킬 수 있다는 점에서 개는 특별한 동물이다.

행동발달과 관련한 경험

개는 태어나서 죽을 때까지 물리적, 생태적, 사회적 환경에서 일련의 변화를 겪는다. 예를 들어, 생후 몇 주가 되면, 한배에서 태어난 새끼들이라는 조그맣고 제한됐지만 안전한 공간에서 지내던 강아지들은 점차 더 풍성하고 자극적인 환경에 노출된다. 강아지는 개체들을 인식하는 법과 일부 개체와 친화적인 관계를 형성하는 법, 다른 개체를 회피하는 법을 배운다. 개가 처한 사회적 환경은 특히 풍성하고 복잡하다. 그 환경에는 동종인 다른 개들뿐 아니라 다른 종에 속한 구성원, 즉 인간들도 포함돼 있기 때문이다.

예민한 시기

예민한 시기 동안, 강아지는 자신이 처한 환경에서 가해지는 특정한 자극에 대해 유난히 빠르게 학습한다. 이 시기에 한 경험은 미래의 행동에 엄청난 영향을 끼치는 것으로 판단된다. 특정한 자극들을 받지 않고 이 시기를 지나친 개는 이상행동을 발달시킬 수도 있다. 다른 개를 겪은 경험이 없으면, 동종을 맞닥뜨렸을 때 두려움에 떨거나 공격성을 보이는 것을 비롯한 부적절한 행동으로 이어질 수도 있다.

강아지 시절과 어린 시절 🐾

전통적으로 강아지의 행동발달은 단계나 시기들로 구분 돼왔다. 이런 구분에는 일부 개념적인 이점이 있지만, 행동 발달은 정확하게 단계적인 과정으로 정의되지 않는다. 오히 려 행동발달은 개의 생애 내내 일어나는 변화의 연속체다. 발 달이 시작되고 끝나는 시기는 융통성이 있는 것으로 간주해야 옳 다. 특유한 발전단계를 통과하는 시기가 견종별로 엄청나게 다르 기 때문에 특히 더 그렇다. 강아지의 행동에서 일어나는 변화는 유전적 요인들과 환경적 요인들 사이의 복잡한 상호작용에 의해 비롯된다. 그래서 그런 변화가 일어난 시점도 다양할 것이다.

강아지는 신생기에 대부분의 시 간을 서로서로 가까이 붙어 잠을 자면서 보낸다. 이 나이의 강아지 는 대체로 후각에 의지한다.

늦대와 개의 발달단계들이 시작되는 시점은 비슷하다. 하지만 새끼 늦대와 강아지는 성장하 는 동안 매우 다른 경험을 하게 된다. 그러므로 늦대와 개 사이의 차이점은 타고난 유전적인 차 이에서 비롯된 것일 뿐 아니라 환경이 가하는 자극에서 강한 영향을 받은 것이기도 하다.

신생新生기(neonatal period, 출생부터 생후 10~12일까지)

늦대는 땅 밑에 굴을 파고 거기에서 출산을 하는 게 보통이다. 이 나이에 세상을 인지하는 새끼 늦대의 능력은 촉각과 후각적 자극에만 국한된다. 어미와 한배에서 난 동기들만이 젖을 빠는 활동을 하는 데 중요한, 코에 있는 후각수용체와 입 주위에 있는 촉각수용체에 가해지는 자극 을 비롯한 육체적 상호작용의 유일한 출처다.

강아지가 경험하는 상황은 다르다: 인간은 강아지를 위해 늦대의 그것보다 조명도 잘 돼 있 고 자극도 더 많이 포함된 인공적인 "굴"을 만들어내는 게 보통이다. 이 나이가 된 강아지들은 이미 냄새와 촉각 자극에 대해 학습할 수 있다. 후각을 바탕으로 한 학습은 특히 더 왕성할지 모 른다. 강아지의 운동능력은 대단히 제한적이지만, 그들은 젖꼭지를 확보하는 위치를 놓고 한배 에서 난 동기들과 몸싸움을 벌인다.

출생에서 생후 10일까지 · 14일, 눈을 뜨다 · 3~4주

수캐가 좋은 아비가 아닌 이유

늑대는 일부일처제로 살아간다. 그래서
수컷 늑대는 굴에 있는 암컷에게 먹이를
가져가 먹인다. 나중에, 부부는 사냥에서
얻은 먹이를 새끼들에게 제공하고 새끼
들을 위해 먹었던 걸 게워낸다. 개의 경우
에는 인간의 보살핌이 이 행동에 개입해
왔다. 수캐는 강아지가 태어날 때 그 자리
에 있지 않고 강아지의 양육에 개입하지
도 않기 때문이다. 이것이 많은 수캐가, 적
절하게 사회화시키지 않았을 경우, 강아
지에게 부정적인 반응을 보이는 이유를
설명해주는 듯하다.

▶ 늑대의 경우, 암컷과 수컷 모두, 그리고
무리에 속한 나이 많은 형제자매들이 갓
태어난 새끼와 어린 새끼를 보살핀다.

▼ 상이한 발달단계에 있는 요크셔테리어 강아지;
몸집이 작은데도 상대적으로 느리게 성장한다. 견
주는 그들의 귀여운 모습에 속아서는 안 된다—이
견종은 되도록 이른 나이에 인간과 어울리며 사회
화를 하게 만들 필요가 있다.

6주   8주   10주   12주

◀ 눈을 뜨는 것으로 시작되는 과도기에 강아지의 인지능력은 급격히 발달된다.
▶ 강아지는 사회화기 동안 또래들과 하는 상호작용을 통해 운동능력과 사교능력을 향상시킨다. 이 시기는 강아지가 사회적 관계에 대해 배우는 가장 중요한 시기다.

과도기(transition period, 생후 13일부터 20~22일까지)

이 시기의 특징은 인지능력이 급격히 발달하는 것이다. 이 시기는 눈을 뜨는 것으로 시작돼 강아지가 듣기 시작할 때 끝난다. 상이한 견종들 사이에서는 이런 사건들이 일어나는 시점이 크게 차이가 나고, 이 사건들은 각기 독립적으로 일어나므로 이 시기의 지속기간에도 편차가 크다. 과도기 동안, 몸놀림을 조정하는 능력이 급격히 향상되면서 강아지들은 서로서로 상호작용을 할 때 더 복잡한 행동을 할 수 있게 된다. 강아지는 사회적 상호작용을 할 때 펄쩍펄쩍 뛰고 깨무는 걸 활용해서 놀아대며 꼬리를 흔들기 시작한다. 동시에, 어미와 강아지들 사이에서 주고받는 자극은 줄어들기 시작한다.

사회화기(socialization period, 생후 3주부터 12주까지)

새끼 늑대는 이 시기가 시작될 때 굴 밖으로 나온다. 이 시기에, 그들은 풍부한 사회적 환경에 노출되고 무리 구성원들을 모두 만난다. 새끼들은 구성원들과 하는 상호작용을 통해 운동능력과 사교능력을 향상시킨다. 새끼는 이 시기에 젖을 떼고, 다른 성체들에게 먹이를 달라고 애원하는 법을 배운다. 성체의 주둥이 모퉁이를 핥는 것이 그런 행동인데, 그렇게 하면 성체는 먹은 것을 게워낸다. 성체들이 먹지 않은 고깃덩이를 가져올 수도 있는데, 이런 행동은 새끼들에게 먹이 공유와 먹이를 놓고 경쟁하는 경험을 할 기회를 제공한다. 결국, 이 상황은 위계에 대한 학습을 촉진시킨다.

　반려견 강아지들의 경우에 가장 영향력이 큰 사회적 경험을 제공하는 것은 인간 가족이다. 한배에서 난 강아지들과 함께 지낼 때, 강아지들은 동기들과 일시적인 위계 관계를 형성한다. 이때는 사회적 관계를 학습하고 사회적 네트워크에 통합돼 들어가는 법을 경험하는 데 가장 중요한 시기다. 강아지가 이 나이에 이미 개와 인간을 관찰하고 학습한다는 걸 보여주는 증거도 있다.

▶ 청소년기는 친숙하지 않은 인간과 개를 많이 경험하는 데 중요한 시기다. 아파트에 살면서 청소년기를 보내는 개는 다른 개와 제한적으로만 접촉하는 경우가 잦다. 견주는 개가 다른 개와 교류할 수 있는 기회를 자주 마련해줘야 한다.

　강아지는 보통 생후 8주경에 입양된다. 그러면서 그들 중 많은 수가 동종끼리 구성된 사회적 네트워크의 구성원이 되는 법을 배울 기회를 갖지 못한다. 견주는 강아지를 강아지학교puppy class에 정기적으로 데려가거나 상이한 상황에서 다른 개들과 교류하는 걸 허용하는 것으로 강아지에게 동종을 적절하게 경험할 수 있는 기회를 줄 수 있다.

청소년기(juvenile period, 생후 12주부터 성적으로 성숙해질 때까지)

새끼 늑대는 이 단계에서 사회적 생활에 참여하기 시작한다. 그들은 굴 주위나 다른 곳에서 성체들이 사냥에서 돌아오는 걸 기다리는 것부터 시작한다. 사냥에 성공하고 귀환하는 늑대들은 청소년기에 있는 늑대들을 먹이려고 먹은 걸 게워낸다. 충분한 힘과 지구력을 갖춘 새끼 늑대들은 사냥에 합류한다. 이 시기에, 그들은 사냥팀에 참가하는 법과 자신들의 세력권에서 길을 찾는 법에 대해 많은 걸 배우고, 가족 내에서 특정한 역할을 맡는다. 자연 상태에서, 2살배기 늑대는 성체로 간주된다; 그들 중 대다수는 이 나이에 무리를 떠나 새로운 영역에서 새 가정을 꾸린다.

　많은 개가 이 시기를 인간의 가정에서 다른 개와 생활하는 일 없이 보낸다. 그러므로 그런 개에게 강아지학교나 다른 방식을 통해 다른 개와 접촉할 기회를 자주 제공하는 게 굉장히 중요하다. 생후 3~4개월 된 강아지는 특정한 개인들을 향한 애착을 발전시키기 시작한다. 이 애착은 그 인물 곁에 머무르거나 스트레스를 받으면 그 인물에게 달려가는 것으로 주로 표출된다.

　이 시기는 개가 성적으로 성숙해질 때까지 이어진다. 개가 성적으로 성숙해지는 건 생후 9개월에서 18개월 사이인데, 견종간에 차이가 크다. 일부 견종에서, 암컷은 생후 5~6개월처럼 이른 시기에 첫 발정현상을 보일 수 있다. 개는 늑대보다 이른 나이에 성적으로 성숙해지지만, 시간이 한참 흘러서야 성체의 행동 레퍼토리를 모두 보여준다. 일부 견종은 불과 2살 안팎의 나이에 성체가 하는 행동을 모두 발달시킨다.

행동발달 속도는 견종마다 다를 수 있다

이런저런 능력들을 키우고 행동들을 드러내는 시점은 견종마다 다양하다. 코커스패니얼은 생후 14일경에 눈을 뜨는 반면, 폭스테리어fox terrier는 며칠 뒤에야 그렇게 한다. 이와는 대조적으로, 폭스테리어는 코커스패니얼보다 더 이르게 듣기 시작한다. 강아지의 행동에서도 유사한 차이점이 드러난다. 허스키는 저먼 셰퍼드 도그나 래브라도보다 이른 나이에 걷기 시작한다.

사회화 🐾

보통 생후 8주경에 입양된 시점부터, 강아지는 더 이상은 어미와 동기同氣들과 함께 생활하지 않고, 그 강아지가 동종으로 구성된 사회적 집단의 구성원으로서 하는 경험은 상당히 제약된다. 인간과 같이 사는 개는 같은 종에 속한 친숙하지 않은 개체들뿐 아니라 친숙하지 않은 인간들에게도 기분 좋게 행동하는 법을 배울 필요가 있다. 강아지가 사회적 관계를 발전시킬 수 있는 이 시기의 지속기간은 늑대에 비해 상대적으로 길다.

사교적인 개가 되는 법의 학습

생후 3주차에서 12주차 사이의 시기는 다른 개체들과 사회적 관계를 형성하는 능력을 발달시키는 데 대단히 중요하다. 브리더와 견주들이 수행해야 하는 과업은 강아지가 어린아이와 여성, 남성, 그리고 가능할 경우 다양한 인종과 능력을 가진 다양한 연령의 사람들과 상호작용하게 해주면서 강아지를 기분 좋은 사회적 자극에 노출시키는 것이다. 강아지는 엘리베이터와 자동차, 휴대전화, 진공청소기처럼 생활하는 환경의 일부가 될 물체들에 대해서도 배울 필요가 있다. 이 중요한 시기에 그런 경험을 못한 강아지는 특정 카테고리에 속한 사람들에게 두려움이 섞인 반

강아지학교에서 다른 개들과 교류하는 강아지. 강아지가 사회화기 동안에 사회적 상호작용에 대해 배우는 건 필수적인 일이다.

응을 보일 수도 있다. 예를 들어, 여성들에게만 노출되며 자란 강아지는 나중에 남성을 두려워할 수 있다.

얘도 개일까?

유사하게, 강아지는 연령이 다양하고 외모가 상이한 다른 개들하고도 어울릴 필요가 있다. 심지어 이전에 이런 경험을 적절하게 해보지 못한 강아지는 코가 납작하거나 귀가 길게 늘어졌다거나 하는 극단적인 생김새를 가진 견종의 개를 개로 인식하는 걸 힘들어 할 수도 있다. 통제되고 유쾌한 환경에서 다양한 견종의 개를 만날 수 있는 곳인 강아지학교로 강아지를 데려가면 올바른 사회적 경험을 하게 해줄 수 있다.

▲ 강아지는 전형적으로 성체에게 순종적인 행동을 보여준다. 사회화가 잘 된 성견은 강아지의 "특별한" 사회적 지위를 존중할 것이다.

강아지를 입양하는 시기는 언제여야 하나?

동종을 상대로 올바른 행동 레퍼토리를 발달시키는 데 어미와 동기들이 수행하는 역할의 중요성을 염두에 두면, 강아지를 원래 가족에게서 떼어내는 건 서두를 일이 아니다. 적어도 생후 8주가 될 때까지는 강아지를 어미와 동기들 곁에 머물러 있게 해줘야 한다는 게 일반적인 추천사항이다. 생후 첫 몇 주 동안 강아지를 다양한 사회적 자극에 노출시키는 식으로 강아지의 사회화에 특별한 관심을 기울이는 브리더가 키우는 강아지를 선택하는 것도 추천사항이다. 강아지가 어느 정도 나이를 먹은 후에 입양할 때는 특히 더 그렇다.

이른 시기의 환경 순응

차를 타고 이동하는 것은, 개가 사회화기 동안 그런 일에 적절하게 노출됐다면, 대부분의 개들이 익숙해질 수 있는 일의 전형적인 사례다. 견주가 날마다 강아지를 데리고 짧은 나들이를 한다면, 강아지는 차를 타고 이동하는 데 익숙해질 것이다. 하지만 이 시기에 이런 일을 정기적으로 겪어보지 못한 개는 나중에 비좁고 덜컹거리는데다 소음이 심한 공간에 갇히는 이상한 상황에 대처하는 법을 배우려고 특정한 과정을 겪을 필요가 있을 것이다.

개의 놀이행동 play behavior

사회를 이뤄 활동하는 종에서, 놀이는 집단에 속한 두 구성원 사이에서 일어나는 가장 복잡한 상호작용을 대표한다. 개가 놀이를 하는 동안 드러내는 행동요소들은 (경쟁적이고 포식적인 맥락을 비롯한) 다양한 다른 행동 맥락에서 빌려온 것들이다. 그렇지만 개는 그런 원래 행위를 수정한 버전의 행위들을 하면서 그 행위들을 참신한 방식들로 조합할 수 있다. 놀이를 하는 동안 파트너들은 함께 논다는 공통의 목표를 달성하기 위해 서로서로 협동하면서 무척이나 복잡한 각자의 행동을 상대 행동에 맞춰 조정할 필요가 있다.

놀이의 기능

사교를 위한 놀이는 청소년기에 육체적인 건강과 운동능력을 향상시키고 강아지가 무는 걸 억제하는 등의 사교를 위한 방식들을 배우는 걸 돕는 등의 많은 기능을 하는 듯 보인다. 사교를 위한 놀이는 개가 이후에 살아가면서 사용하게 될 행위들을 연습하고 조합할 수 있게 해준다. 그리고 전반적인 놀이도 강아지가 예상치 못한 상황에 대비할 수 있게 해준다. 개에게 (그리고 늑대에게) 사교를 위한 놀이는 청소년기에 있는 개체에게만 국한된 게 아니다—성체들도 놀이를 한다. 따라서 놀이의 주요한 역할 하나는 집단의 사회적 응집력을 유지하게 해주는 것이다.

개 두 마리가 하는 놀이를 연구할 때 제기되는 가장 중요한 의문 중 하나는 개의 행동을 해석할 때 우리 인간의 의도를 담아서 그 행동을 묘사하는 것이 적절한 일이냐 하는 것이다. 놀이는 공 물어오기처럼 단순하게 학습된 놀이부터, 어떤 물체를 방어하는 시늉을 할 때 개가 실제로는 품고 있지 않은 내면의 상태(예를 들어, 공격성)를 드러내는 신호를 보여주는 가장놀이pretend play까지 많은 형태를 취할 수 있다.

주도권 다툼과 다른 경쟁적인 성격의 놀이들

키우는 개와 주도권 다툼tug-of-war 놀이를 하는 것에 대한 논쟁이 격렬하게 벌어져 왔다. 일부 사람들은 그런 상황이 개가 공격적이거나 자기주장이 강한 행동을 하게 만든다고 주장하면서, 적어도 개가 주도권 다툼 게임에서 승리하게 놔두면 안 된다며 경고한다. 그런데 그런 견해를 뒷받침하는 증거는 없다; 사실, 실제 상황은 그 주장하고는 정반대다.

개가 보내는 놀이 신호play signal

놀이 신호에는 몇 가지 기능이 있다: 놀이 신호는 실제로 경쟁하는 상황에서 하는 상호작용하고는 명확하게 구분된다. 그 신호는 놀이를 개시하고 파트너들을 동시에 행동하게 만드는 데도 이바지한다. 놀이 신호는 굉장히 다양하다. 벌린 입 드러내기, 고음으로 짖기, 과장된 동작으로 다른 개에게 명령하기, 머리 조아

▲ 놀이 신호는 놀고 싶다는 개의 의도를 전달하는 데서 그치지 않고, 이후로 일어나는 일은 진심에서 우러난 의미가 담긴 일이 아니라는 약속을 전달하기도 한다. 이른바 "플레이 바우"는 개과 동물에게 전형적인 것으로, 진화에 의해 형성됐다.

리기, 발로 긁기, 과장된 뒷걸음질 같은 게 포함될 수 있다. 짖는 걸 놀이 신호로 활용하는 건 개에게만 특유한 것이다; 다른 개과 동물의 짖으며 놀지 않는다.

개가 보내는 가장 잘 알려진, 무척이나 정형화된 개의 놀이 신호는 플레이-바우play-bow다. 이 신호는 놀고 싶다는 의도만 전달하는 데서 그치지 않고, 상호작용을 지속하고 싶다는 의향을 드러내려고 (기분 좋게 깨무는 것이나 달려들어 물기 같은) 모호한 행동들을 한 후에 활용되기도 한다. 놀이에 참가한 파트너들이 친숙한 사이일 경우, 플레이-바우는 놀이를 다시 시작하겠다는 목표를 세운 상태에서 잠시 행동을 멈칫거린 후에 일어나는 경우가 가장 잦다.

인간의 놀이 신호

상이한 신호를 활용해서 개가 놀이를 시작하게 만드는 데는 인간도 꽤나 성공적이다. 이런 신호는 인간들끼리 하는 커뮤니케이션에서 빌려오거나 개가 하는 신호들을 흉내낼 수 있다. 절을 하거나 돌진하는 모습을 보이는 것으로 개의 놀이를 성공적으로 촉발할 수 있다. 고음의 목소리를 활용하는 경우에는 특히 더 그렇다. 보편적인 믿음과는 반대로, 노는 동안에 일어나는 일은 무엇이건 "실제로 하는 게 아니라서" 개는 놀면서 겪은 경험을 사회적 관계의 지배적인/순종적인 속성에 응용하지 않는다. 함께 뜀박질을 한 후에 교대로 쫓고 쫓기는 것은 대부분의 개들과 하는 최고의 게임일 수 있다.

▲ 활동적인 개에게 공을 쫓거나 날아가는 원반을 향해 점프하는 건 인간 놀이 파트너와 함께 뜀박질을 하거나 레슬링을 하는 경험을 대체할 수 있다. 그런 활동은 집단 사냥의 의식儀式화된 형태를 대신한다.

진짜와 시늉의 차이

개는 쫓고 쫓기는 놀이와 몸을 격하게 놀리는 놀이를 흔하게 하는데, 이건 포식자가 하는 투쟁적인 행동들과 상당히 비슷하다: 개는 상대에게 몸을 날리고, 다른 개의 목을 물고, 엉덩이를 상대 엉덩이에 부딪히고, 이빨을 드러내고, 상대를 타고 오르고, 뒷다리로 일어서고, 다른 개를 위협적으로 내려다보고, 짖고 으르렁거린다.

　놀이로 하는 싸움은 실제 싸움하고는 확연히 다르다. 놀이 신호를 통해 그런 싸움이 시작될 수 있기 때문에 그러는 게 아니다. 개는 놀 때는 무는 힘을 억제한다. 그러고는 상대가 자기를 따라잡게 하려고 느리게 달리거나 누워서 땅에 등을 대고 몸을 굴리는 식으로 같이 노는 상대에게 몇 가지 이점을 제공한다. 스스로 불리한 상황을 연출하는 이런 행동은 실제로 싸울 때는 결코 하지 않을 일들이지만, 몸집이나 힘에 차이가 나는 파트너들 사이에서 사교적인 놀이를 개시하고 유지하는 데 도움을 준다. 개는 어린아이하고 놀 때도 동일한 행동들을 자주 한다.

파트너는 중요하다

개와 개가 하는 놀이와 개와 인간이 하는 놀이에 모두 적용되는 단일한 개념 틀은 없다. 그런 놀이들을 하는 의도가 확연히 다르기 때문이다. 개를 여러 마리 키우는 가정에서, 개와 개가 하는 놀이에 참여할 기회가 있다고 해서 개가 견주와 놀려고 하는 동기가 줄어들지는 않는다. 두 유형의 놀이가 놀이를 하는 동기 면에서 서로서로 맞바꿀 수 있는 상황이라면 그럴 가능성이 크다.

　개는 다른 개하고 놀 때보다는 인간 파트너하고 놀 때 경쟁적인 놀이를 하는 걸 단념하거나, 장난감을 보여주면서 그걸 선물할 가능성이 더 크다. 개는 인간과 놀 때 상호작용을 더 많이 하고, 장난감을 소유하려는 성향을 덜 보인다.

　개-개 놀이와 개-인간 놀이는 구조적으로 다른 것 같다. 이건 개-개 놀이에서 얻은 결과물을 갖고 개가 인간과 하는 놀이를 추론할 수 있다고 가정할 이유는 없다는 걸 시사한다.

물건을 갖고 하는 놀이

동물이 놀이의 수단으로 물건을 활용하는 일은 드물다. 물건을 갖고 노는 것이 가장 보편적인 놀이의 형태인 개와 인간이 놀 때는 예외지만 말이다. 인간과 함께 노는 상황에서, 사회화가 잘된 반려견이 하는 행동은 놀이 파트너가 친숙한 정도, 또는 협동적이거나 경쟁적인 행동을 하려는 보편적인 성향보다는 놀이를 하려는 동기에서 더 많은 영향을 받는다.

경쟁적인 성격의 놀이

경쟁적인 성격의 게임들은 개가 다른 개체들과 경쟁을 벌이려는 성향을 키운다는 가정이, 놀이 활동이 나중에 파트너와 어울리는 데 영향을 준다는 뜻을 내비치는 가정이 한때 있었다. 하지만 경쟁적인 성격의 게임을 한다고 해서 실생활에서 공격적인 성향이 커지지는 않는다는 게 밝혀 졌다. 그와는 반대로, 개가 선호하는 게임의 유형은 그들의 성격이 협동적이냐 경쟁을 좋아하느 냐 여부에 달려 있다.

　시간이 흐르는 동안, 개와 견주는 게임의 루틴routine을 발전시킨다. 그리고 개는 이런 행동 루 틴을 기능적으로 상이한 상황인 다른 분야에 일반화시키지 않는다. 그러므로 강아지 시기부터 개가 다른 개와, 그리고 인간과 노는 기회를 많이 갖게 해주는 건 대단히 중요하다. 놀이는 개가 신체적인 능력과 사교 능력을 향상시킬 수 있는 최상의 방식에 속한다. 또한 인간이 반려견을 이해하는 걸 용이하게 해주기도 한다. 놀지 않고 보낸 날은 잃어버린 날이다!

▼ 야단법석을 떠는 건 개들에게는 싸우는 척하면서 노는 하나의 형태로, 이런 놀이가 실제 갈등으로 비화되는 일은 무척 드물다. 이렇게 놀다가 다치는 일이 생기지 않도록, 강아지 시기에 필요한 경험을 해둘 필요가 있다.

노견old dog

최근 몇 십 년 사이에 늘어난 건 인간의 기대수명만
이 아니다. 인간이 만든, 개를 보호해주는 환경은 개의
기대수명도 늘렸다. 하지만, 노견을 향한 관심은 무척 적었고,
노령의 개가 늘어나면서 생기는 현상과 나이를 먹으면서 개가 겪는 변화의 리스크 요인들에 대
해서는 그리 많은 게 알려져 있지 않다.

개의 다양한 수명

개의 최대 수명은 대략 22~24살이다. 순종견의 평균수명은 5.5살에서 14.5살 사이인 반면, 잡
종견의 수명은 약 13살이다. 하지만, 노환 때문에 죽는 개는 전체 개의 15퍼센트밖에 안 된다.
제일 빈번하게 등장하는 사인은 견종마다 다르지만, 개들은 주로 암과 심장질환으로 사망한다.

노견으로 간주해야 마땅한 나이는 몇 살일까?

개의 노화를 정의하는 일반적인 구분선을 정하는 건 어렵다. 견종마다 수명이 천차만별이기 때
문이다. 예를 들어, 비글은 5단계의 생활기를 겪는 게 보통이다: 어린 성견(young adult, 1~3살),
성견(adult, 3~6살), 중년견(middle-aged, 6~8살), 노견(8~10살), 시니어 도그(senior dog, 11살 이상).
그런데 많은 견종의 기대수명이 비글보다 짧다(맞은편 상자를 보라). 그래서 노화를 정의하는 구
분선은 각각의 견종의 기대수명을 기초로 조정해야 한다.

수명에 영향을 주는 주된 요소들

개의 수명은 주로 몸집에 달려있다. 대형견(154~176파운
드/70~80킬로그램)은 평균 7~8년을 산다. 체중이 22~44파
운드(10~20킬로그램)인 개보다 6년을 덜 사는 것이다. 이
른 나이에 급격하게 성장하는 것이 이런 대형견 견종의
빠른 노화의 배후에 있는 주된 요인일 것이다. 견종들 사
이에서 행해지는 근친교배가 끼치는 영향도 고려해야 한

▶ 11살이 넘는 비글은 시니어로 간주된다. 그런데 대형견 개체들은
수명이 7~8살에 불과하다.

다. 덩치가 동일한 개들 사이에서는 일반적으로 잡종견의 수명이 더 길기 때문이다. 흥미로운 건, 조련 가능성trainable이 높은 견종은 수명이 긴 경향이 있다는 것이다. 아마도 이런 개는 유순한 태도 때문에 위험을 감수하려는 성향이 덜하고 스트레스도 덜 받을 것이며, 그 결과로 더 건강할 것이다.

인지력 감퇴

노년이 된 인간과 유사하게, 개도 시간이 흐르는 동안 노화와 관련된 인지력 감퇴를 보여준다. 11~12살인 개의 약 30퍼센트와 15~16살인 개의 약 70퍼센트가 인간이 겪는 노인성 치매와 일치하는 인지력 장애를 보여준다. 이런 개들은 방향감각 상실spatial disorientation, 사회적 행동 장애(예를 들어, 이런 개는 가족 구성원을 알아보지 못한다), 반복(repetitive, 정형stereotype) 행동, 무관심, 늘어난 짜증, 수면-각성 사이클의 붕괴, 실금失禁, 과업 성취능력의 감퇴를 보여준다.

   인지력이 급격히 감퇴하는 걸 외부요인들이 막아줄 수도 있다. 실험실에서 키우는 나이 먹은 비글들을 대상으로 한 연구에서, (운동을 늘리고 환경을 풍부화하며 인지를 풍부화한 것을 비롯한) 풍부화 프로그램enrichment program을 겪은 집단은 통제집단보다 과업을 더 잘 학습했다. 이 프로그램에 따라 학습능력이 향상된 정도는 항산화물질이 강화된 사료를 먹었을 때 향상된 정도보다 컸다.

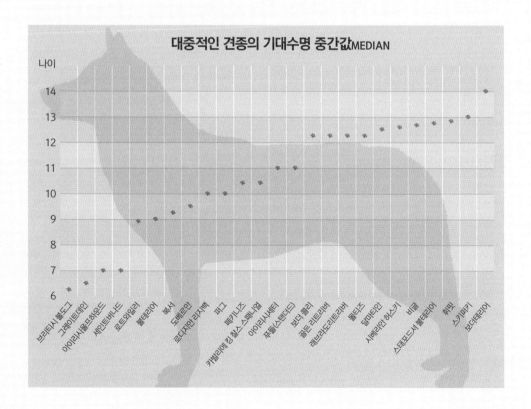

개와 인간 사이의 커뮤니케이션

동물의 커뮤니케이션이, 관찰된 행동이 높은 수준의 인지 메커니즘에 의해 야기된 것이라는 인상을 연구자들에게 자주 주는 복잡한 현상이라는 데는 의문의 여지가 없다. 따라서 일반적인 동물의 커뮤니케이션과 구체적인 개의 커뮤니케이션 능력을 생각할 때, 우리가 개를 의인화하고 동물에게 인간과 비슷한 정신적 능력들을 부여하는 식의 덫에 빠질 수도 있다는 건 놀라운 일이 아니다.

"정보를 제공"한다거나 "지시를 받고 있다"거나 "기분 좋아지기를 원한다" 같은 인간중심적인 문구를 사용하지 않으면서 개와 인간이 의사소통을 위해 주고받는 상호작용에 대해 말하는 건 쉬운 일이 아니라는 걸 인정한다. 그렇지만 중요한 건, 인간이 아닌 종들이 하는 커뮤니케이션은 (전부는 아닐지라도) 대부분의 경우 처음에 언뜻 본 것보다는 인지적으로 덜 복잡하다는 것이다.

▲ 대부분의 개는 견주와 상호작용하는 걸 즐긴다; 개는 물건을 집어 반려인에게 가져가는 것으로 사회적 상호작용을 시작할 수 있다.

신호 발신자가 신호를 발신하고 수신자가 그에 대한 회신을 하는 것은 통찰력이 넘치는 복잡한 인지처리과정을 보여주는 것이라기보다는, (그 개체들의 실제 내면을 반영하는) 유연한 정신적인 표현에 더 기초한 것인 게 전형적이다. 예를 들어, 어떤 개가 자기 먹이에 다가오는 다른 개에게 으르렁거리면서 물려고 든다면, 소유욕에서 비롯된 이 공격성이 이 상황에서 보여주는 기능은 자원에 대한 통제권을 확보하는 것이다. 이건 개 나름대로 "나 화났어! 꺼져!"라고 말하는 것이다. 이런 신호는 자신이 먹이를 보호할 때 다른 개의 심중에서 무슨 일이 벌어지고 있는지에 대한 통찰이 없더라도 경쟁자에게서 적절한 반응을 불러일으킨다.

커뮤니케이션의 진화: 기본 개념

커뮤니케이션은 신호 발신자가 신호를 보여주고 수신자가 그 신호에 반응하는 동안 일어나는 상호작용 과정이다. 신호는 신호를 보내는 쪽에게 유익한 방식으로 수신자의 행동을 변화시킬 가능성을 가진 인지 가능한 행동이다(또는 신체적인 특징이다). 이런 신호가 오갈 때 그 신호가 신호를 받는 쪽에게도 유익한 일일 가능성은 배제되지 않는다.

다양한 감각과정(sensory process, 시각, 청각, 후각, 촉각)을 거치는 커뮤니케이션용 신호는 신호를 받는 잠재적 수신자에게 이미 약간의 가치가 있는 기존의 행동들을 바탕으로 진화될 수 있다. 정보가 담긴 그런 행동에 의해 촉발된 수신자의 반응이 발신자에게 이롭다면, 진화가 일어나는 시간의 척도에서, 그 행동은 더 눈에 잘 띄고 정형화되며 원래 그 행동이 가진 기능하고는 별개인 커뮤니케이션용 신호로 서서히 변모해간다.

이 과정은 진화적 의식화evolutionary ritualization라 불린다. 그러면 관련 행동은 이 과정 동안 수신자에게서 가장 적절한 반응을 이끌어내는 신호로 진화한다.

털 곤두세우기hair bristling는 원래 체온을 조절하려고 한 행동이었다. 그런데 개가 등과 어깨의 털을 곤두세우면 실제보다 더 강하고 커 보인다. 이렇게 만들어낸 가상의 덩치는 갈등상황에서 중요한 정보를 전달하는 신호다. 그래서 털 곤두세우기는 무척 다양한 맥락에서 빚어지는 공격적인 행동의 상태를 알려주는 정보가 담긴 신호로 의식화됐다.

의식화는 행동이 발달하는 시기에도 일어날 수 있다. 이 후자의 과정은 개체 발생적 의식화ontogenetic ritualization라 불리는데, 이 과정 동안 개체들은 사회적 상호작용이 거듭되는 동안 서로서로 각자가 신호를 보내려고 하는 행동의 틀을 잡고, 특정한 행동이 신호로서 작용하는 기능은 개체가 하는 학습을 통해 형성된다.

동물이 보내는 신호의 뜻은?

커뮤니케이션용 신호는 동기 과정motivational process을 보여주는 지표이거나 환경에서 발생한 외부적인 사건들을 반영한 것으로 볼 수 있다. 이 신호들은 발신자의 내면상태하고는 관련이 없고, (인간의 언어가 그렇듯) 지시적인 의미referential meaning를 전달한다. 연구 결과는 자연 상태에서 동물의 커뮤니케이션은 특정 동기에서 비롯되는 것이 전형적이라는 걸 보여준다. 이건 신호가 발신자의 내면상태를 반영한다는 뜻이다. 예를 들

개는 인간이 던지는 신호에 선뜻 주의를 기울인다. 그리고 인간과 얼굴을 맞대고 하는 상호작용과 시선을 마주하는 것을 특히 선호하는 성향을 보여준다. 하지만 개가 인간을 향해 주의력을 집중하는 것은 그 개가 받은 사회화 및 그 개가 맺은 관계에 달려 있다.

▲ 개가 앞발로 땅을 거듭해서 때리는 건 놀고 싶다는 신호를 보내는 전형적인 방식이다.

인간의 언어와 동물의 커뮤니케이션: 중요한 차이

인간이 언어로 하는 커뮤니케이션은 본질적으로 상징적이다. 그리고 메시지는 (신호가 서서히 변한다는 관점에서) 아날로그 형태라기보다는 (언어로 된 신호가 존재/부재하느냐 관점에서) 디지털 형태로 코드화된다. 다시 말해, 각각의 단어는 특유한 의미의 집합을 갖고 있고 한 단어의 뜻이 다른 단어의 뜻으로 계속 이어지지는 않는다. 더군다나, 인간은 한정된 개수의 신호(음소音素)로 무한히 많은 메시지를 만들어낸다.

인간이 사용하지 않는 커뮤니케이션 신호들은, 이와는 대조적으로, 아날로그 척도로 측정할 수 있다. 동물들은, 다양한 강도로 으르렁거리는 소리처럼, 연속적으로 변할 가능성이 있는 신호들을 발송한다. 그러면서 그들은 제한된 사건의 집합이나 상태에 대한 정보를 전달한다. 동물은 내면이나 환경의 변화에 대한 반응으로서만 신호를 드러낸다—예를 들어 어느 개체에게 위험이 닥치면 그 개체는 위험을 알리는 신호를 발신한다. 반면에, 인간은 환경과 무관하게 자발적으로 신호를 보낼 수 있다.

어, 공격성이 담긴 신호는 생리적 상태의 특정한 변화들과 관련이 있을 수 있다. 하지만 중요한 건, 수신자가 인지한 신호를 바탕으로 외부적인 사건들을 추론해낼 수 있다는 것이다.

다음은 그걸 보여주는 사례다. 먹이를 보호하는 상황에서 다가오는 개를 향해 으르렁거리는 건 발신자가 느낀 동기와 관련된 상황을 반영한다. 그렇지만 개는 많은 상이한 상황에서 (심지어는 노는 중에도) 으르렁거리고, 으르렁거리는 소리의 음향구조는 각각의 맥락에 따라 특유하다. 따라서 그 맥락에서 상대가 내는 으르렁거리는 소리에 담긴 특성에 대해 무엇인가를 아는, 신호를 수신하는 개는 순전히 음향신호를 바탕으로 상황을 추론해낼 수 있다. 개가 으르렁거리는 것이 상황과는 무관하게 순수하게 그 개가 품은 의도에서 비롯된 것이라 할지라도 말이다.

개-인간 커뮤니케이션의 진화적인 뿌리

인간은 개과 동물의 그것들하고는 대단히 다른, 독특하고 복잡한 커뮤니케이션 기술들을 활용한다. 그러므로 인간은 자신들의 공동체에 성공적으로 적응하는 개체를 만들어내기 위해, 개를 가축화하는 동안 인간의 커뮤니케이션 네트워크에 적응하는 뛰어난 능력을 바탕으로 성공적으로 적응한 개체를 선택해야 했다. 연구결과는 가축화가 다음과 같은 결과로 이어졌다는 것을 시사한다.

▶ 코와 코를 맞대는 접근방식은 개가 상호작용을 하는 전형적인 방식이다. 그런 접촉을 무척 좋아하는 사람이 많은데, 그러다가는 자칫 부상으로 이어질 수도 있다. 친숙하지 않은 개를 상대로 그렇게 할 때는 특히 더 위험하다.

저자세 취하기

말아 넣은 꼬리

시선 피하기

반대명제 원칙

원래 의도하고는 반대되는 시각적 및 청각적 신호들을 활용해서 반대되는 뜻을 가진 신호들을 전달하는 경우가 잦다. 이런 경향은 동물이 보내는 신호와 인간이 하는 비언어적 커뮤니케이션에 모두 존재한다. 예를 들어, 적극적으로 자기주장을 하는 개는 고자세(당당한 모습, 꼬리 세우기)를 보여주는 반면, 내성적인 개(왼쪽)는 저자세(처진 모습, 말아 넣은 꼬리)를 취하는 편이다.

▲ 대부분의 개는 무엇인가를 가리키는 제스처를 쉽게 이해한다. 그리고 일부 개는 가리키는 방향을 알아차리는 걸 특히 잘한다.

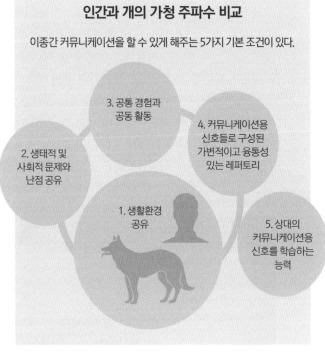

인간과 개의 가청 주파수 비교

이종간 커뮤니케이션을 할 수 있게 해주는 5가지 기본 조건이 있다.

3. 공통 경험과 공동 활동

4. 커뮤니케이션용 신호들로 구성된 가변적이고 융통성 있는 레퍼토리

2. 생태적 및 사회적 문제와 난점 공유

1. 생활환경 공유

5. 상대의 커뮤니케이션용 신호를 학습하는 능력

1. 개가 주의를 집중할 수 있는 자극 범위stimulus range의 엄청난 확장;

2. 덜 엄격하고 더 다양한 커뮤니케이션 행동 패턴의 출현;

3. 인간과 대면對面상호작용을 하고 시선을 마주하는 것 같은, 인간이 하는 커뮤니케이션 활동의 중추적인 측면들을 향한 특별한 선호.

따라서 개는 그들의 커뮤니케이션을 인간이 만든 환경에 맞게 조정하는 능력을 획득했다. 개가 가진 종 특유의 커뮤니케이션 시스템의 변화는 인간이 보내는 신호(예를 들어, 방향 가리키기)를 인지하고 적절하게 반응하는 능력과 (사람과 물건 사이에서 시선을 옮기는 것 같은) 기능적으로 인간과 비슷한 신호를 만들어내는 데 기여한다.

시각적 신호

개는 시각적 신호를 보내기 위해 몸 전체와 얼굴을 사용한다. 인간과 상호작용할 때, 개는 대체로는 그들 종에 특유한 신호들을 사용하지만, 인간 파트너를 향해 신호를 보내는 기능을 하는 새로운 행동 패턴을 개발할 수도 있다. 예를 들어, 개는 사람이 하는 각각의 제스처와 비슷한 자신의 의도를 표명하기 위해 시선을 번갈아 옮기는 방식을 채택하기도 한다.

전형적인 감정 상태를 신호로 보내기

개가 몸 전체를 써서 감정적인 상태를 표시하는 자세들은 각기 엄청나게 다른 뜻을 담고 있다. 그래서 개와 인간 모두 개가 내면적으로 느끼는 상태를 멀리서도 인지할 수 있다:

느긋한 개는 다가가기 쉬운 게 보통이다. 귀는 (전방을 향해서가 아니라) 쫑긋 서 있고, 고개는 높이 들었으며, 주둥이는 살짝 열려 있을 수 있다. 혀를 드러내고, 엉덩이를 완만하게 기울이며, 꼬리는 느긋하게 늘어뜨리고, 선 자세는 풀려 있으며, 털은 전혀 곤두세우지 않는다.

장난기 넘치는 개는 다른 개한테 놀자고 청하면서, 위협하려는 의향은 전혀 담겨 있지 않은 거친 행동으로 그걸 보여준다. 개한테는 특유한 놀이 신호가 있다. 플레이-바우를 하면서 들뜨게 짖거나 장난기 가득한 뜀박질과 공격, 뒷걸음질을 같이 할 수도 있다. 이런 신호를 보내기 위해, 개는 앞발을 굽히고 귀는 쫑긋 세우며 주둥이는 벌리고 혀를 늘어뜨리며 몸 뒷부분을 위로 세우고 꼬리도 세우고는 (그리고 꼬리를 획획 치면서) 몸 앞부분을 낮춘다.

개가 놀 준비가 돼 있다는 걸 보여주는 전형적인 신호에는 앞발을 낮추고 주둥이를 벌리며 꼬리를 세우는 게 포함된다.

느긋한   장난기 넘치는   경계하는

경계하는 개는 상황을 가늠하는 동안 주위를 한껏 기울인다. 귀는 전방을 향하고(까딱거릴 수도 있다), 눈은 크게 떴으며, 주둥이는 다물고 있고, 꼬리는 수평을 이루고 있으며(느리게 움직일 수도 있다), 몸뚱어리는 약간 앞으로 숙인 자세를 보여준다.

두려워하면서 초조해하는 개는 갈등이 빚어지는 걸 막으려고 순종하는 신호들을 보낸다. 머리와 몸뚱어리는 낮추고, 혀는 입술을 핥거나 날름거리며, 귀는 뒤로 젖혀 축 늘어뜨린다. 입을 쩌억 벌리는 것도 스트레스를 받았다는 신호일 수 있다. 개는 고개를 돌리기도 하지만, 눈의 흰자위를 보이면서("곁눈질"을 하면서) 위협적인 존재라고 인식하는 대상을 계속 주시한다. 눈썹은 아치 모양을 그리고, 꼬리는 낮추거나 뒷다리 사이에 만다(그리고 약간 흔들 수도 있다). 앞발은 드는데, 볼록살에서 땀이 날 수도 있다. 스트레스는 과도하게 침을 흘리게 만들고 몸을 떨게 만들 수도 있다.

두려워하면서 공격적인 개는 겁을 먹기는 했지만 상대를 공격할 수도 있다. 머리와 몸은 낮추고, 동공을 팽창시키며, 귀는 뒤로 젖히고, 코에 주름을 잡으며, 입술은 약간 비죽거리고(이빨이 보일 수도 있다), 털은 곤두세우며, 꼬리를 접는다.

당당하게 자기주장을 하면서 화가 난 개는 도전을 받으면 공격적으로 대응한다. 귀는 쫑긋 세우고 털을 곤두세우며, 이마와 코에 주름을 만들고 이빨을 드러내며, 콧구멍과 동공은 확장시키고, 주둥이는 벌리며, 입 꼬리는 앞쪽을 향하고, 꼬리는 꼿꼿히 세우며, 바짝 긴장한 몸은 떨기도 하고, 뒷다리는 길게 뻗고, 몸은 앞으로 기울이고 있다.

순종적인 개는 자신의 낮은 지위를 받아들인다는 뜻을 상대에게 전달하면서 육체적인 대결을 피하는 걸 목표로 삼는다. 이런 개는 자기 몸이 작아보이게 만들려고 든다. 땅에 등을 대고 몸을 굴리면서, 눈이 마주치는 걸 피하려고 고개를 돌리며, 눈을 부분적으로 감고, 귀는 평평하게 뒤로 젖히며, 입 꼬리는 뒤로 향하고, 사지와 발을 풀면서 배를 드러내고, 꼬리를 접는다. 오줌을 몇 방울 찔끔거릴 수도 있다.

두려워하는   두려워하면서 공격적인   당당하게 자기주장을 하면서 화가 난   순종적인

시각적 신호를 보낼 때 드러나는 견종 특유의 특성들

늑대 성체가 얼굴로 짓는 표정은 적어도 60가지가 있다. 얼굴에 드러나는 몇몇 특성(고개와 주둥이의 위치; 입 꼬리와 입술, 이마, 눈 부위의 모양; 귀가 향하는 방향과 움직임)이 신호를 보내는 데 관여한다. 얼굴로 보여주는 제스처는 대단히 정교하게 조율된 신호들을 드러낼 수 있게 해준다.

얼굴의 형태는 견종별로 다르다. 그리고 선택적인 브리딩 때문에 많은 견종의 머리와 얼굴이 특정한 형태적 특성들을 잃는 결과가 나왔다. 이런 현상 때문에 표현 가능했던 표정이, 그 결과로 시각적 신호로 기능할 수 있는 그 표정들의 역할이 많이 줄었다. 그래서 처진 귀나 주름진 피부, 왕방울만한 눈, 납작한 코를 가진 개에게는 특정한 표정 신호를 보낼 수 있는 가능성이 없다. 이런 상황은 개들 사이에서, 그리고 개와 인간 사이에서 시각적 신호를 인지하는 걸 방해할 수도 있다.

개가 활용하는 시각적 신호들은 견종간에 다양한 얼굴의 형태에 크게 의존한다.

꼬리와 귀

꼬리와 귀는 몸의 균형을 잡고 소리를 듣는 역할을 수행하는 것 말고도 개의 시각적 커뮤니케이션 시스템에서 없어서는 안 될 요소들이다. 꼬리는 상이한 빈도와 강도로 흔들 수 있고, 폭넓은 위치에 둘 수 있다. 꼬리의 위치를 두드러져 보이게 만들려고 꼬리의 끝머리에 색깔이 있는 경우가 잦다. 그리고 꼬리는 상대가 인지하는 개의 덩치를 줄이거나 키우는 데 도움을 준다. 꼬리를 흔들면 꼬리를 가만히 둘 때보다 다른 개들이 더 빨리 접근하게 만들어준다.

쫑긋거릴 수 있는 귀도 커뮤니케이션에서 중요한 기능을 수행한다. 귀의 위치와 모양은 개가 느끼는 당당함이나 경계심에 대한 정보를 전달한다. 그러므로 두 신체기관이 없으면 시각적 신호를 전달하는 개의 잠재력은 크게 줄어들 것이다.

아이와 개

어느 연구에서, 초등학생 절반 가까이가 개에 물린 경험이 있다고 보고했다. 주된 문제는 어리고 미숙한 아이들이, 부분적으로는 주로 개의 얼굴만 쳐다보기 때문에, 개가 몸으로 보내는 신호들을 구분하지 못한다는 것이다. 더군다나, 아이들은 개의 표정을 잘못 해석하는 경향이 있다: 아이들은 공격성을 드러내는 개가 기분이 좋다는 신호를 보여주고 있다고 오판하는 경우가 잦다.

성인들은 사진으로 제시된 인간과 개의 표정을 분류하는 작업을 하면서 실수를 하는 일이 많지 않지만, 4살짜리 아이들 중 69퍼센트가 공격성을 드러낸 개의 얼굴을 기분이 좋아서 웃는 얼굴로 해석했다. 6살짜리는 개의 표정 중 25퍼센트를 잘못 해석한 반면, 사람의 모든 얼굴 표정은 90퍼센트 넘게 옳게 해석했다.

▼ 개는 꼬리의 위치와 움직임을 인간과 다른 개에게 메시지를 보내는 데 활용할 수 있다.
▶ 개의 귀의 움직임은 감정 상태에 달려 있다. 쫑긋 선 귀는 장난을 치고 싶은 상태이거나 경계심을 느끼는 상태임을 알리는 신호일 수 있다.

청각적 커뮤니케이션 🐾

개는 상대적으로 많은 목소리를 내는 과科에 속한다: 야생의 개과 동물과 가축화된 개는 10여 개가 넘는 상이한 유형의 목소리를 내는데, 이 소리들은 상이한 순서로 조합될 수 있다. 개와 늑대가 내는 목소리의 목록에서 이 소리들 중—하울링과 짖는 소리, 으르렁거리는 소리, 낑낑거리는 소리를 비롯한—다수를 발견할 수 있다.

개의 목소리는 어떻게 만들어지나

개의 발성은 포유류 동물들 중 다수가 내는 청각적 신호들과 유사한 방식으로 이뤄진다. 폐가 (날숨을 쉬는 동안) 발성에 필요한 공기를 공급하고, 이 공기는 먼저 이른바 목소리의 "출처"인 후두喉頭에 있는 성대주름에 도착한다. 소리를 내는 동안 성대주름이 공기를 안쪽으로 끌어들이고, 주름을 한꺼번에 닫으면서 공기의 흐름을 막는다. 내쉬는 공기의 압력이 주름들을 서로서로 떨어지게 만들 수 있는 특정한 한계점에 도달하면, 주름들은 공기의 흐름이 사이를 지나가는 동안 개방과 폐쇄의 주기를 시작하고, 그러면서 목소리가 만들어진다. 목소리의 크기는 공기의 압력에서 주로 영향을 받지만, 성대주름의 팽팽함이 (그리고 두께가) 목소리의 고저에 영향을 준다. 후두 위에 있는 성도聲道, vocal tract도 목소리 생성의 관점에서 "필터filter"로 불린다. 성도의 길이와 내부 모양은 특정한 주파수를 걸러내고는 최종적으로 입에서 나오는 소리의 음색音色을 가미해서 성대주름에 의해 생성되는 주요한 목소리를 변화시킨다.

개의 발성의 발달과정

개는 태어난 직후부터 목소리를 내기 시작한다; 하지만 개가 내는 목소리의 레퍼토리는 생후 2~3주 동안은 상당히 제한돼 있다. 레퍼토리는 통증이나 추위, 배고픔, 다른 동기들과 헤어졌다

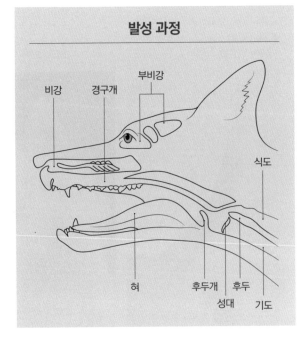

발성 과정

비강 · 경구개 · 부비강 · 식도 · 혀 · 후두개 · 후두 · 성대 · 기도

▶ 개가 목소리를 내는 과정에서, 소리는 성대주름에 의해 만들어진다. 그런 다음, 후두와 입 사이에 있는 성도가 소리를 변화시킨다.

끙끙거리는 소리

하울링

◀ 젖을 떼는 나이에 다다른 강아지는 개가 내는 발성의
전체 레퍼토리를 낼 수 있다.
▲ 초음파 화면 덕에 다양한 발성 사이의 두드러진 차이를
볼 수 있다.

는 이유로 내는 상이한 종류의 끼끼거리는 소리와 비명, 꽥꽥거리는 소리로 주로 구성된다.

강아지의 눈이(생후 11~14일), 그리고 특히 귀가(생후 20~22일) 작동하자마자 개의 발성 행동에 극적인 변화가 일어난다. 으르렁거림과 짖음 같은 발성이 이 시기에 먼저 등장한다. 생후 3~4주가 된 강아지들은 스트레스를 받았다는 신호를 보내는 것 외의 목적으로도 목소리를 사용한다. 어린 개가 어미에게서 독립하는 생후 7~10주에는 이미 하울링을 비롯한 성견이 내는 발성의 전체 레퍼토리를 낼 수 있다.

목소리 신호의 견종간 차이

인간은 상이한 과업들을 수행하게 만들기 위해, 일부 경우에 특유한 목소리를 내는 습관을 비롯한 특정 행동과 해부적인 특성을 바탕으로 견종들을 선택해 왔다. 블러드하운드*bloodhound*의 으르렁거리는 소리baying sound—사냥감의 냄새를 찾아냈다는 걸 널리 알리는, 짖는 소리와 하울링이 두드러지게 조합된 신호—같은 전형적인 발성 때문에 일부 유형의 작업견은 귀한 대접을 받는다. 개가 목소리를 내는 습관 면에서 일어난 다른 유전적인 변이는 우연의 산물일 수도 있다. (허스키처럼) 늑대와 가까운 유전적 연관성을 보여주는 견종들은 늑대와 덜 비슷한 견종들보다 하울링을 하는 빈도가 잦다.

▶ 블러드하운드가 사냥감의 냄새를 포착했을 때 내는 으르렁거리는 소리처럼, 일부 개의 발성은 종 특유성을 보여준다.

짖기|barking

늑대와 개의 발성 레퍼토리 사이의 가장 뚜렷한 차이는 개가 뚜렷하게 보여주는 짖어대는 습관인 듯 보인다. 늑대는 어렸을 때나 경쟁하는 상대를 만났을 때 한바탕 짧게 짖어대거나 한 번만 짖고 마는 반면, 대부분의 반려견은 "호객꾼barker"으로 알려져 있다. 개가 무척 심하게 짖어대는 맥락은 대여섯 가지가 있다.

개가 이런 유형의 발성을 하게 된 진화적인 기원과 이런 발성의 기능을 설명하는 이론 하나는 침입자(예를 들어, 우편배달부나 목줄을 한 개와 함께 거리를 걸어가는 사람)가 등장했을 때 동네에 있는 개들이 전염된 것처럼 짖어대는 것은 까마귀과corvid 조류 같은 포식동물이 하는 반복 공격과 유사하다고 주장한다.

또 다른 가정은 개가, 가축화된 이후로, 사회적 공간을 인간과 공유해 왔는데, 이런 공존상황이 목소리를 통한 신호 발신을 비롯한 새로운 커뮤니케이션 상호작용으로 이어지는 길을 닦았다고 제시한다. 그러므로 짖기는 개들이 그들의 인간 청중을 향해 여러 메시지를 전달할 수 있는 발성 유형이 됐다.

최근에 행해진 실험에서 얻은 데이터에 따르면, 개가 고도로 다양하게, 그리고 반복적으로 짖는 소리는 늑대가 짖는 소리보다 훨씬 넓은 음향범위acoustic range를 보여준다. 그리고 인간은 개가 짖는 상황의 맥락과 정서를 감안해서 그 행위에 담긴 정확한 의미를 파악할 수 있다. 그렇지만, 개가 짖는 게 순전히 인간을 향해서 내는 소리인 것만은 아니다: 다른 개들은 개 짖는 소리에 귀를 기울이는 것으로 짖어대는 개체의 정체와 현재 느끼는 감정에 대한 정보를 해석할 수 있다.

◀ 공격성을 보이는 개는 저음의 소리로 빠르게 짖어댄다─전문적인 훈련을 받은 적이 없는 사람도 이런 소리는 쉽게 인지할 수 있다.
▶ 개는 노는 중에도 짖어댄다. 이 특징은 그들의 발성 레터포리에 새로 첨가된 것이다. 늑대와 자칼, 여우처럼 야생에 사는 그들의 친척들은 노는 중에는 짖지 않기 때문이다.

소형견이 짖는 소리   대형견이 짖는 소리

목소리에 담긴 진실

개는 목소리의 음 높이를 바꿔 목소리를 듣는 상대에게 자신의 실제 몸집에 대한 그릇된 정보를 전달할 수 있다. 어느 실험에서, 개에게 동일한 (하지만 몸집은 30퍼센트 차이가 나는) 두 장의 개 사진을 벽에 영사해서 보여주면서 배경에 개가 으르렁거리는 소리를 깔았다. (먹이 지키기food guarding처럼) 경쟁하는 상황에서 나온 으르렁거리는 소리를 재생하자, 개들은 자신과 엇비슷한 덩치를 가진 개의 사진을 더 많이 쳐다봤다. (주도권을 다투는 놀이를 할 때 녹음한) 장난기 섞인 으르렁거리는 소리를 들은 개들은 두 사진 중에서 덩치가 큰 개를 오래 주시했다. 소리를 듣는 개가 지향하는 방향의 차이는 개가 먹이를 놓고 갈등이 빚어졌을 때는 감정을 "솔직하게" 목소리로 옮기는 듯 반면, 놀이를 하는 중에는 "덩치가 더 크게" 보이려고 그윽한 목소리를 활용해서 으르렁거릴지도 모른다는 걸 시사한다.

개의 목소리는 인간에게 큰 의미를 갖는 게 보통이다. 개가 짖거나 으르렁거리는 소리를 듣는 동안, 우리는 그 개가 처한 맥락이나 그 개의 내면 상태를 해석할 수 있는 경우가 잦다.

개가 내는 목소리의 의미

인간이 구사하는 언어의 특징인 문법과 상징 같은 요소들을 무시하면, 인간의 대화를 대단히 많은 의미가 담긴 것으로 만들어주는 다른 중요한 특징―지시성referentiality―이 개의 목소리에는 결여된 것처럼 보인다. 개는 자신의 내적인 상태나 특성과 관련이 없는 사건에 대해서는 목소리를 내지 않는다. 개가 보내는 청각적 신호는 그 개의 내면의 상태와 정체성과 관련된 특징들(덩치, 나이, 성별, 신분)을 나타낸다. 그 신호는 인간과 다른 개에게도 동등하게 유용한 정보를 준다.

개의 목소리와 인간의 목소리의 공통된 특징들

인간은, 심지어 8살~10살 아이들도, 개가 내는 목소리를 바탕으로 개의 감정을 판단할 수 있다. 이건 내면의 상태를 부호로 바꾼 청각적 신호가 종種의 심지어 유類의 장벽을 뛰어넘는 정도의 균질성을 보여주기 때문이다:

1. 목소리의 음성적인 특징은 개의 몸뚱어리와 성대주름, 성도의 물리적인 한도를 반영한 지문 같은 것이다. 그러므로 대형견은 더 크게 들리는 음색의 그윽한 목소리를 낼 수 있다.
2. 진화는 특유한 형태적 특징에 부응하는 음성신호가 출현하게 해줬다. 덩치 큰 개체는 싸움에서 이길 확률이 크다. 그래서 그윽한 목소리는 공격 성향을 드러내는 신호로 활용된다.
3. 포유동물들은 상이한 내면 상태를 느끼는 동안 신경이 유사하게 활성화되면서 유사한 방식으로 목소리 생성과정을 통제한다. 그러므로 공격적이거나 순종적인 개체는, 종을 불문하고, (타당한 한계 내부에서) 자신의 의도를 신호로 전달하는 비슷한 소리를 낸다.

후각적 신호

사람들은 개들이 냄새로 구성된 세계에 살고 있다고 믿는 경우가 잦다. 그런데 개들이 다른 감각들은 다 제쳐두고 주로 후각에만 의지하는지 여부는 그 상황의 맥락에 달려 있다. 예를 들어, 선명한 시각적 신호들을 얻을 수 있다면 후각적 신호에 의존할 필요는 없을 것이다. 그럼에도, 후각적 정보는 친족과 개체를 식별하는 데 중요하다. 무척 어린(생후 28~35일) 강아지도 순전히 후각 정보만을 바탕으로 자신의 잠자리와 낯선 개체의 잠자리를 구별할 수 있다. 페로몬pheromone은 피부에 있는 샘에서 생산되는 특유한 냄새 분자로, 커뮤니케이션 과정에서 신호를 보내는 기능을 갖고 있다.

개의 성 페로몬

성 페로몬sex pheromone은 발정기에 암컷에 의해 생산된다. 이 물질은 질膣과 소변, 항문낭, 대변, 다른 기관에서 비롯된다. 이 페로몬의 성분 중 하나인 메틸-p-하이드록시벤조에이트methyl-p-hydroxybenzoate는 수캐에게서 마운팅 행동을 이끌어낼 잠재력을 갖고 있지만, 최근의 많은 관찰 연구는 이 화학물질이 개의 성 페로몬의 주요 요소인지 여부에 약간 의혹의 시선을 던져왔다. 암캐와 수캐 모두 이 페로몬을 다른 냄새들로부터 구분해서 감지할 수 있다. 일반적으로 수캐는 다른 수컷들의 냄새보다 암컷들의 냄새를 더 선호하지만, 발정기에 있는 암컷이 풍기는 냄새는 훨씬 더 선호한다.

수캐의 소변에는 다른 수컷들에게 자신의 성별과 지위에 대해 알려주는 냄새 분자들도 함유돼 있을 가능성이 무척 크다. 하지만 이걸 보여주는 구체적인 데이터는 현재까지는 전혀 입수할 수가 없다. 수캐는 자신이 본 소변을 다른 수컷들이 본 소변과 구분할 수 있고, 다른 수컷들이 남긴 소변 위에 자주 소변을 볼 것이다.

▶ 수캐는 암캐의 생식기 부위를 킁킁거려서 암컷의 번식상태에 대한 정보를 얻는다.

유선乳腺 페로몬

수유授乳기간 동안, 어미는 진정 페로몬appeasing pheromone이라고도 불리는 유선 페로몬mammary pheromone을 생산한다. 이건 유방사이고랑intermammary sulcus에 있는 피부기름샘에서 분비되는 지방산 혼합물이다. 이 페로몬의 역할은 현재까지는 완전히 밝혀지지는 않았지만, 눈을 못 뜬 강아지들이 젖꼭지를 찾는 걸 돕고 새끼들을 차분하게 만드는 걸 도와주는 성분으로 판단된다.

인공으로 만든 유선 페로몬의 유사물질이 개가 느끼는 스트레스와 흥분의 강도를 낮추는 데 어느 정도 효과가 있는 것으로 보인다. 강아지에게 이 물질을 뿌리면 (예를 들어, 강아지학교를 다니는 동안) 흥분과 두려움을 줄여줘서 다른 개들과 용이하게 상호작용을 할 수 있게 해준다. 스트레스가 가득한 상황에 있는 성견들에게도 진정효과가 있는 것으로 보고됐다.

그런데 유선 페로몬의 인공 유사물질이 보이는 효과는 개의 연령과 견종에 따라 큰 차이를 보인다. 현재, 이 페로몬이 성견에게 작동하는 생물학적 메커니즘은 완전히 밝혀지지 않았다. 젖을 먹이는 기간 동안 어미가 생산하는 물질이라서 성견보다는 강아지에게 훨씬 더 큰 효과를 보이는 것 같다.

다른 종들끼리 주고받는 후각적 신호

포유동물의 페로몬은 일부 공통적인 특징들을 공유한다. 그래서 개는 (암캐들에게서 그러는 것처럼) 여성의 발정기를 감지할 수 있고, 여성과 남성을 구분하는 데 성별로 특유한 후각적 신호를 활용할 수 있는 것 같다. 개는 젖먹이와 함께 있으면 그 아이의 몸의 특정한 부위—얼굴과 팔—를 살피는 걸 선호한다. 이건 이 신체부위들이 인간의 독특한 냄새를 생산한다는 걸, 그래서 개에게 특유한 정보를 제공한다는 걸, 또는 개가 이 부위들의 냄새를 더 잘 인지할 수 있다는 걸 나타낼 수도 있다.

어미는 젖을 먹이는 시기 동안 유선 페로몬을 분비하는데, 이 물질은 새끼들을 차분하게 만드는 걸 돕는 것으로 판단된다.

제4장

의식과 사고, 성격

개는 어떻게 생각하나

우리 대다수는 "사고thinking"를 구성하는 요소에 대해 문외한치고는 나쁘지 않은 양식을 갖고 있지만, 이 단어를 과학적으로 정의하고 동물에게 적용하는 건 결코 간단한 일이 아니다. 일반적으로 사고는 특정한 목표를 달성하는 데 이바지하는 다양한─유전적인 영향을 받거나 학습된─개념이나 견해, 지각(이른바 정신적 표상들)을 조합하고 체계화하는 작업에 관여하는 복잡한 정신적 (인지적) 과정을 가리킨다. 그러므로 사고라는 개념은 본질적으로 문제해결이라는 개념과 뒤엉켜 있다. 사고는 개가 자신이 처한 환경에서 벌어지는 사건들에 대해 예측할 수 있게 해주면서 개의 생존확률을 높이는 데 엄청나게 큰 기여를 한다.

종 특유의 인지능력의 발달

개의 인지능력은 물리적이고 사회적인 환경 모두에 의해 형성된다. 후자를 고려해보면, 개는 그의 주위를 에워싼 사회적 환경이 동종으로 구성된 환경과 인간으로 구성된 환경 두 가지로 구성돼있다는 점에서 독특한 사례에 해당한다. 결과적으로, 개의 인지과정cognitive process은 (개과 동물의 일원으로서) 무리를 이뤄 생활하고 사냥하는 데 적합하게 적응돼 왔지만, 가축화는 개가 인간과 하는 협동생활을 발전시키는 능력을 발달시키는 것을 장려해 왔다. 전자는 동종의 운동경로를 계산하고 무리에 속한 동료와 행동시점을 맞추는 것 같은 능력의 진화를 가능하게 해준 반면, 후자는 인간이 보내는 커뮤니케이션 신호들을 해석하는 능력의 발달로 이어졌다. 개의 뛰어난 사교솜씨는 다른 개체가 하는 행동을 보고 학습해서 자체적인 인지능력의 제약을 극복할 수 있게 해줬다.

개는 (앞을 가로막는 울타리를 돌아서 가게 만드는 때처럼) 눈에는 보이지만 다가갈 수 없는 먹이가 보이면 우선 거리를 두고 지켜볼 것을 요구하는 상황에서는 썩 뛰어나게 행동하지는 못한다. 그

가장 가까운 친척인 회색늑대처럼,
개의 인지력에는 무리를 이뤄 생활하는 데
적응하는 능력도 포함된다.

들의 조상은 평지에서 활동하는 육식동물이기 때문이다. 그런 동물의 입장에서, 그들이 주로 생활하는 물리적 환경에 있는 먹잇감에게서 먼 쪽으로 움직이는 건 포식과 관련한 문제의 해법으로는 비효율적이다. 그렇지만 중요한 건, 다른 개나 인간이 울타리를 우회해서 가는 식으로 문제의 해법을 제시하는 것을 보고 나면 개의 과업수행 성적이 상당한 정도로 향상된다는 것이다.

문제 해결능력 분야에서 드러나는 종 특유의 차이

개의 문제 해결능력을 고려할 때, 인간이 만들어낸 환경에서 일어난 일반적인 선택 다음으로 상당히 유의미한 관계에 있는 것이 종내種內 변이within-species variation다. 상이한 견종들은 상이한 과업들을 수행하는 인간을 보조하도록 선택돼 왔고, 그 결과 전통적으로 견종들은 각각이 더 능숙하게 해결하는 (사냥이나 양몰이 같은) 특유한 문제들에 따라 분류돼 왔다는 것이 이런 일이 벌어지게 된 이유다.

인간과 꾸준히 협동해서 처리해야만 하는 과업들을 수행하기 위해 선택된 (허딩 도그 견종 같은) 개들은 인간이 보내는 커뮤니케이션 신호를 읽는 데 능숙하다. 예를 들어, 이런 개들은 숨겨진 물체의 위치를 찾으려고 인간이 하는 방향을 가리키는 제스처를 따르는 솜씨 면에서, 하운드처럼 개체별로 과업을 수행하게끔 선택된 견종들보다 더 뛰어난 듯 보인다. 중요한 건, 견종 사이의 생김새 차이 같은 단순한 형태적 차이도 동일한 능력에 영향을 준다는 것이다. 즉, 복서처럼 두개골이 짧은(단두형) 견종은 그레이하운드처럼 두개골이 긴(장두형) 견종보다 이런 종류의 상황에서 더 많은 성공을 거두는 편이다. 눈의 위치가 전방을 향해 있다는 점이 주의력을 한 곳에 모으고 주변부의 상황에 산만해지지 않는 걸 더 수월하게 만들어주기 때문이다.

단두형 두개골

눈의 위치가 전방을 향해 있어서 사람들이 하는 몸짓을 따라가는 데 유리하다

눈의 위치가 먹잇감을 살피는 데 유리하다

장두형 두개골

▶ 견종들이 보여주는 대단히 다양한 특징들 중 하나가 두개골의 형태다. 연구 결과는 시각적 커뮤니케이션을 하는 능력에서 단두형 견종과 장두형 견종이 차이를 보인다는 증거를 제공한다.

인지 처리과정의 근본적인 메커니즘

사고는 감각기관들이 받아들인 환경 관련 정보를 처리하고, 다층적인 학습과정을 통해 복잡한 표상의 위계를 구축하며, 최적화된 행위를 수행해나가는 것과 관련한 의사결정을 내리는 데 활용되는 정신적 메커니즘의 집합체로 볼 수 있다.

지각perception과 주의집중attention

개가 지각하고 주의를 집중하는 과정은 일반적으로 다른 포유동물에게서 발견되는 그런 과정과 유사하지만, 환경에 있는 상이한 요소들에 주의력을 할당하는 방식 면에서 개와 다른 포유동물의 정신적인 과정mental process은 다른 길을 걷는다.

핵심적인 차이점 하나는, 개는 사람에게 직접 주의를 기울이는 경향이 있는 동시에 사회적인 자극에 뚜렷하게 집중한다는 것이다. 더불어, 개는 가까운 관계에 있는 사람들에게 더욱 집중하면서 특정 인간과 맺은 관계를 기초로 인간들 각자에게 할당하는 주의력의 비중에 차이를 두기도 한다.

학습

개는 몇 가지 방식으로 정보를 획득할 수 있다. 이른바 고전적 조건형성classical conditioning은 개가 환경의 상이한 요소들 사이의 관련성을 감지하고 미래의 사건들에 대한 예측을 할 수 있게 만들어준다. 예를 들어, 개는 찬장을 여는 소리는 저녁 먹을 시간이라는 뜻이라는 걸 빠르게 터득하면서 그 소리를 들으면 침을 더 많이 분비하는 반응을 보인다. 개는 자신이 하는 행동과, 보상이나 처벌(조작적 조건형성operant conditioning) 같은 결과를 관련 지을 수도 있다. 조작적 조건형성은 인간이―예를 들어―개에게 만찬 테이블에 놓여 있는 음식은 건드리지 말도록 가르치는 걸 가능하게 해준다.

다른 경우, 개는 인간이건 다른 개건 다른 개체의 행동을 관찰한 후에 자신이 하는 행동을 교정할 수 있다. 개는 사회적 학습social learning이라고 불리는 이 학습 덕에 지식을 더 유연하게 습득할 수 있다.

▶ 후각은 개가 보유한 가장 강력하면서도 중요한 감각이라는 게 일반적인 믿음이지만, 개는 시각적인 경로를 통해 인간을 관찰해서 수월하게 학습을 한다. 그들의 시각적인 주의집중은 개의 정신적인 활동을 보여주는 믿을 만한 지표다.

▲ 동물의 자아인식을 측정하는 데 거울 테스트mirror test가 널리 사용된다. 개는 거울에 비친 자신의 모습을 보는 것에 별다른 흥미를 보이지 않는다. 이건 그들의 자기반성 능력이 제한적이라는 걸 보여주는 것일 수도 있다.

기억

개는 학습한 정보를 기억에 저장했다 나중에 기억해내는 능력도 있다. 이건 환경 요소들 사이의 연관성(찬장 여는 소리와 식사)을 기억하는 것과 발을 써서 상자뚜껑을 여는 것 같은 학습된 행동을 기억해내는 걸 모두 가리킨다. 기억은, 폭넓은 경험을 바탕으로 의사결정을 하는 데 핵심적인 요소다. 개가 어떤 기억을 유지하는 기간은 기억이 확립된 상황과 기억의 내용에 달려 있다. 개는 견주를 다년간 기억할 수 있다.

개의 인지능력 측정에 이바지하는 현대 기술

연구자들은 현대의 첨단기술 덕에 개가 사고하는 과정의 밑바닥에 자리한 신경처리과정을 들여다보는 창문을 제공하는 기발한 비침습성noninvasive 장비들을 얻게 됐다.

눈동자 추적eye-tracking 대상을 바라보는 행동은 정신적인 활동을 보여주는 좋은 척도다. 개의 시선의 방향을 바탕으로, 우리는 개의 선호도를 추론할 수 있고 그 상황을 해석할 수 있다.

뇌파검사EEG 연구자들은 두개골에 붙인 전극을 이용해(아래) 뇌의 전기활동을 측정해서 상이한 유형의 자극들이 어떻게 신경처리과정을 활성화시키는지에 대한 정보를 수집한다.

기능적 자기공명 영상법fMRI 개의 특정 인지능력과 연관이 있는 뇌 영역의 위치를 알아내기 위해, 지난 몇 년간 철저히 비침습적인 뇌 영상법brain-imaging method들이 성공적으로 활용돼 왔다.

개의 복잡한 인지처리과정

자기인식self-awareness은 자아에 대한 정신적 표상을 형성하는 능력을 가리킨다. 말 못하는 종들의 자기인식을 조사하는 일은 극도로 어렵다. 지금까지, 개가 이런 능력을 소유하고 있다는 걸 보여줄 납득할 만한 실험데이터나 사례연구는 없다. 개는 거울에 비친 자기 모습을 못 알아보는 듯 보이지만, 그들의 자기인식의 속성이 우리 생각과 다를 가능성도 있다.

물리적 세계의 이해와 학습

개가 동물들은 그들이 처한 환경에서 길을 찾아 돌아다니며 먹이를 찾을 수 있어야만 생존이 가능하다. 개라고 예외기 이닌 건 분명하다. 인간이 만든 환경에서 살기 때문에 인간의 보살핌을 받게 될 것이기는 하지만 말이다. 어쨌든, 그런 능력은 유전적인 성향과 발달과정에서 겪은 경험을 기초로 발전시킨, 물리적 환경을 머릿속에서 재현해내는 몇 가지 유형에 기초하고 있다.

대상 영속성

사냥감을 사냥하려면 사냥감을 발견하고 쫓아가는 능력이 필요하다. 추격하는 와중에 그 사냥감이 일시적으로나마, 예를 들어 나무나 바위에 감춰지는 바람에, 시야에서 사라지더라도 말이다. 일시적으로 보이지 않는 대상의 이미지를 머릿속에서 형성하고 유지하는 능력을 대상 영속성object permanence이라고 부른다. 조금 전에 모습을 감췄던 대상을 신속하게 찾아내는 개의 능력은 그들이 어떤 대상의 이미지와 그 대상이 있던 위치를 머릿속에서 형성하고는 그 기억을 고스란히 유지한다는 걸 보여주는 증거로 받아들여진다. 아마도 개는 이 문제를 해결하는 다음과 같은 간단한 규칙을 따를 것이다: 그들은 환경에서 일어난 특정한 사건들과 모습을 감춘 대상을 결부시킨다. 그렇게 해서 그들은 대상이 사라지는 걸 봤던 곳으로 가는 것을 학습할 것이다.

다른 포식동물들처럼, 개는 숲에서 나무에 가려지는 식으로 시야에서 일시적으로 사라진 대상을 다시 찾아내 따라갈 수 있다.

대상 추적

성공한 포식동물은 달아나는 사냥감의 도주경로를 추정하는 능력이 있어야 한다. 개는 떨어지거나 날아가는 물체의 이동 궤적을 따라갈 수도 있다. 예를 들어, 개는 그를 위해 던져진 공이나 원반이 떨어지는 지점을 예측하는 데 능하다. 개는 이런 과업을 위해 야구선수가 활용하는 것과 유사한 추정과정을 활용할 것이다.

공간 탐색

먹이와 다른 자원을 찾으려고 세력권 안을 돌아다녀야만 하는 종에게 자신의 세력권에서 자신의 위치가 어디인지를 아는 것은 필수적인 일이다. 멀리 떨어진 집으로 돌아오는 길을 찾으면서 장거리를 여행한 개에 대한 유명한 일화가 몇 가지 있지만, 개의 이런 능력은 과대평가된 것일 것이다. 이런 일화들은 길을 잃고는 집에 돌아오는 길을 결코 찾아내지 못한 많은 수의 개를 고려하지 않기 때문이다.

빠르게 이동하는 사냥감을 사냥하는 포식동물에게 사냥감의
이동궤적을 예측하는 능력은 중요하다. 개는 날거나 떨어지는
물체의 움직임을 예측하는 데 능하다.

공간 탐색 전략

길을 찾을 때 활용할 수 있는 전략은 크게 두 가지가 있다.

자기중심 전략egocentric strategies은 (감춰진 공을 찾아내려고 왼쪽으로 방향을 트는 것 같은) 자신의 신체와 환경에서 얻은 정보 사이의 관계를 기초로 한 전략이다. 이 전략은 방향을 잡는 데 사용할, 환경에서 얻을 수 있는 신호가 없을 때 특히 유용하다. 사냥하는 동안, 사냥감을 추적하는 포식동물은 주위환경에 그다지 많은 주의를 기울이지 않을 것이다. 그래서 이 자기중심 전략은 집으로 돌아가는 길을 찾는 데 도움이 될 것이다.

개는 환경 관련 신호들이 없는 상태에서도 도보로 여행한 거리와 여행속도, 방향 변화를 판단해서 얻은 정보를 통합해(경로 집적화path integration) 스스로 방향을 잡을 수 있다. 어느 실험에서, 실험자들은 개들의 눈과 귀를 가린 다음에 널따란 공간에서 L자 형태로 된 경로를 데리고 다녔다. 눈과 귀를 막은 가리개들을 제거하고 풀어주자, 개들은 처음 출발했던 지점에 있는 표적을 향해 올바르게 방향을 틀면서 달려갈 수 있었다. 이동했던 거리를 판단하고 표적이 된 장소를 찾아낼 수도 있었다.

타자중심 전략allocentric strategies은 공간 안에 있는 다양한 대상들이 맺고 있는 공간적인 관계를 기초로 한다(예를 들어, 감춰진 공은 의자와 테이블 사이에 있다). 개는 숨겨진 표적 근처에 있는 직접적인 시각적 표식인 비컨beacons과 표적이 있는 위치에 대한 정보를 간접적으로 제공하는, 환경 안에 있는 시각적으로 두드러진 커다란 물체인 랜드마크landmarks에 모두 의존한다.

현실에서, 개는 길을 찾을 때 타자중심 전략과 자기중심 전략에 모두 의존한다. 공간적인 방향을 잡을 때, 개는 서로서로 보완적인 시각적, 청각적, 후각적 단서들을 활용한다. 실험실에서 행해진 여러 실험은 개들이 작은 규모의 실험에서는 방향을 잡을 때 자기중심 전략을 쓰는 걸 선호한다는 걸, 한편으로는 개와 표적 사이의 직접적인 시각적 관계가 방해를 받았을 때만, 그리고 복잡한 환경에서 방향을 잡으려고 할 경우에만 타자중심 전략에 의지한다는 걸 보여준다.

개가 상이한 전략들을 유연하게 활용하는 건, 예전에 생각했던 것보다 훨씬 더, 수행하는 과업의 종류와 과업이 수행되는 맥락에 달려 있는 듯하다. 예를 들어, 시범을 보이는 사람의 행동을 모방하는 과업에서 시범자로부터 공간에 대한 정보를 획득할 때, 개는 시범자가 한 행동의 대상이었던 물체를 찾기 위해 타자중심 전략에 의지하는 걸 선호한다. 그런데 그 과업이 가진 사회적인 본질이 개가 이런 경향을 보이게 만든 원인일 수도 있다.

◀▶ 개는 특별한 가축화 이력 때문에 인간에게 사회적으로 더 많은 주의를 기울이는 편이다. 그리고 많은 상황에서, 그들이 동종을 향해 기울이는 주의는 늑대가 동종을 향해 기울이는 주의보다 약간 덜하다.

대상 조작: 끈 당기기

인간은 물건을 조작하는 데 뛰어나지만, 우리의 반려견들은 그런 솜씨가 떨어진다. 그들도 사냥 감을 해체하는 등의 경우에 그런 조작능력이 필요하지만 말이다. 이런 차이점 때문에, 어떤 대상의 이미지와 특징을 머릿속에서 재현하는 개의 능력은 인간의 그것과 심하게 큰 차이가 나는 것 같다.

이런 차이가 있음에도, 끈을 당기면 자그마한 상을 받을 수 있는 과업을 개과 동물이 얼마나 잘 이해할 수 있는지는 조사해볼 만한 가치가 있다. 일반적으로, 반려견은 자신이 어느 방향을 향하고 있건 자기 앞에 놓인 끈의 반대편에 상품이 묶여 있으면 끈을 당기는 법을 배운다. 그런데 이 과업을 더 어렵게 만들면, 예를 들어 끄트머리에 상품이 묶여 있는 줄과 그렇지 않은 줄두 개를 교차시켜 내려놓으면, 개는 상이 묶여 있는 줄을 당기는 걸 선택하지 않는 듯 보인다. 따라서 개는 한 묶음으로 움직이는 것으로 보이는 물체들은 물리적으로 연결돼 있어야만 한다는 관념을 이해하는 것처럼 보이지 않는다. 흥미로운 건, 늑대도 그런 과업에 맞닥뜨렸을 때 무척이나 비슷한 실수를 저지른다는 것이다. 그렇기에, 가축화 때문에 이런 능력이 약화된 건 아니었다.

수량 식별

개는 수량을 식별할 수 있다. 개는 큰 것과 작은 것을 구분 짓는 인지적 특징 몇 가지에 의존하는 메커니즘을 활용해서 그런 식별을 한다. 예를 들어, 다량의 먹이는 더 큰 시각적 이미지를 떠올리게 만들고, 그래서 소량의 먹이보다 선호된다. 다른 종들과 비슷하게, 개는 수량은 똑같지만 크기만 차이가 날 경우에 크기가 더 큰 쪽을 선호하는 성향을 보여줄 가능성이 크다. 두 개의 무더기가 수량 면에서 비슷해지면, 개는 더욱 더 많은 실수를 저지른다. 두 수량의 비율이 3:4 사이일 경우에는 늑대도 개도 크기가 더 큰 쪽을 선택하지 못한다.

개의 TV 시청

현실세계에서 어떤 물체가 놓인 위치를 알아내기 위해, 개는 그 물건을 감추는 사건을 담은 비디오로 영사된 실물 크기의 이미지들을 활용할 줄 안다. 적어도 그 물체가 실제로 감춰져 있는 바로 그 방에서 그 동영상을 봤을 경우에는 말이다. 그러므로 개는 그들이 처한 환경에서 제시된 문제를 풀기 위해 스크린에 영사되는 이미지의 표상에 의지할 수 있다. 그럴지만, 그들이 실제상황과 허구 사이의 관계를 이해할 수 있는지 여부는 알려져 있지 않다.

사회적 세계의 이해와 학습 🐾

개는 자신이 처한 사회적인 세계에 대한 이해력을 발달시키는 걸 장려하는 선택에 노출돼 왔다. 인간이 조성한 환경에서 살아가는 개가 인간들 사이에서 제대로 작업을 수행하려면 폭넓은 사회적 파트너들이 내놓는 정보를 습득하고 저장할 수 있어야만 한다—사회적 학습social learning이라고 불리는 현상.

사회적 학습 대 개별적 학습

사회적 학습은 세계에 대한 정보를 습득할 때 다른 개체가 가진 지식을 활용하는 능력이다. 이 능력은 접근 가능한 정보의 범위를 넓힐 때 그에 따르는 복잡한 정신적 처리과정을 수행하기 위한 기초를 제공하는 능력을 의미해 왔다. 개별적으로 학습을 하는 개체는 반드시 시기적절한 —그리고 가끔은 위험천만한—시행착오 학습과정을 거쳐야 하고, 자신의 사고를 불가피하게 편향되게 만드는, 해당 종에 특유하게 진화해온 메커니즘들의 제약도 받는다. 이와 반대로, 사회적 학습자는 다른 개체를 관찰하고 모방하는 더 유연한 방식으로 지식을 획득할 수 있다.

개가 사회적 상호작용을 통해 배울 수 있는 것

대부분의 종에게, 사회적 학습은 동종간의 상호작용을 통해 이뤄진다. 그런데 개는 다른 개를 통해 학습을 하는 것에도 능숙할 뿐 아니라, 인간이 제시하는 정보를 활용할 수도 있기 때문에 동물들 중에서도 특별한 경우에 해당한다. 그러므로 우리는 종내intraspecific 학습과 종간interspecific 학습을 구별할 수 있다.

▶ 개는 특별한 가축화 이력 때문에 인간에게 사회적으로 더 많은 주의를 기울이는 편이다. 그리고 많은 상황에서, 그들이 동종을 향해 기울이는 주의는 늑대가 동종을 향해 기울이는 주의보다 약간 덜하다.

종내種內 학습－개에게서 개로 전해지는 정보

개는 포식동물이지만, 그들의 먹이에 대해 사회적으로 학습하는 능력이 있고, 그 능력은 그들의 선호에 영향을 끼친다. 개는 유전적인 영향을 받은 선호를 보이고 특정한 맛을 혐오하는 성향을 보인다. 그리고 그와 더불어, 무엇을 먹을지를 결정하는 문제에서 동종이 보여준 본보기를 따를 수도 있다. 자궁에 있는 개의 배아는 (공동의 혈액 순환을 통해) 어미의 식단을 경험하고, 강아지 시절에는 젖을 먹을 때 그런 경험을 한다. 나이를 먹은 개는 같이 있는 개가 (아니면 심지어 인간이) 내쉬는 숨을 킁킁거리며 냄새를 맡을 수 있다. 이건 그들로 하여금 상대가 방금 전에 먹은 먹이를 나중에 자신도 선호할 거라는 걸 보여주게 만들 수 있다.

▲ 개의 학습을 테스트하기 위한 이 활동에서, 개는 보상을 얻기 위해 울타리 아래에 있는 돌림판을 당기면서 자신의 행위와 보상 사이를 연관지어야만 한다.

문제를 극복하는 과정에서 동종이 보여주는 모범사례에 의지할 때, 개는 직접적인 관찰 같은 다른 메커니즘을 활용할 수도 있다. 관찰이 어떻게 학습과 지식으로 이어지는지를 탐구하는 연구들에서, 선발된 개(시범견)는 발을 써서 먹이가 담긴 쟁반을 우리 안으로 끌어당기는 식의 과업을 수행하도록 조련을 받았다. 그런 뒤, 과업에 대해 아는 게 전혀 없는 다른 개들에게 시범견이 이 문제를 해결하는 모습을 관찰하게 해줬다. 그런 다음, 관찰을 통해 그 문제를 얼마나 많이 파악했는지를 보기 위해 그걸 관찰한 개들 중 한 마리에게 그 과업을 제시했다.

개들이 관찰한 행위를 그대로 따라하는 경향이 있다는 걸, 그래서 시행착오 수법에 의지하면서 개별적으로 학습했을 때보다 더 쉽게 해법을 찾아낸다는 걸 연구 결과는 보여준다. 개들은 그러는 과정에서 다른 종류의 정보에 의존할지도 모른다. 예를 들어, 시범견의 행동은 관찰하는 개의 주의력을 대상의 특정 부위나 환경으로 향하게 만들고, 이 경험은 나중에 학습하는 개가 나름의 해법을 궁리해내는 걸 도와줄 수 있다. 그런데 개에게는 시범견의 행동 목표와 행위 사이의 관계를 인식하는 능력이 있을 수도 있다. 이럴 경우, 관찰하는 개는 시범견의 행동을 봤을 때와 똑같은 방식으로 행동하는 걸 선택했을 수도 있다.

◀ 개는 서로의 얼굴에서 나는 냄새를 맡아서 서로에 대한 정보를 얻는다. 개는 파트너의 정체를 알아보는 것뿐 아니라, 상대가 방금 전에 먹은 먹이에 대해서도 학습할 수 있다.

종간種間 학습-인간에게서 개로 전해지는 정보

연구 결과는 개가 인간에게서 배우는 걸 대단히 잘한다는 걸 보여줬다. 인간에게서 하는 학습에 내재된 문제는 인간은 전략에 따른 행위를 하면서 개하고는 사뭇 다르게 행동한다는 것이다. 개는 단순히 표면적으로 드러난 행위의 전반적인 특징—예를 들어, 시범자가 물건의 어느 부분을 건드렸는가—에만 주위를 기울이는 것 같다. 그런데 인간이 한 행동을 모방하려면 이보다 더 많은 정신적 능력이 필요하다. 인간과 신체형태가 다르고 운동능력도 다른 개가 인간이 했던 행위를 수행하는 법을 배워야 하기 때문이다.

예를 들어, 개는 다른 개가 하는 움직임을 관찰해서 용기容器를 열 때 발을 쓰는 법을 배울 수 있다. 그런데 개는 인간 시범자가 동일한 목적을 위해 손을 쓰는 법을 관찰한 후에도 같은 일을 할 수 있을까? 여러 번 시행된 실험은 개가 이런 일을 할 수 있다는 걸 보여준다. 개는 명령에 따라 특정 행위를 수행하는 법을 배운 후에 "내가 하는 대로 해"라는 명령을 들으면 새로운 행동들을 흉내 낼 수도 있다. 중요한 건, 개는 관찰한 행위들을 정확하게 재현하는 게 아니라, 동일한 목표를 달성하기 위해 그들 나름의 행동 레퍼토리에 속한 행동들 중에서 기능적으로 적절한 방식을 선택한다는 것이다. 예를 들어, 인간이 손으로 용기에 담긴 물건을 꺼내는 걸 관찰한 후, 개는 이 목적의 달성을 위해 주둥이를 써서 물건을 꺼낼 수도 있다.

학습 시나리오에서 인간은 적극적인 역할을 맡는다. 여기에는 시선 마주치기, 개의 이름 부르기, 특별한 높이의 목소리 활용하기 같은 여러 신호의 도움을 받아 그들의 의도가 담긴 정보를 개에게 전달하는 것이 포함된다. 개는 어린아이들과 비슷하게 이런 신호를 읽는 데 능하고, 이런 방식으로 제시된 정보에 주의를 더 많이 기울인다. 우회detour 과업에서, 사람이 행동을 시범으로 보여줄 뿐 아니라 사전에 개의 이름을 불렀을 경우에, 개는 울타리를 돌아가는 해법을 더 빨리 배운다. 중요한 건, 개는 종간 맥락에서 새로운 행동 패턴을 수월하게 획득하지만, 개가 그런 행동을 하는 건 실제 학습을 한 결과로 그런 것이라기보다는 견주가 내린 명령에 복종하는 것일 뿐이라고 가정할 타당한 이유가 있다는 것이다. 즉, 개는 인간이 내리는 명령에 반응하지만, 새로운 맥락에 놓였을 때 순전히 자신이 가진 지식만을 활용해서 과업을 수행하는 능력은 꽤나 빈약하다.

견주와 개가 서로를 응시하는 것은 서로에게 관심을 보이고 애착을 갖는다는 걸 보여주는 지표일 수 있다. 시각적으로 긴밀한 주의를 기울이는 것도 종간 사회적 학습의 토대를 제공한다.

효율적인 사회적 학습에서 주의집중이 행하는 역할

사회적 파트너에게서 배우고 파트너에 대해 배우는 데는, 무엇보다도, 파트너에게 직접적인 주의를 더 많이 기울이려는 성향이 필요하다. 인간의 가정에서 사는 개들은 인간에게 주의를 집중하려는 경향이 특히 심하다. 가끔은 동종에게 보다도 훨씬 더 많은 주의를 기울인다. 이 능력은 인간의 손과 얼굴을 쳐다보는 법을 자연스럽게 배우는 시기인 어린 강아지일 때 나타난다. 이후의 발달과정 동안, 개는 시선을 마주쳤을 때 독특한 인내력을 보이면서 그런 시선 마주침을 선호하는 성향을 획득하기도 한다. 인간과 시선을 오랫동안 마주치는 것을 대부분의 동물 종이 위협으로 해석하는 것을 감안하면, 이건 특히 주목할 만한 일이다. 개의 입장에서 시선 맞추기는 종간 커뮤니케이션에 쓰이는 중요한 도구로 보인다.

개는 인간이 주의를 기울이는 방향을 판단할 수도 있다. 개는 눈을 감고 있거나 고개를 다른 쪽으로 돌린 사람에게보다 고개를 자기 쪽으로 돌리거나 눈을 뜨고 있는 사람에게 먹이를 달라고 애원할 가능성이 더 크다.

▲▶ 개는 인간이 이룬 가정의 일원이 되면서 광범위한 상황에 대처하기 위해 필요한
상호작용과 사교 능력을 배울 수 있게 됐다.

정보 탐색

개가 종간 학습 시나리오에 참여하는 수준은 인간이 보여주는 시범이나 인간이 보내는 커뮤니케이션 신호에 관심을 기울이는 데만 국한되지 않는다. 개의 활동은 인간을 상대로 적극적으로 정보를 탐색하는 데까지 확장된다. 새로운 자극에 직면하면, 특히 그 자극이 (방에 놓여있는 선풍기를 보는 것처럼) 자신에게 위협이 될 가능성이 있는 것으로 보이면, 개는 그 자극과 접촉을 개시하기 전에 동작을 멈추고는 견주를 돌아보는 경향이 있다. 개는 견주의 반응을 보고 어떤 반응을 보일지를 결정하는 경우가 잦다—견주가 두렵다는 신호를 보이면, 개도 그 물건에 접촉하는 걸 꺼릴 것이다. 사회적 참조social referencing라고 부르는 이 현상은 개가 인간에게서 정보를 적극적으로 탐색한다는 것뿐 아니라, 개에게는 인간이 보이는 감정적인 반응을 해석하는 능력이 있다는 것도 자세히 보여준다.

사회적 능력

인간 가족과 함께 자란 개는 견주와 다른 반려인들과 밀접한 사회적 관계를 형성하는 걸 돕는 한 묶음의 사교 능력들을 획득한다. 개가 하는 전반적인 행동—달리 말해, 가정에 적응하기—은 개의 사회적 능력social competence이라고 묘사돼 왔다. 유전적인 성향, 견종, 사회적인 경험을 한 수준이 개의 사회적 능력의 수준에 영향을 줄 수 있다. 그러나 일반적으로, 대부분의 개는 인간에게서 학습하는 능력을 바탕으로 이런 장애물을 극복하는 데 성공하고, 그러는 과정에서 인간이 보내는 커뮤니케이션 신호, 규칙 배우기와 준수하기, 협동적인 상호작용 참여에 의지한다.

단어 학습

단어 학습은 인간이 가진 담화談話를 생성하고 인지하는 복잡한 능력의 일부일 뿐이지만, 인지시스템으로 이어지는 과정에서 이 능력 자체가 엄청난 어려움을 제기하기도 한다. 개의 경우, 단어 학습과 관련한 유명한 사례 두 가지가 자세히 연구되고 시험돼 왔다. 물건의 이름을 듣고 그 물건을 가져오는 능력을 보여준 리코Rico라는 이름의 보더 콜리는 단어 200개의 뜻을 알았다고 주장됐다. 다른 보더 콜리인 체이서Chaser는 실험자가 부르는 물건의 이름을 듣고 1,000개 넘는 물건을 가져온 것으로 보고됐다. 체이서에게는 물건들이 속한 카테고리를 가리키는 레이블도 몇 개 배우는 능력이 있었다.

체이서와 리코의 능력은 그 자체로, 또한 학습 메커니즘의 관점에서도 주목할 만하다. 일부 특유한 실험적인 시도에서, 실험자는 방 안에 많은 물건을 배치했다. 개에게는 그 물건들 중 딱 하나만이 친숙하지 않은 거였다. 그런 후, 개에게 새로운 단어가 레이블로 붙은 물건을 가져오라고 부탁했다. 리코와 체이서 모두 친숙하지 않은 단어가 친숙하지 않은 물건을 가리키는 거라고 "추론"할 수 있었고, 그래서 문제로 제시된 단어의 뜻에 대한 사전지식이 없는 상태에서도 올바른 선택을 했다. 그렇지만, 이 수준에 도달하려고 두 마리 모두 여러 해 동안 광범위한 조련을 받았다는 걸 주목할 필요가 있다.

개의 성격

20세기가 시작될 때, 러시아 생리학자 이반 파블로프Ivan Pavlov는 연합 학습associative learning을 연구하기 위한 실험에 참가한 개들의 개별적인 차이점을 연구했다. 그는 개별적인 개들이 조작한 자극과 학습된 자극에 다르게 반응한다는 데 주목했다.

개의 성격에 대한 초기의 견해들

고대 그리스의 의사 히포크라테스Hippocrates는 자신이 설정한 네 가지 범주를 바탕으로 개를 네 가지 유형으로 분류했다. 화를 잘 내는choleric 개는 활동적이고 정신적인 문제가 있으며 공격적이었다; 침착한phlegmatic 개는 조용하고 굼뜨고 차분하며 끈질겼다; 자신감이 넘치는sanguine 개는 새로운 자극에 반응하고 잘 움직이며 단조로운 환경에서는 따분해했다; 우울한melancholic 개는 초조해하고 주눅이 들었으며 제지를 받으면 투쟁적으로 굴었다.

훗날 많은 조련사들이 이 분류를 적용했지만, 요즘의 연구는 이런 분류체계를 찬성하지 않는다. 대신, 개의 성격을 연구하는 연구자들은 우리 개개인이 성격의 여러 차원에서 특별한 위치를 점하고 있다는 걸 강조하는 인간의 성격에 대한 연구에서 사용하는 방법에 의지하는 게 보통이다.

개의 성격의 일반적 구조

성격 특성personality trait은 여러 시기와 맥락을 거치면서도 안정적인 모습을 유지하는 어느 개체의 복잡한 행동 패턴으로 정의된

견종과 관련된 차이

견종 자체에는 "성격"이 없지만, 상이한 견종들을 비교할 때 성격 특성을 사용할 수 있다. 허딩 도그와 (포인터 같은) 협동적인 사냥개hunting dog는 조련 가능성이 높은 견종으로 여겨지는 반면, 토이 도그와 하운드는 조련 가능성이 떨어지는 것으로 보고됐다. 테리어는 하운드와 허딩 도그보다 덜 용감하다고 묘사됐고, 다른 연구들은 그 견종들이 활동적이고 흥분을 잘하며 자극에 잘 반응한다고 특징 지었다. 다른 작업을 위해 선택된 것도 견종 내부와 견종간에 보이는 행동 특성에 영향을 주는 중요한 요소들이다.

하지만, 순종견을 브리딩하는 경우에도 그 견종에 속한 개체가 견종에 특유한 행동 패턴을 보여줄 거라는 걸 완벽하게 보장하지는 못한다. 견종 내부에서 보이는 다양한 행동은 상당부분 환경요인과 경험, 유전자와 환경 사이의 상호작용이 원인이다.

다. 성격 특성의 확립은 그걸 측정하는 방법에 크게 좌우된다. 표준화된 행동 검사 배터리(test battery, 개인이나 집단평가를 위해 2개 이상의 검사를 모은 종합검사—옮긴이)를 활용하는 것은 그런 정보를 얻는 객관적인 방법이다. 그렇기는 하더라도, 공격성 같은 일부 성격 특성은 신뢰할 만한 방식으로 측정하는 게 어렵지만 말이다. 견주에게 설문지를 채워달라고 요청하면 더 주관적인 평가를 얻게 되겠지만, 견주들이 적은 대답은 개가 일상적으로 보이는 행동과 더 잘 상응할 것이다.

두려워하는 사교적인 공격적인
당당한 조련에 호응하는

▲ 개별적인 개의 성격은 개괄적인 5~7가지 행동 특성에 의해 분류되는 편이다.

많은 연구를 검토해보면, 연구자들이 개의 주된 성격 특성 6가지를 식별했다는 결론으로 이어진다. 개의 성격을 분류한 이 일반적인 범주들이 표준으로 자리를 잡을지 여부는 두고 볼 일이다.

두려움(fearfulness, 안정적인 모습과 자신감, 대담한, 용기의 반대말)은 새로운 물체를 향한 접근/회피, 그리고 새로운 상황에서 보여주는 활발함/반응/흥분과 관련이 있다.

사교성(sociability, 외향성과 동의어)은 친숙하거나 친숙하지 않은 사람이나 다른 개와 우호적인 상호작용을 시작하는 경향을 가리킨다.

조련에 대한 반응(responsiveness to training, 문제해결, 작업의욕, 조련 가능성, 협동과 동의어)은 개가 인간과 같이 작업할 때 얼마나 협동적으로 행동하는지, 새로운 상황에서 얼마나 빠르게 학습하는지 여부, 얼마나 재미있어 하는지를 가리킨다.

공격성Aggression은 인간이나 다른 개를 향해 깨물면서 으르렁거리기, 물려고 덤벼드는 것으로 사회적 분쟁을 해결하려는 성향을 반영한다. 때때로 공격적인 행동은 인과관계(예를 들어, 세력권 보호를 위한 행동)와 (어린아이 같은) 사회적 표적을 기초로 분류하는 하위범주들로 나뉜다.

당당함(assertiveness, 유순함과 내성적인 성향의 반대말)은 길을 가는 어떤 사람에게 길을 비켜주는 걸 거부하거나 무리지어 걸을 때 앞에서 무리를 이끄는 등의 행동들을 반영한다.

활동성activity은 친숙하거나 새로운 영역에서 활발한 활동을 보여주는 걸 선호하는 걸 가리킨다. 당당함이 공격성하고 별개로 취급해야 하는 특성인지 여부, 그리고 활동성을 성격 특성으로 간주해야 옳은지 여부에 대한 논란이 일부 있다.

▶ 공격성과 당당함은 강아지들에게서 가장 꾸준히 발견되는 특성이다. 성견의 성격 특성은 시간이 흐르는 동안 상대적으로 안정적이다.

▲ 개의 성격은 견주의 태도와 라이프스타일에서 영향을 받을 수 있다.

성격 특성의 발달에 작용하는 유전적 요인들

현재까지, 숱한 유전자가 형태적인 특성과 질병의 원인이 되는 유전자로 발견됐지만, 성격 특성의 밑바닥에 깔린 유전자를 식별하는 작업은 여전히 뒤처져 있는 상태다. (안드로겐androgen, 세로토닌serotonin, 도파민dopamine, 그리고 다른 시스템을 비롯한) 뇌의 기능과 연관된 많은 특정한 유전자의 염기서열이 이미 밝혀졌지만, 성격 특성을 통제하는 유전자는 이외에도 많다(성격 특성은 다유전자성polygenic이다). 따라서 각각의 유전자가 특정한 성격 특성의 표현에 기여하는 바는 상대적으로 작고, 그래서 이런 효과를 확인하는 작업은 무척 어렵다. 어떤 유전자의 영향이 특정한 환경에서만 표면화되는 경우가 잦다는 뜻이다. 상황이 이렇게 복잡하기 때문에, 유전자 테스트를 통해 성격 특성을 파악하는 건 현재로서는 꽤나 비현실적인 일이다.

성격 특성의 발달에 작용하는 환경요인들

성격에 영향을 주는 특유한 환경요인들의 효과를 조사하는 것도 예측력이 그다지 높지 않다. 그런 요인이 될 가능성이 있는 요인의 개수가 무한하기 때문에, 그들이 끼치는 영향이 미미한 경우가 잦기 때문에, 그리고 그 영향은 견종과 브리딩 관행, 국가에 따라 다르기 때문이다.

예를 들어, 오스트레일리아와 독일 남성들은 그들의 동포 여성들보다 더 반항적이고 조련 가능성이 적으며 용감하고 남들과 어울리는 걸 덜 좋아하는 개를 더 많이 키운다고 보고됐다. 이와는 반대로, 오스트리아에서 수행한 행동 테스트에서, 남성이 기르는 개는 여성이 기르는 개보다 더 사교적으로 행동했다. 이와 비슷하게, 오스트레일리아에 거주하는 나이 많은 견주들은 자신들이 키우는 개가 더 불안해하는 것처럼 보인다고 보고한 반면, 독일의 젊은 견주들은 차분함과는 거리가 한참 먼 개를 키우는 것으로 발견됐다. 자신들이 기르는 개가 다른 그 어떤 생명체보다도 중요하다고 밝힌 독일의 견주들은 자신들의 개가 견주들의 감정에 대단히 잘 반응한다고 밝혔지만, 헝가리에서 이 연관관계는 그리 강하게 드러나지 않았다.

기질과 성격의 차이

기질temperament을 성격personality과 동의어로 써서는 안 된다. 기질은 유전되는 경향이 높은, 생애 초기에 드러나는 행동 성향으로 정의된다. 성격은 어린 강아지에게 보이는 기질 특성들이 성숙해지고 경험을 쌓으면서 교정되는 동안 발달한다. 개의 성격은 1~2살 안팎에 안정적으로 자리를 잡지만, 이후로도 느린 속도로나마 계속 변화한다.

견주와 개는 성격이 비슷할까?

사람들은 개별적인 개나 어떤 견종이 하는 행동의 일부 측면이 매력적이라고 그리고/또는 자신들의 행동과 비슷하다고 생각하기 때문에 그 개를 선택할 수도 있다. 그래서 견주의 견종 선택은, 의식적으로나 무의식적으로, 견주의 성격을 반영할 수 있다. "사나운 견종"을 키우는 견주들은 "자신들은 센세이션을 추구하는 성향이 강하고 초기단계의 정신질환이 있다"는 문항에 높은 점수를 줬다; 쾌활함 수준이 낮고 신경질적인 성향이 높으며 성실성이 높은 사람들도 공격적인 성향이 강한 견종을 키우는 걸 선호했다. 신경질적인 견주는 자신들이 키우는 개를 신경질적이고 초조해하며 정서적으로 덜 안정적이라고 평가할 가능성이 컸다; 외향적인 견주는 자신들의 개를 에너지가 넘치고 열의가 넘치며 사교성이 좋다고 평가했다; 더불어, 성실성과 쾌활함, 개방성 같은 특성도 개와 견주들 사이에서 유사했다. 흥미로운 건, 홀로 키워지는 개는 견주와 높은 유사성을 보여준 반면, 여러 마리를 키우는 집에서 기르는 개들의 경우에는 개들끼리 유사성 패턴들을 보완했다는 것이다.

우호적이지 않고
자극적인 것을
좋는다

초조해하고
걱정이 많다

활동적이고
쾌활하다

제5장

개와 사람

인류문화에 등장하는 개

요즘 대부분의 인간 사회에서, 개는 사람들이 조성한 문화적 환경과 사람들의 생각에 일상적으로 모습을 나타낸다. 개는 블록버스터 영화와 TV시리즈에 주요한 캐릭터로 등장해 빼어난 활약을 펼치고, 개개인의 시민들뿐 아니라 공동체들도 가정에서 기르는 개의

▲ 고대 로마시대에, 검정개는 침입자에게 가장 무서운 존재일 거라고 생각한 사람들로부터 집을 지키는 경비견이라는 칭송을 받았다.

삶의 질을 향상시키려고 개의 교육과 의료서비스, 보험을 비롯한 여러 분야에 천문학적인 액수를 쓴다. 개를 기르는 데 따르는 유익한 측면들이 두드러져 보이고 대부분의 사람들이 개에 우호적인 태도를 보이는 개-중심적dog-centric 사회에서 살아가고 있는 듯 보이는 사람이 많다.

개가 인류문화 전반에 남긴 "발자취"

수천 년 전에 최초의 동굴벽화가 그려진 이후로, 개는 화가들이 애호하는 작품 소재에 속했다. 오래 전 그림들은 머나먼 과거에 개의 생김새가 어땠는지, 그리고 수백 년이나 수천 년 전에 개와 인간 사이의 관계가 어떠했는지를 파악하는 데 도움을 주는 대단히 중요한 존재다. 고대 로마의 주택에 그려진 벽화에, 또는 중세 화가들의 캔버스에 묘사된 개들은 수 세기 전에 존재했던 아주 많고 다양한 견종에 대한 탁월한 통찰을 제공한다. 이 도해들은 오늘날에 인기를 모으는 견종의 역사적 출현 배경에 관심을 갖는 요즘의 브리더와 수의사들에게 유용한 참고자료이기도 하다.

개를 그린 오래 전 그림들은—우리가 선조들의 생활에서 개가 수행한 역할을 이해할 수 있게 해주는—"과거로 난 창문

▶ 화가들은 개와 견주의 친밀한 관계에 자주 영원성을 부여했다. 예를 들어, 부유한 의뢰인들은 랩도그를 데리고 화가들 앞에 모델로 나섰다.

windows on the past"으로서 흥미로운 자료이기도 하다. 개를 묘사하는 옛날 그림들이 사냥장면에 초점을 맞춘 경우가 자주 있다―그러면서 귀족들이 좋아한 이 스포츠에서 개가 차지했던 중요성을 증명한다.

개는 부유한 사회구성원들의 초상화에서―랩도그나 다른 유형의 총애 받는 반려견 형태로―영원성을 부여받기도 했는데, 이런 그림은 개가 오늘날에 그러는 것처럼 과거에도 "애완견으로서 존재"하는 것 외에는 본질적으로 다른 과업은 부여받지 않았다는 걸 입증한다.

기술에 의해 틀이 잡힌, 그리고 문화의 틀을 잡는

사냥은 인간의 문화 중에서 개에 의해 상당히 많은 부분의 틀이 잡힌 영역이다―거꾸로, 인간은 10여 종의 사이트 하운드와 센트 도그, 테리어와 닥스훈트, 리트리버, 세터, 포인터를 비롯한 굉장히 폭넓은 작업견 견종을 선택했다.

수천 년이 지나는 동안, 재능 있는 브리더들은 견주들을 보조해서 사냥 가능한 모든 종을 제압하는 데 쓸 고도로 특화된 "도구"로 간주할 수 있는 사냥개 유형 수십 종을 개발했다.

무기 제조기술과 말 조련술이 발달하면서, 개는 우리 조상이 채택한, 날이 갈수록 정교해지는 사냥기법의 발전에 엄청나게 큰 영향을 줬다. 상이한 사냥개 무리들은 특정 방향을 향하도록 행한 선택이 브리딩에 적용될 때 어떻게 작동하는지를 보여주는 탁월한 사례다. 고대의 개 사육장 주인들이 하운드를 선택한 건, 그 개들이 원래 포식동물로서 보여준 행동의 특별하고 잘 선택된 측면들 때문이었다. 예를 들어, 사이트 하운드는 대체로 예민한 시각 때문에 선택된 반면, 브리더들은 빠르면서도 지구력 있게 질주하는 능력과 사냥감 제압 역량prey-subduing capacity을 갖춘 포인터 같은 건도그(gundog, 총에 맞은 새를 주워오도록 조련된 개―옮긴이)들을 "공격하기에 앞서" 상대를 얼어붙게 만드는 능력―숨은 사냥감을 찾는 사냥꾼 입장에서는 훌륭한 능력―때문에 선택했다.

고대와 중세 사람들의 개에 대한 태도를 보여주는 속담들

"속담에 등장하는 개"는 대부분의 현대 서구사회가 개에게 보내는 무조건적인 현란한 찬탄에 비해 훨씬 덜 매력적인 피조물을 보여준다. 중세시대 문화에 등장하는 개들은 다음과 같은 속성을 갖고 있다:

탐욕
"개에게 손가락을 보여주면 손을 통째로 탐낸다."(이디시Yiddish)

"불결함" 또는 질병에 시달리는
"개와 같이 자는 사람은 벼룩이 들끓는 채로 일어날 것이다."(이탈리아)

대체로 비참한 "버림받는 존재"
"새끼를 7마리나 낳은 암캐처럼 딱해 보이는."(헝가리)

전혀 또는 거의 중요하지 않은
"개가 짖는다고 낙타를 탄 사람이 불안해하지는 않는다."(이집트)

우리는 개를 사랑하는 사회에 살고 있다

영화를 성공시키는 비법은 출연진에 어린아이 그리고/또는 개를 포함시키는 것이라는 얘기가 있다. 개가 픽션에 주요한 캐릭터로 등장해서 인기를 얻은 건 영화예술이 태어나기 훨씬 전부터 시작됐다. 세계 전역의 모든 국가가 동화책에 등장하는 나름의 개 영웅을 갖고 있는 듯 보인다. 그리고 래시Lassie나 린 틴 틴Rin Tin Tin 같은 고전적인 캐릭터들이 거둔 성공은 인간의 마음이 우리의 친구인 개가 빚어내는 긍정적인 정서적 투입물을 선뜻 받아들인다는 걸 보여준다. 인기 좋은 TV시리즈 같은 작품에 개를 등장시키는 것은 특정 견종의 인기에 강한 영향을 줄 수 있다.

식품인가 친구인가?

우리가 개와 맺은 관계를 바라보는 가장 큰 문화적 차이점 중 하나는 개고기를 먹느냐 여부일 것이다. 이 주제는 많은 이들이 극단적으로 감정적인 반응을 보이게끔 만들기 때문에, 객관적 사실을 바탕으로 이 이슈를 고려하는 건 불가능에 가깝다. 오늘날 많은 서구인이 개고기를 먹는 걸 아시아의 특정 국가들이 자행하는 "범죄"로 간주한다. 그들은 벨 에포크 시대(Belle Époque, 1890~1914―옮긴이) 파리에서도 개고기도축장이 (그 수가 많지도 적지도 않았지만) 개도축장이 영업 중이었다는 걸 망각하는 경향이

▶ 개를 등장시키는 〈래시 집에 오다Lassie Come Home〉 같은 낭만적인 이야기는 세계 전역에서 개를 "인간의 가장 친한 친구"로 대중화했다. 에릭 나이트Eric Knight가 쓴 이 클래식 소설은 여러 편의 각색 영화를 낳았다.

동굴예술CAVE ART에 묘사된 개

사냥하는 장면을 그린 그림을 찾아볼 수 있는 동굴들에서 개가 전형적인 방식으로 묘사되지는 않는다는 사실은 흥미롭다. 개를 처음으로 묘사한 그림은 우리가 예상할법한 시대, 즉 개가 가축화된 시기라고 가정하는 1만 6,000~3만 2,000년 전보다 훨씬 나중에 등장한다. 기원전 4000~6000년에 그려진 것으로 추정되는 이 그림들에 보이는 개는 대체로 사냥에 참여하고 있고 동그랗게 말린 꼬리를 갖고 있다. 아르메니아 목부牧夫들은 기원전 1000~3000년 안팎에 동굴의 벽과 거대한 바위에 허딩 도그들의 이미지를 그렸다.

◀ 개는 들소와 말 같은 다른 동물에 비하면 훨씬 나중에 동굴 벽화에 등장한다. 이건 개가 상대적으로 늦게 가축화됐다는 걸 시사한다.
▲ 오늘날 대부분의 유럽인에게 개고기는 터부인 게 분명하다. 하지만 19세기 말에는 개고기 전문 정육점이 그걸 먹기를 원하는 이들에게 개고기를 공급했다.

있다. 개고기를 먹는 걸 금지하는 것은 생물학적인 필요에서 비롯된 일이라기보다는 개를 사랑하는 시민들 사이에서 생겨난 문화적 터부에 가깝다.

개에게 보이는 문화적 관용 또는 통제

개의 레스토랑 입장 같은 간단한 사안에서부터 야생동물을 공격하는 개에게 총질하기 같은 극단적인 결정까지, 세계 각국은 개와 관련된 이슈들을 다루는 법률시스템과 집단적인 사고방식을 갖고 있다.

개를 통제하는 정책의 배후에 자리한 강력한 정책입안 동기 중 하나가 질병 예방이다. 개가 인간에게 옮기는 질병들이 존재한다; 제일 악명 높은 건 끔찍한 증상을 일으키면서 치유가 불가능한 광견병rabies일 것이다. 파리아 도그 수백만 마리가 백신을 맞는 것과는 거리가 먼 삶을 살아가는 지역인 아프리카와 동남아시아에서 집중적으로 발병하는 광견병은 여전히 해마다 6만 명의 인명을 앗아간다. 또한 개에게서 인간에게 옮는 기생동물은 눈에는 덜 띄지만 위험한 존재다. 그래도 우리는 개를 위험천만한, "벼룩이 들끓는 짐승"으로 간주하는 대신, 우수한 위생 상태와 동물 관련 질병의 예방을 강조하는 방향으로 인식을 바꿔야 한다.

인간을 향한 애착

개와 견주 사이에 끈끈한 유대관계가 자주 형성된다는 의미에서, 개는 가축화된 동물들 중에서도 유별난 존재라는 게 보편적인 인상이나. 실제로, 개-인간의 우정은 개가 겪어온 기나긴 진화의 역사에 뿌리를 두고 있다. 그 결과, 적절히 사회화돼 인간과 같이 살 수 있는 가능성을 발전시킨 개는 반려동물의 원형原型이 됐다. 개와 견주 사이에서 잘 기능하는 애착은 사이좋은 관계와 정서적 안정, 효과적인 협력을 빚어내기 위한 전제조건이다.

애착이란 무엇인가?

"애착attachment"이라는 단어는 구체적으로 규정하기 힘든 감정적인 현상을 가리키는 게 아니다. 그리고 이 단어는 단순히 파트너를 향해 보여주는 전반적인 선호나 친숙한 개인에게 두려움을 느끼지 않는 것으로 정의할 수 없다. 애착은 행동 통제시스템behavior control system으로, 이 시스템은 특별한 행동의 형태(예를 들어, 가까이 다가가 접촉을 추구하는 것)를 띠면서 "애착의 대상"(애착하는 사람)에게 오래도록 지속되는 매력적인 요소로 모습을 드러낸다. 이 행동 통제시스템은 스트레스를 받는 상황에서 애착하는 사람과 다시 접촉을 성사시키려는 걸 목표로 삼은 일련의 특정한 행동들을 불러일으킨다. 애착 행동은 가축화된 닭과 말, 개를 비롯한 많은 동물에서 전형적인 것으로, 인간(갓난아기)에게서도 볼 수 있다.

　애착과 의존dependency을 혼동하지 않는 것은 중요하다. 두 단어는 관계의 상이한 측면들을 묘사하기 때문이다. 애착은 보살펴주는 사람에게 물리적으로 접근할 수 있는 능력과 그 사람의 감정을 이끌어낼 수 있는 능력을 가리킨다. 그리고 대상자가 느끼는 사회적 욕구와 정신적 욕구는

▶ 반려견들은 서로에게 주의를 기울이기보다는 그들을 보살펴주는 사람에게 더 가까이 있는 걸 선호하고, 그 사람에게서 안도감을 얻게 될 거라고 기대할 것이다.

▲ 스트레스를 받는 상황에서 자신을 보살펴주는 사람을 선호하는 성향을 보이는 건 개와 유아幼兒가 공유하는 애착행동의 전형적인 특징이다.

애착의 불을 지피는 땔감이 된다. 이와 반대로, "의존"이라는 단어는 먹이와 피신처 같은 근본적인 욕구를 충족시키는 것과 연관이 있다. 그렇지만 중요한 건, 동일한 행동에서 두 현상이 같이 모습을 드러내는 경우가 잦기 때문에 따로따로 구분하기가 쉽지 않다는 것이다.

개-인간의 애착: 평가와 분류

비전문가의 눈으로 보면 개-견주 관계가 항상 애착을 드러내는 관계로 보이지만, 이 관계를 객관적으로 연구한 과학적인 데이터는 부족하다. 최근에, 개 연구자들은 이른바 낯선 상황 테스트SST, Strange Situation Test라는 표준화된 절차를 활용해왔다. 원래 (인간) 어머니와 그녀의 아기 사이의 상호작용 행동을 평가하기 위해 개발된 이 테스트는 개와 견주 사이에 나타나는 애착행동을 관찰하기 위해 사용된다.

이 실험에서는 개에게 보통 수준의 스트레스를 준다고 판단되는 새로운 공간에 데려다 놓은 개를 관찰한다. 대부분의 개는 견주가 곁에 있을 때는 이런 상황을 잘 견디고 낯선 사람과 하는 사회적 상호작용에도 기분 좋게 참여하는 듯 보인다. 그렇지만 견주가 자리를 뜨면 개는 대체로 놀던 걸 멈추고 분리 행동separation behavior의 징후를 많이 보인다. 이런 낯선 공간에 짧은 시간 동안 홀로 남겨두는 것만으로도 스트레스를 받는 정도를 증가시킬 수 있는 개가 많다. 이런 상황에서는 그 자리에 다른 사람이 있더라도 개가 느끼는 스트레스를 완화시킬 수 없다. 이 관찰들은 견주가 개에게 안도감을 제공하는 주된 역할을 수행하는 대단히 "특별한 사람"을 대표한다는 걸 뚜렷하게 보여준다.

어머니-아기의 친화적인 관계는 애착의 "안전한secure" 또는 "안전하지 못한insecure" 속성에 따라 자주 분류된다. 연구자들은 개의 애착행동에서도 동일한 패턴을 감지하려고 시도했다.

안식처
안전기저
분리
맞이 행동

개-인간의 애착을 안전한 관계나 안전하지 못한 관계로 명확하게 분류할 수는 없지만, 연구 결과는 애착관계의 끈끈한 정도를 연속선 위에 표시한 분리 불안separation anxiety의 강도를 기준으로 분류할 수 있다는 걸 제시한다. 견주 근처에서 많은 시간을 보내는 편인 개는 "더 큰 애착을 보이는" 개로 자주 일컬어진다; 그렇지만 개가 이런 모습을 보이는 건 오히려 "불안감"을 표현하는 것일 수도 있다. 몇몇 경우에 개들은 홀로 남겨지는 것에 극단적인 반응을 보인다. 연구결과들은 개가 하는 애착행동의 패턴과 개가 보여주는 분리 불안 장애separation anxiety disorder 사이에 직접적인 관계가 있다는 걸 보여주는 데 실패했다.

▲ 개가 하는 애착행동에는 4가지 중요한 특성이 있다(아래 상자도 보라).

애착에서 비롯된 행동의 특징들

다음은 애착의 주요 특징이다(일부 개는 전형적인 패턴에서 벗어날 수도 있다):

안전기저secure base **효과:** 개는 친숙하지 않은 환경을 답사할 때 주기적으로 견주와 접촉한다.

안식처safe haven **효과:** 개는 위험을 경험하고 있을 때 견주와 가까운 곳으로 가서 견주와 접촉하는 걸 추구하는 특유한 행동을 보여주는 것으로 견주 근처에서 보호받으려 한다.

분리 행동separation behavior**:** 친숙하지 않은 장소에 홀로 남겨지면, 개는 분리 불안의 징후들을 보이면서 견주와 다시 접촉하려 애쓴다. 견주가 아닌 다른 사람은 그런 "분리 고통separation distress"을 효과적으로 완화시켜줄 수 없다.

보살펴주는 이/견주를 향한 독특한 행동: 개는 스트레스가 심한 분리를 겪은 후에 견주가 나타나면, 또는 견주와 다시 함께 하게 되면 특유한 맞이 행동greeting behavior과 스트레스가 완화됐음을 보여주는 행동을 한다.

호혜Reciprocity와 유연성

개-인간의 애착관계는 양방향으로 작용한다: 개는 인간을 향한 애착을 담은 감정적이고 행동적인 징후를 보여주고, 인간은 이 관계를 심리적 유대감에서 비롯된 느낌을 수반하는 애착으로 쉽게 인지한다. 자신을 보살펴주는 인간을 향한 애착은, 개의 사회적 관계에 큰 변화가 일어나지 않는 한, 개의 생애 내내 발달된다. 성견이 견주에게 갖는 애착은 장기간 동안 꽤나 안정적이다.

중요한 건, 개의 애착을 발전시키기 위해서 반드시 강아지 때부터 기를 필요는 없다는 것, 그리고 기존의 애착관계가 단절되더라도 생애 후반부에 새로운 애착관계를 형성하는 능력은 손상되지 않는다는 것이다. 다른 가정이나 보호소에 있던 성견도 보살펴주는 새로운 사람과 강한 애착을 형성할 수 있다. 늦은 나이에도 새로운 애착관계를 확립하는 유연성은 개가 보여주는 독특한 특징이다.

진화적인 기원과 발달

개가 보여주는 인간 젖먹이와 비슷한 애착행동의 진화적 기원에 대해서는 약간의 의견 불일치가 있지만, 가축화가 이런 사교 능력의 출현에 기여했을 것이다. 최근의 논쟁 중 상당부분은 가축화(유전적 성향)와 생애 내내 하는 사회적 경험(사회화)이 이런 현상에 기여하는 상대적인 정도가 어느 정도냐에 대한 것이다. 상당한 정도로 사회화된 늑대와 개를 대상으로 한 비교연구는, 많은 수의 늑대가, 인간을 많이 경험했음에도 보살펴주는 사람에게 개와 비슷한 애착행동을 발달시키지는 않는다는 걸 보여준다. 따라서 개는 길들여진 늑대가 아니다; 인간과 개 사이에는 다기능적인 multifunctional 심리적 관계가 존재한다.

생후 16주라는 이른 나이의 개에게서도 인간을 향한 애착행동의 패턴을 관찰할 수 있다. 강아지들도 성견이 보여주는 것과 유사한 행동 패턴을 보여준다. 개가 하는 애착행동은 발달과정 동안에 한 경험과 견주의 성격에서 영향을 받을 수 있다. 분리와 관련된 문제적 행동을 보여주는 개는 자신을 불안정한 애착의 대상이라고 묘사하는 견주가 기르는 개일 가능성이 크다.

개가 자신을 보살피는 인간과 유대감을 형성하게 만드는 인간 젖먹이와 비슷한 애착이 늑대에게 존재하지 않는 건 확실하다. 따라서 이 관계는 진화과정에서 개가 인간이 만든 사회적 환경에 적응했다는 걸 반영하는 것 같다.

경비원, 사냥꾼, 양치기로서 개

고대의 개가 처음으로 수행한 유용한 기능은 경비를 서는 것이었을 가능성이 크다. 뭔가 미심쩍은 걸 보거나 들은 개는 큰소리로 짖어대기 때문에 그런 "경비견watchdog"의 존재는 인간에게 안도감을 줄 수 있다. 오스트레일리아 애보리진은 딩고를 인간에게 따스한 체온을 제공하는 히터heaters이자 경비견으로 주로 활용한다.

당연한 일이지만, 개가 하는 이런 경비 행동이 인간 파트너에게 의도적으로 제공한 서비스는 아니었다. 그리고 이런 목표를 달성하려고 경비 능력이 더 우수한 개체들을 브리딩해서 얻은 견종은 존재하지 않는다—인간은 개들끼리 주고받는 동종간 커뮤니케이션을 엿듣는 데서 혜택을 받은 것뿐이었다. 그렇지만 우리 인류가 해온 공동생활의 후기 단계에 행해진 더 의도적인 선택은 개들이 자발적으로 목소리를 내는 이런 행동을 상당히 많이 형성시켜 왔다.

최초의 작업견: 썰매개

몇 천 년 전, 북쪽에 거주하는 서로 다른 종족들이 종족 특유의 목표와 환경에 어울리는 나름의 썰매개 견종과 그들에게 하니스harness를 채우는 방법을 개발했다. 썰매개는 20세기 초에 극지방 탐험에서 중요한 역할을 수행했고, 로버트 피어리(Robert Peary, 북극)와 로알 아문센(Roald Amundsen, 남극 탐험) 같은 유명한 탐험가들은 기상상황이 극단적이고 얼음에 뒤덮인 지역에서 화물과 승객을 수송하는 데 썰매개를 이용하는 이뉴이트족Inuit의 테크닉을 채택했다. 오늘날에도 여전히 일부 시골 공동체에서는, 특히 알래스카와 캐나다의 여러 지역에서는, 자동차라는 운송수단이 도입됐음에도 썰매개를 활용하고 있다.

복잡한 기능들을 키우려는 선택에는 오랜 시간이 필요하다

처음으로 가축화된 개들 중 일부는 식량으로 삼을 사냥감을 포획하고 죽이는 작업에서 인간을 돕도록 사육됐을 가능성이 크다는 믿음이 널리 퍼져 있지만, 이건 틀린 시나리오일 가능성이 높아 보인다. 사

▶ 화물을 운반하는 데 활용되는 개의 긴 역사에는 로알 아문센 같은 극지방 탐험가들의 썰매개 이용 사례도 포함돼 있다.

▲ 개의 가축몰이 행동은 늑대의 포식행동에서 진화했지만, 일련의 행동의 마지막 단계인 살육 단계는 그 과정에 포함되지 않았다.
▶ 이 그림에 보이는 18세기 시베리아에서, 러시아인들도 혹독한 지역을 이동하는 썰매개의 능력을 활용했다.

냥을 하는 동안에 필요한 복잡한 협동작업, 특히 사냥감을 기꺼이 인간과 공유하거나 인간에게 넘겨주려는 의향은 진화시키는 데 긴 시간이 필요한 게 분명하다. 이걸 입증하는 증거는, 심지어 오늘날에도, 대다수 빌리지 도그는 인간 파트너와 함께 사냥을 하기는 하지만 인간을 위해 사냥을 하지는 않는 편이라는 걸 보여준다(그런 개들은 지나치게 시끄러워서 사냥감을 사냥꾼에게서 멀리 쫓아버린다); 이 기능만 딱 골라서 선택을 하지 않았을 경우에는, 심지어 가축화된 개조차도 협동적인 사냥에 적합하지 않다.

필요할 때 나타난 개의 기능

개는 인간이 농경을 시작하고 다른 종들을 가축화하기 전에 이미 잘 가축화됐기 때문에, 셰퍼드 도그shepherd dog는 인간의 정착지에 가축화된 염소떼와 양떼, 소떼가 출현한 1만 년 전쯤에야 모습을 나타냈을 것이다. 기초적인 상태를 벗어나지 못한 이런 초기의 "선택 테크닉"이 우리가 오늘날의 개 브리딩 관행에서 경험하는 의도적이고 인위적인 선택 과정하고는 거리가 멀어도 한참 멀다는 걸 감안하면, 사냥꾼이나 양치기를 위해 일 잘하는 도우미를 개발한다는 목표에 적합한 개체들에 우선순위를 매기는 데는 (또는 부적합한 개체들을 배제시키는 데는) 대단히 긴 기간이 걸렸을 것이다.

늑대의 사냥테크닉에서 물려받은 (가축을 모는 경우에 상대를 붙잡아서 죽이는 것 같은, 그리고 사냥하는 경우에 사냥감에게 겁을 줘서 쫓아버리고 사냥감을 보호하는 것 같은) 일부 중요한 행동들은 믿음직하고 협동적인 파트너를 얻을 수 있도록 개를 유전적으로 변화시키고 통제해야 가능했을 것이다.

어시스턴트로서 개 🐾

개가 일상생활에서 행해지는 과업들에서 사회적 동반자이자 협력자로 수행하는 역할의 유래는 수천 년 전으로 거슬러 올라간다. 많은 초기 문명이 개를 오늘날의 우리가 보는 것과 사뭇 비슷한 방식으로 봤다. 그렇지만 최근 몇 백 년간 새로운 협동방식들이 (가축몰이나 사냥에서처럼) 인간에게 도움을 주는 전통적인 방식들을 꾸준히 보완해 왔다. 현대사회의 개는 마약탐지와 보안업무, 경비업무, 구조작전을 지원하는 새로운 "동료 역할"에 참여한다.

(당뇨병환자를 지원하는 개처럼) 특정한 만성질환에 시달리는 사람들을 돕도록 전문적으로 조련된 개도 많은 반면, (청각장애인 안내견hearing dog 같은) 개들은 장애를 갖고 살아가는 사람들의 삶의 질을 향상시킨다. 이런 많은 새로운 기능은 중요한 사회적-정서적 차원을 갖는다; 이 개들은 일상생활에서 실질적인 도움을 제공하는 것 외에도 인간 파트너들에게 정서적인 힘을 주기도 한다.

서비스 도그 또는 어시스턴트 도그

불행히도, 많은 방식으로 인간을 돕는 개들을 분류하는 보편적으로 받아들여지는 체계는 존재하지 않는다. 일부 개들은 인간의 감각을 보조하는 행동을 주로 하고, 다른 개들은 견주에게 위험을 경고하며, 많은 개가 견주가 가진 능력의 범위를 넘어서는 행위를 실행한다.

시각장애인을 위한 맹인안내견guide dog은 맹인이거나 시각이 손상된 견주가 인도경계석과 계단에서 걸음을 멈추고 장애물을 피하며 안전한 방식으로 길을 건널 수 있도록 도와주고, 다른 많은 상황에서도 신체적이고 감정적인 지원을 해준다. 이런 개는 개와 인간 파트너가 물리적으로 직접 연결되게끔 해주는 U자 모양 손잡이가 달린 하니스를 통해 활동하도록 조련된다.

성공적인 팀워크가 이뤄지려면 파트너들 사이의 특유한 협동유형—유연한 리더십 공유—이 개입해야 한다. 즉, 이 관계의 참여자들은 상대의 행동에 맞게 자신의 행동을 조정할 수 있다. 행동을 개시하는 역할은 과업의 속성에 따라 다양할 수 있다. 이 팀에서 견주가 맡은 역할은 방향과 관련한 명령을 내리는 것이고, 개가 맡은 역할은 팀의 안전을 보장하기 위해 영리한 불복종으로 반응하는 것(안전하지 않거나 위험한 명령에 복종하지 않는 것)이다.

보더 콜리를 비롯한 일부 견종이 널리 활용되고 있기는 하

▶ 개는 도시에서 탁월한 동반자가 됐다. 조상들이 숲에서 그랬던 것처럼 그들은 고층빌딩 사이를 당당하게 돌아다닌다.

대부분의 아이들은 개를 무척 좋아한다; 그렇지만 개를 기르는 데는 상당히 많은 책임이 필요하다.

지만, 골든 리트리버, 래브라도, 저먼 셰퍼드가 맹인안내견 임무에 가장 적합한 견종들이다.

청각장애인 안내견hearing dog은 초인종이나 전화벨, 알람시계, 갓난아기의 울음소리 같은 가정에서 나는 여러 소리를 듣지 못하거나 듣기 힘든 견주에게 경보를 발령하도록 구체적으로 조련된다. 개의 역할은 중요한 소리를 들었을 때 소리를 듣지 못하는 견주와 신체적으로 접촉한 후에 그를 소리의 출처로 이끄는 것이다. 발로 꾹 찌르고 만지는 것이 견주의 주의를 끄는 신호로서 개가 자발적으로 하는 보편적인 행동이다. 청각장애인 안내견 조련은 이런 타고난 성향을 활용하는 데 의지한다.

청각장애인 안내견은 견주가 하는 명령에 복종하는 믿음직한 반응을 보여야 한다. 그렇지만 동시에, 그들은 앞으로 전개될 상황을 예비하는 태도와 (명령이 떨어지기를 마냥 기다리지만은 않는) 높은 수준의 독립성을 키워야 한다. 무엇보다도 견주를 우선시하는, 우호적이고 장난기와 활기가 넘치는 개가 이 직무를 위한 최상의 후보다. 대부분의 청각장애인 안내견은 리트리버, 또는 코커스패니얼과 미니어처 푸들, 코카푸cockapoo를 비롯한 다양한 소형견 견종(또는 잡종)이다.

신체장애자 보조견physical assistance dog은 신체적 장애가 있는 이들을 다양한 방식으로 도와준

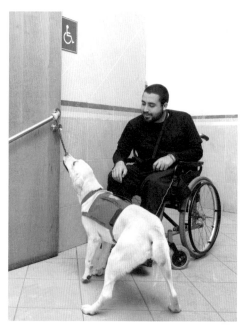
▲ 신체장애자 보조견은 장애를 가진 사람들을 돕기 위해 많은 중요한 과업을 수행하도록 조련된다.

다. 그들의 손이 닿지 않는 곳에 있는 물건을 갖다 주고, 문을 열고 닫으며, 전등을 켜고 끈다. 이 개들은 다른 많은 과업도 배울 수 있고, 일반적인 조련을 마친 후에는 견주가 가진 장애에 따라 직무 수행에 필요한 구체적인 요소들을 배워야 한다. 잘 조련된 개는 구두신호나 몸짓신호에 따라 50~60가지 행위를 실행하는 법을 배울 수 있다.

이 개들은 대단히 조용해야 하고, 지나치게 흥분하지는 말아야 하며, 공격성을 조금이라도 보여서는 안 된다. 그리고 다른 사람에게 애원해서는 안 된다. 장애를 갖고 살아가는 견주를 위해 현실적인 도움을 주는 것도 이 개들의 극도로 중요한 임무이지만, 이 개들은 인간 파트너가 느끼는 두려움과 고독함, 우울함, 불안감을 없애주면서 사회적-감정적 혜택도 제공한다.

자폐증환자 보조견autism assistance dog은 정신건강에 장애를 가진 사람들을 위한 서비스 도그들 중에서 가장 널리 알려진 사례다. 이 개는 견주의 안전을 지키고, 견주가 폭발적인 감정 탓에 저지르는 행동을 하지 못하게 진정시키며, 견주가 불안해할 때 위안을 제공하도록 조련된다. 이 개들은 자폐증을 가진 아이와 가족 모두가 독립적인 삶을, 더 폭넓고 사회적인 삶을 살도록 도우면서 가족 구성원이 느끼는 스트레스도 줄여줄 수 있다.

뛰어난 보조견은 자신감이 넘치지만 방어적이거나 지나치게 활동적이지는 않다. 그리고 인간의 행동과 감정에 잘 맞춰 행동하며, 인간을 기쁘게 해주려는 열의가 넘친다. 골든 리트리버와 래브라도는 상이한 유형의 보조견 작업에 가장 선호되는 견종이지만, 골든 리트리버/래브라도와 래브라도/스탠더드 푸들 같은 잡종들과 다른 많은 견종도 성공적으로 조련할 수 있는 견종이다.

발작 대응견seizure response dog은 간질환자가 발작을 일으키는 동안 도움을 제공할 수 있다. 이 개들의 행동 레퍼토리는 환자의 목숨을 구하는 임무들과 관련된 다양한 활동을 아우른다. 이 개들은 가족

구성원에게 발작 사실을 알리고, 환자의 부상을 막기 위해 환자 옆에 엎드리며, 응급구조대에게 연락하기 위해 버튼이 달린 장비들을 작동시키도록 조련된다. 발작 대응견을 조련하는 과정은 다른 보조견을 조련하는 과정과 크게 다르다. 이 개들은 미래의 견주를 향한 극단적인 의존심과 완벽한 협동정신을 발달시킬 수 있도록 어릴 때부터 견주와 대단히 폭넓게 어울리며 사회화된다. 그들은 발작이 일어나기 전에 환자에게 미리 나타나는 행동 그리고/또는 냄새신호의 사소한 변화에 서서히 민감해진다. 일부 개들은 발작이 일어나기 몇 분 전에 그 사실을 예측하는 능력을 발달시켜 파트너에게 제때에 경보를 발령할 수도 있다.

▶ 어시스턴트 도그는 "강아지 후보생"으로 조련을 받기 시작해서 인간과 다른 개들과 어울리며 핵심 기술들을 습득한다.
▼ 견주를 향한 강한 감정적 애착을 갖고 견주의 욕구에 반응하도록 조련하는 건 견주가 발작을 일으켰을 때 주위에 신호를 보내는 (그리고 견주를 보호하는) 보조견에게 필수적인 요소다.

서비스 도그가 되는 주요 단계

강아지 테스트puppy testing 생후 8~10주경의 강아지들을 대상으로 작업하려는 의욕, 물건을 가져오는 능력, 인간을 기쁘게 해주려는 열의를 평가한다. 친절함과 정서적 안정성, 온화함, 조련 가능성을 심사한다.

사회화와 복종 훈련socialization and obedience training 선택된 강아지들은 약 12~18개월 동안 수양가족foster family과 함께 산다. 또한 모든 전문적인 보조견과 서비스 도그들이 받는 기초적인 복종 조련을 받는다. 자연적인 환경을 경험하는 것과 사람들과 어울리는 사회화가 가장 중요하다.

전문 조련specific training 1살이나 2살이 된 개는 장애를 가진 사람들을 돕는 데 필요할지 모르는 모든 행위를 배우도록 조련된다.

서비스 대상자 선발과 팀 개발recipient selection and team development 조련이 완료되면, 개-수혜자 쌍은 인간과 개의 욕구에 가장 적합하도록 신중하게 짝지어진다.

도시와 아파트에서 살아가는 반려견

개는 산업화된 나라의 도시에 사는 시민들이 날마다 맞닥뜨리는 가장 보편적인 동물이자 반려견으로 길러진다. 대도시에 살면서 개를 키우는 건 상대적으로 최근에 등장한 유행이다. 19세기 말의 도시들은, 랩도그와 가끔씩 보이는 (푸들과 스패니얼, 닥스훈트 같은) 소형 사냥개 같은 예외도 있었지만, 우리가 오늘날 보는 도시처럼 넘쳐나는 개들로 우글거리는 곳은 아니었다. 도시생활이 개에게 유익한 생활인지 여부에 대한 논쟁에는 많은 측면이 있다.

도시에서 개 기르기: 함께 있어 줄 필요성

도시에서 사는 건 개에게 유익한 생활이 아니라고 믿는 사람이 많다. 이 견해를 옹호하는 이들은 개가 드넓은 시골 지역을 뛰어다니는 것보다 더 즐거워하는 건 없다고 상상한다. 그렇지만 개는 사람들 근처에 있는 걸 선호하는 쪽으로 진화해 왔고, 그래서 적절하게 사회화된 개라면 항상 견주 옆에 있는 쪽을 선택할 것이다. 그러므로 도시의 개들은 사육장kennel에서 길러지는 시골에 사는 친척들보다 훨씬 더 행복할 수 있다. 그렇지만 개를 기를 계획을 세우는 이라면 자신이 미래의 반려견과 함께 무슨 공동 활동을 할 것인지를 고민해봐야 한다. 아파트에서 개를 키우려면 개에게 많은 유형의 활동을 제공할 필요가 있다. 여기서 말하는 활동은 단순히 나란히 산책을 하는 것보다 훨씬 더 많은 걸 의미한다.

개는 도시에서 탁월한 동반자가 됐다. 조상들이 숲에서 그랬던 것처럼 그들은 고층빌딩 사이를 당당하게 돌아다닌다.

도시에서 개 기르기: 홀로 보내는 시간

아파트에서 사는 개들은 견주들이 외출한 동안 하루의 대부분을 홀로 남겨지는 경우가 잦다. 많은 개가 이런 상황을 제대로 감당하지 못한다. 어릴 때는 특히 더 그렇다. 그들은 강아지 때는 몇 주간 견주로부터 호들갑과 관심의 대상으로 대우받다가 갑자기 장기간 홀로 방치되는 현실에 직면하게 된다. 개가 분리 관련 문제들을 다루는 조련 테크닉들이 있지만, 개를 날마다 10~12시간 동안 집에 홀로 남겨두는 기간을 주기적으로 만들어내는 라이프스타일을 가진 사람이라면, 개를 반려동물로 맞지 않는 편이 나을 것이다.

▲ 대부분의 아이들은 개를 무척 좋아한다; 그렇지만 개를 기르는 데는 상당히 많은 책임이 필요하다.

개와 어린아이

개는 "아이들을 무척 좋아한다"는 믿음이 널리 퍼져 있다. 심지어 갓난아기들에게도 개가 완벽한 놀이동무일 거라고 느끼는 이들이 많다. 그렇지만 10~12살 미만의 아이들을 감독자 없이 장기간 개와 홀로 남겨두는 건 안전하지 않다. 아이들이 개에 물려 부상을 당하는 건 흔히 발생하는 사건이다(예를 들어, 캐나다에서 개에게 물려 치명상을 당한 사건 중 85퍼센트가 12살 미만의 어린이와 관련된 거였다). 이렇게 치사율이 높은 이유 중 하나는 아이들이 공격적으로 으르렁거리는 개는 "기분이 좋아서 그러는 것"이라고 개의 표정을 오해할 수도 있기 때문이다.

사람과 개가 도시에서 성공적으로 공존하는 것은 견주들이 반려견을 공중이 함께 하는 상황에 소개하는 방식에 달려있다. 잘 조련된 자신감 넘치고 우호적인 개가 말썽을 일으키는 일은 드물다.

개를 기르는 건 특혜를 누리는 것이지 권리가 아니다

공공장소에 개를 데려가는 방법과 관련한 규칙과 법률은 나라마다, 심지어는 도시마다 다르다. 주위에 개가 있는 걸 세상사람 모두가 똑같이 기분 좋아하는 건 아니다. 그리고 다른 개가 갑자기 자기를 덮칠 때 세상의 모든 개가 그 즉시 놀이에 참여할 의향을 가진 것도 아니다. 개는 도시의 거리에서는 반드시 목줄을 하고 있어야 한다. 자유로이 뛰어다니는 게 허용된 안전한 장소에 도착하기 전까지는 말이다. 견주는 자신과 자신의 개가 하는 행동이—좋건 나쁘건—다음에 도입될 개 규제 법률의 선례를 제공할 것이고, 그 법률이 개에게 자유를 더 부여할 것인지 반대가 될 것인지에 영향을 끼칠 거라는 걸 명심해야 한다.

현대의 개 조련

대부분의 개는 일상적인 가정생활이 이뤄지는 자연스러운 환경에 노출되는 것만으로도 적절하게 행동하는 법을 배울 수 있을 것이다. 그러므로 격식을 갖춘 개 조련은 개가 자연스럽게 하는 행동이 견주가 보기에는 문제가 있는 행동일 때에만 필요한 것으로 간주된다. 그렇다면 개 조련은 왜 그리도 널리 행해지는 걸까? 갈수록 정신없고 분주한 우리의 라이프스타일이 개의 입장에서는 이해하고 감당하기 어려운 상황을 자주 빚어내기 때문이다. 그래서 조련은 (목줄을 당기는 일 없이 산책하기, 명령에 따라 동작 멈추기, 부르면 견주에게 돌아오기 같은) 광범위하게 다양한 환경에서 적절하게 행동하는 법을 가르치는 데 필요할지도 모른다.

개는 조련하는 것인가, 가르치는 것인가?

개 조련의 목표는 개의 행동을 교정하고 그걸 예측 가능한 것으로 만드는 것이다. 이 목표는 개가 그들이 처한 환경에 대한 정보를 획득하는 방법, 그걸 처리하는 방법, 그리고 그에 적합하게 행동을 수정하는 방법에 대한 의문을 제기한다. 대부분의 조련 테크닉은 개의 행동이 주로 연합학습associative learning의 복잡한 형태에 의해 규제를 받는다고 가정한다. 이런 조련 방법은 개를 두 사건(무조건 자극과 조건 자극) 사이의 관계에, 그리고 자극과 행동 사이의 연관관계에 노출시키는 데 초점을 맞춘다. 이와는 대조적으로, 인지능력에 초점을 맞춘 방법은 개의 정신도 환경과 관

▼ 견주와 함께 조련수업에 참가한 개는 특정한 상황에서 행동하는 법을 배울 수 있다.

▲ 조련을 받는 동안 견주에게 집중하는 개.

런한 정보를 획득하고 처리하는 데 더 정교하고 종합적인 과정을 효율적으로 사용한다고 가정한다. 이런 관점은 주의집중과 사회적 맥락, 견주와 함께 하는 커뮤니케이션 상호작용의 역할을 강조하고, 일부 경우에는 인간과 어울리는 데서 정보를 획득하는 개의 성향도 고려한다. 그러므로 인지적 접근방식을 택한 조련사는 단순히 개를 조련한다기보다는 개를 가르치는 것이라고 말할 수 있다.

제일 흔하게 사용되는 조련방법

다음은 주로 사용되는 조련방법 4가지를 요약한 것이다. 그러나 이것들을 변형된 방법도 여러 가지 존재한다. 이 방법들의 쓰임새는 목표에 따라 다양하다. 설정한 목표를 달성하는 속도 면에서, 그리고 개가 누리는 행복에 영향을 끼치는 정도 면에서 이 방법들의 효과는 다 다르다. 조련이 개가 누리는 행복을 위태롭게 만들어서는 안 된다는 사회적 합의가 점차 확산되고 있다.

유혹Luring

조련사는 희망하는 자세를 개가 취하도록 먹이나 좋아하는 장난감을 이용해서 유혹한다. 개가 엎드리게 만들기 위해, 조련사는 개에게 줄 상을 손에 올리고는 손을 개의 코와 주둥이 부분에 가까이 가져간 후 손을 낮춰 바닥 가까이에 놓는다. 조련사의 손에 있는 먹이를 먹고 싶다면, 개는 엎드린 자세를 취해야만 한다. 개가 일단 조련사가 희망하는 자세를 취하면, 조련사는 먹이를 상으로 준다.

형성Shaping

형성과정에서, 개가 자발적으로 취하는 행동은 적절한 시점에 제공되는 (먹이나 장난감 같은) 보상을 수단으로 삼아 서서히 조정된다. 이 방법에는 조련 목표나 표적으로 삼은 행동을 가장 단순한 부분에 이를 때까지 분절하는 작업이 관련돼 있다. 그런 분절작업 덕에, 그렇게 하지 않았다면 복잡했을 행동들을 더 단순한 부분들이 배열된 것으로 가르칠 수 있다. 이 방법은 연속적으로 행해지는 행위들에 보상해가면서 최종적으로 희망하는 반응에 도달하도록 개가 하는 자발적인 행동의 틀을 서서히 형성해 나간다. 개를 엎드리게 만들기 위해, 개가 자발적으로 고개

◀ 유혹 방법을 활용해서 엎드리도록 조련되는 개: 견주는 개가 희망하는 자세를 취하도록 유혹한다.
▶ 개는 '내가 하는 대로 해' 방법으로 견주가 하는 행동을 재현하도록 배운다. 견주는 물건을 만지는 행위를 보여주고 (위), 그런 다음에 개에게 "이렇게 해"라고 명령한다. 개는 견주가 시범으로 보여준 행위를 모방한다(아래).

를 낮춘 것에 대해 먼저 보상을 하고, 그 다음에는 몸의 앞부분을 낮춘 것에 대한 보상을, 앞발을 앞으로 뻗은 것에 대한 보상을, 마지막으로 엎드린 자세를 취한 것에 대한 보상을 한다.

명령/강제Imperative/forced

개를 조련사의 손이 가하는 압력이나 희망하는 자세로 끌어당기는 목줄로 구속하고 신체적으로 강제한다. 개가 엎드리게 만들기 위해, 조련사는 목줄을 손에 쥐고 그 줄이 발 아래로 지나가게 만든다. 목줄을 잡아당겨 팽팽해진 목줄 때문에 개가 강제로 엎드리게 만든다. 마지막으로 손을 써서 개의 척추를 누르기도 한다. 개가 일단 조련사가 희망하는 자세를 취하면, 조련사는 압력을 가하는 걸 멈춘다.

내가 하는 대로 해Do as I do

이 방법은 인간의 행동을 모방하는 개의 능력에 의지한다. 먼저, 개는 "이렇게 해!"라는 견주의 명령에 따라 견주가 시범으로 보여준 친숙한 행동에 자신의 행동을 일치시키는 법을 배운다. 이 방법으로 개는 모방과 관련한 규칙을 배운다: 개의 입장에서 "이렇게 해!"는 방금 전에 관찰한 행위를 흉내 내라는 뜻이다. 이 방법은 새로운 행동을 개에게 보여줘서 그 행동을 가르치는 데 사용할 수 있다. 개가 엎드리게 만들기를 원하는 견주는 그 행동을 먼저 보여준 후, 구두로 "이렇게 해!"라는 명령을 내려야 한다.

▶ 발을 내밀도록 조련된 개. 조련이 개가 누리는 행복을 위태롭게 만들어서는 안 된다는 사회적 합의가 확산되고 있다.

조련방법에 대한 윤리적 우려

최근 몇 년간, "긍정적인 방법positive methods"(신체적 강제나 처벌을 피하면
서 희망하는 행동을 했을 때 하는 보상에만 전적으로 의지하는 방법들)을 활용하
는 조련사와 물리적인 강압과 처벌 같은 형태가 포함된 방법을 사용하는 조
련사들 사이에 논쟁이 벌어졌다. 신체적 구속과 처벌을" 사용하는 건 (전기충격
목줄electric collar과 프롱 칼라prong collar의 경우는 특히) 개의 행복에 심각한 윤리적 우
려를 제기한다. 개에게 통증과 고통을 주는 장비이기 때문이다. 물리적 처벌로
조련된 개들은 조련을 받는 동안 스트레스를 더 많이 받는 듯하고 긍정적인
방법으로 조련된 개들보다 새로운 행동을 배울 가능성도 떨어지는 것 같다.

긍정적인 처벌

강화와 처벌reinforcement and punishment

제일 흔히 사용되는 조련방법에는 적절한 행동과 부적절한 행동의
빈도를 늘리거나 줄이기 위해 강화요인reinforcer과 처벌을 활용하는
게 포함된다. 오늘날 긍정적인 강화를 이용하는 걸 선호하는 조
련사가 많다. 우수한 조련사는 처벌을 피하면서 대단히 창의적이
고 유연하게 상황에 대처한다. 예를 들어, 특유한 상황에서 바람직하
지 않은 행동이 행해지는 것을 처벌하는 대신, 그 대안이 되는 적절한
행동을 가르친다.

긍정적인 강화

▲ 전기충격 목줄 같은 장비를 사용하는 건 개의 행복과 관련한 심각한 우려를 제기한다. 그래서 많은 나라가 이 목줄
의 사용을 금지한다.
▼ 대부분의 조련사들은 긍정적인 강화의 활용에 기초한 방법이 조련의 가장 중요한 특징이 돼야 옳다는 데 동의한다.

긍정적인 조련과 부정적인 조련

긍정적인 강화 동물에게 집행됐을 때 특정한 행동의 발생빈도를 증가시키는 자극이나 사건. 예를 들어, 개가 엎드리기
같은 견주가 희망하는 행동을 할 때 견주가 상을 주거나 같이 놀아준다.

긍정적인 처벌 동물에게 집행됐을 때 어떤 행동의 발생빈도를 감소시키는 자극이나 사건. 예를 들어, 개가 견주를 맞
으려고 견주에게 몸을 날리는 것 같은 바람직하지 않은 행동을 했을 때, 견주가 개의 등을 때리거나 단호한 어조로 "안
돼!"라고 말한다.

부정적인 강화 동물에게서 제거했을 때 어떤 행동의 발생빈도를 증가시키는 자극이나 사건. 예를 들어, 개가 엎드리기
같은 희망하는 행동을 할 때 견주가 목줄을 당기는 걸 중단한다.

부정적인 처벌 동물에게서 제거했을 때 어떤 행동의 발생빈도를 감소시키는 자극이나 사건. 예를 들어, 개가 견주를 맞
으려고 견주에게 몸을 날리는 것 바람직하지 않은 행동을 할 때 견주가 몸을 반대방향으로 돌려 개를 무시한다.

개가 인간의 건강에 끼치는 유익한 영향

개는 정신적인 건강과 신체적인 건강을 비롯한 인간의 삶에 놀랄 정도로 폭넓은 영향을 끼치면서 인간 사회 깊은 곳에 터를 잡아온 동반자다. 실제로, 개가 많은 방식으로 인간에게 유용한 존재였다는 증거는 풍부하다. 게다가, 개는 효과적인 사회적 조력자이자 보조 치료사다.

인간-개 상호작용의 치유적 가치

1960년대에 개는 공동 치료사co-therapist로 도입됐다. 이후로 개는 심리치료와 사회교육socio-education, 사회직업활동socio-occpuational activity을 비롯한 동물이 보조하는 개입활동을 위해 가장 널리 사용되는 종이 됐다.

치료견therapy dog은 치유를 위한 방식으로 인간에게 유익한 일을 하는 개를 묘사하는 포괄적인 용어다. 이 범주에는 개의 지원을 필요로 하는 폭넓은 잠재적 의뢰인이 있는 활동들의 상이한 유형이 포함된다. 일부 치료견은 (고령자가 풍부한 사회적 경험을 할 수 있도록 학교나 집에서 실행하는) 방문 프로그램에 참여한다. 다른 개들은 치유 프로그램이나 치료행위의 일원으로 체계화된 활동에 참여한다.

구체적인 조련을 받은 치료견은 (특히 입원한 어린이와 양로원 거주자의 경우) 사람들끼리의 접촉과 환자들 사이의 어울림을 더 용이하게 해줄 뿐 아니라, 고독감을 완화시키고 우울함을 줄여주며 긍정적인 분위기를 조성하는 "사회적 촉매" 구실을 할 수 있다. 이 개들은 사람들의 시선을 사로잡는 자극 구실을 할 뿐 아니라, 학습자 입장에서는 연습 문제를 실행에 옮기는 게 지나치게 어려울 때 교육적이고 치유적인 환경 안에서 학습자에게 긍정적인 강화를 해주는 도구로서 구실도 할 수 있다.

일반적으로 말해, 개-인간 접촉은 인간의 건강과 안녕, 삶의 질에 중요한 심리적 수준과 생리적 수준을 향상시킨다는 것이 발견됐다.

옥시토신

신경호르몬인 옥시토신oxytocin은 인간의 건강과 안녕에 끼치는 개-인간의 관계의 긍정적인 효과들 중 다수에서 상당히

개는 완벽한 피트니스 파트너일 수도 있다: 개는 견주가 정신적으로나 신체적으로나 활기찬 상태를 유지하는 데 도움을 준다.

개를 쓰다듬는 건 개와 견주에게 기분 좋은 경험의 수준에만 머무르지 않는다: 이 행위는 신체적이고 정신적인 행복 모두에 긍정적인 영향을 준다.

의미 있는 역할을 수행한다. 옥시토신은 사회적 상호작용이 활발해지게 만들고, 사회적인 스트레스 요인에 반응해서 스트레스 호르몬 수준을 낮추며, 행동 스트레스 반응을 줄이고(불안완화 효과anxiolytic effect), 통증을 느끼는 한계점을 높이며, 면역시스템을 강화한다. 개-인간 상호작용은 양쪽 파트너의 뇌에서 옥시토신 활성화 시스템을 활성화시키는 잠재력을 갖고 있다. 반려견을 부드럽게 쓰다듬거나 반려견과 오래도록 눈을 맞추면 개와 인간 모두에게서 강렬한 감정적 반응이 일어나면서 순환되는 옥시토신의 양이 상당히 많이 증가한다.

개가 인간의 건강과 심리에 끼치는 영향에 대한 연구에서 발견된 결론

개는 인간 파트너를 활기차게 만든다 견주들은 육체적인 활동에 정기적으로 참여할 가능성이 더 크다.

개는 인간 파트너가 차분함을 유지하는 걸 돕는다 인간과 개 사이의 (쓰다듬기 같은) 친화적인 상호작용은 스트레스 요인이 작동하는 동안 스트레스와 관련된 반응들을 약화시키고 심장박동수와 혈압, 피부전도 반응을 낮추며 혈액 속에 코르티솔을 순환시킨다.

개는 인간 파트너의 면역시스템을 향상시킨다 침에 함유된 면역글로불린 수준(IgA-면역시스템이 잘 작동한다는 지표)을 조사해본 결과, 개와 맺은, 높은 수준의 도움을 제공하는 관계는 단기적이고 장기적으로 유익한 영향을 끼친다는 걸 보여준다.

개를 기르면 심혈관계 질환을 겪을 위험을 줄여주는 보호 효과를 누릴 수 있고, 심장마비를 겪은 이후의 생존율을 높일 수 있다. 견주들의 라이프스타일이 더 활기차고 느긋해진 덕분일 것이다.

개는 어린아이의 심리적 발달을 용이하게 해주는 유익한 역할을 수행한다 집안에 있는 개는 아이가 건전한 자존심을 품고 정체성을 발달시키는 데 기여한다.

개는 사회적 고립에 시달리는 사람들의 사회적 포용을 촉진시킨다 개는 긍정적인 대인對人 상호작용과 분위기를 제고하면서 대인관계의 촉매 기능을 수행할 수 있다.

보호소에 있는 개 🌱

개보호소dog shelter는 원래는 유기견 보호소dog pound라고 불렸다. 거리에서 포획된 떠돌이 개를 임시로 수용하는 데 사용됐기 때문이다. 따라서 초기의 유기견 보호소는 쾌적하거나 인도적인 시설이 아니라, 사람이 거주하는 영역에서 위험한 존재가 될 수도 있는 떠돌이 개를 배제시키는 용도로—2차적으로는 견주에게 잃어버린 개를 찾는 기회를 제공하기도 하는 용도로—설계된 시설이었다. 이 시설에 거주하는 개의 대부분은 견주가 나타나 소유권을 주장하지 않을 경우 목숨을 잃을 위험에 맞닥뜨렸다.

개보호소의 바뀌는 역할

20세기 후반 동안, 동물 복지와 동물의 권리에 대한 대중의 의견이 혁명적인 변화를 겪으면서 이런 시설에 수용되는 결과를 맞은 불행한 개들에게 다가가는 더 친근한 접근방식이 생겨났다. 오늘날, 개보호소의 주요 임무는 새 주인에게 분양하기에 적합한 개에게 가장 적합한 다음 견주/가정을 찾아주는 것이다. 특정 국가의 법규와 해당 보호소의 내부 규정에 따라, 안락사는 지나치게 위험하거나 가망이 없을 정도로 병약한 개에게만 적용되는 최후의 수단인 게 보통이다.

개는 왜 보호소에 오게 되나?

여러 보호소의 기록은 견주가 더 이상은 감당하지 못하는 문제 행동이 입양을 포기하는 주도적인 원인에 속한다는 걸 보여준다. (인간 그리고/또는 다른 개를 향한) 공격성, 분리 불안, 과도한 짖음, (배변훈련을 비롯한) 조련의 어려움이 가장 자주 거론된다. 개 알레르기나 개를 기르는 것을 어렵게 만드는 지역의 규제, 라이프스타일의 변화도 보편적으로 거론되는 다른 이유다.

새 집 찾기

보호소에서 사는 건 개에게 이상적인 상태가 아니다. 사회화된 개가 느끼는 가장 근본적인 욕구—특정한 한 사람에게 애착을 느끼는 것—를 충족시킬 수 없기 때문이다. 보호소에 있는 개와 사전에 전혀 안면이 없는 개인이 10분이라는 아주 짧은 기간 동안 얼굴을 맞대고 몰입해서 하는 상호작용조차 최초의 애착 형성으로 이어질

▲ 심지어 오늘날에도 많은 개가 보호소에 오게 된다. 그들이 이곳에서 새 견주를 찾아낼 확률은 희박한 경우가 잦다.
▶ 보호소에 있는 개들은, 처음으로 안면을 트는 기간이 짧았더라도, 새 견주들과 새로운 애착 관계를 쉽게 형성한다.

수 있다. 보호소에서 사는 것이 개의 운명이어서는 안 된다—입양이 목표가 돼야 한다.

현대의 책임감 있는 개보호소는 보호하는 각각의 개들에게 새 주인을 맞이하게 해줄 가장 빠른 방안을 강구할 뿐 아니라, 개가 "입양 포기—새 주인 맞이하기"라는 무한한 사이클에 들어가는 걸 가리키는 "부메랑 개 신드롬boomerang-dog syndrome"을 피하면서 개를 위한 영구적인 가정을 찾아내려 애쓴다. 성공적인 새 주인 맞이하기의 핵심 요인은 각각의 개의 입양을 제의하기 전에 그 개를 복합적으로 평가하는 것, 그렇게 해서 새 견주가 자신에게 필요한 개의 행동과 성격에 대한 모든 정보를 갖게 해주는 것이다.

보호소의 대안

최근 들어 보호소가 떠안는 부담을 줄여주기 위한 대안적인 해법들이 개발돼 왔다. 일부 자선단체들은 가정에 있는 견주에게 도움을 제공하고, 입양 포기 후 새 가정 맞이하기로 이어질 수도 있는 특정한 문제들을 해결하려 애쓴다. 견종별로 특화된 구조단체들은, 보통은 입양이 철회된 개의 새 입양 문제가 마무리될 때까지 임시가정을 제공하는 자원봉사자들의 도움을 받아 활동하면서, 특정 견종에 속한 개의 새 주인 맞이하기를 전담한다. 자발적인 임시 견주의 개입은 다른 구조 보호소에도 더욱 더 널리 퍼지고 있다. 개의 입장에서도 이 과정은 이롭다. 실제 개-견주 관계와 유사한 시설과 상호작용이 제공되기 때문이다. 그러는 동안, 나중에 개가 성공적으로 입양될 확률을 높이기 위해 자원봉사자는 개의 여러 특징을 평가할 수 있다.

외모와 체형의 기형

인간이 양육하지 않으면 자연 상태에서는 생존할 수 없게끔 만드는 해부적인 특징을 가진 견종이 많다. 잡종견도 이런 기형들 중 일부를 보여줄 수도 있지만, 이런 특성의 전형적인 표출은 순종견에게서 가장 많이 보인다.

비정상적인 두개골

잉글리시 불도그와 프렌치 불도그, 복서, 보스턴 테리어, 퍼그에게서 보이는 극도로 납작한 두개골의 코와 주둥이 부분은 개에게 부인할 길이 없는 괴로움을 초래한다. 이 부분이 서서히 납작해지는 현상은 아래턱보다 위턱에 더 큰 영향을 주고, 이 견종들이 두드러진 하악골 부정교합underbite에 시달리게 만든다.

하악골 부정교합은 보스턴 테리어 같은 단두형 견종의 공통적인 특징이다.

　더 심각한 문제는 상기도上氣道를 심하게 가로막아 호흡을 거의 영구적으로 힘들게 (헐떡거리면서 소란하게 숨을 쉬게) 만든다. 따라서 불도그나 퍼그가 지켜보는 사람이 없는 상태에서 헤엄치거나 뜀박질을 하거나 일광욕을 하게 놔두는 건 질식사할 위험 때문에 추천하지 않는다. 퍼그와 불도그 견종의 얕은 눈구멍도 두개골이 기형화된 데 따른 결과물이다. 이 견종에 속한 개들의 안구가 눈구멍에서 튀어나오면서 개를 고통스럽게 만들고 실명 가능성을 야기하는 것도 드문 일이 아니다.

비정상적인 다리

난쟁이 같은 짧은 다리가 특징인 견종이 여러 종 있다. 닥스훈트, 코기corgi, 바셋 하운드basset

▼ 다리는 극도로 짧고 등의 길이는 정상적인 개들에게는 척추 기형이 자주 생긴다.

hound는 모두 연골무형성증achondroplasia이라 불리는 기형을 보여준다. 이 기형은 다리에 있는 정상적인 장골long bone의 성장을 멈추게 만든다. 흥미로운 건, 이 견종들의 골격에 있는 다른 뼈들은 정상적으로 성장하기 때문에 앙증맞은 다리에 비해 등이 극도로 긴 불균형적인 신체가 생긴다는 것이다. 닥스훈트 같은 개는 심각하고 치유가 불가능한 척추 부상과 결함을 당할 가능성이 극히 크다. 이들이 겪는 가장 보편적인 질환은 추간판 질환IVDD, intervertebral disk disease이다. 이 질환은 척추에 있는 연골 디스크들이 유연성을 잃은 후에 튀어나오면서 척수에 심각한 압력을 가할 때 심해진다. 개는 통증에 시달리고 자유롭게 움직이거나 의욕적으로 움직이려 하지 않는다. 심한 경우에는 신체가 마비될 수도 있다.

비정상적인 피부

개의 피부도 방향을 잘못 잡은 선택 대상이었다. 샤페이의 경우, 피부가 너무 헐렁해서 개의 몸뚱어리 전체에 깊은 주름이 생긴다. 세계 전역의 애호가들이 "사랑스럽다"고 간주하는 평균적인 정도로 "주름진" 샤페이는 어렸을 때부터 상당한 고통을 겪는다. 청소년기의 샤페이는 거의 정기적으로 안검내반증entropion 수술을 받는다. 안검내반증은 개의 눈꺼풀에 너무 심하게 잡힌 주름 때문에 생긴다. 그 결과 눈꺼풀과 속눈썹이 안구 쪽으로 향하게 되면서 안구를 자극한다. 깊이 팬 주름을 관리하는 위생 상태가 최적상태에 미치는 못하는 결과로 악화되는 다양한 종류의 피부 감염은 거의 영구적인 문제가 될 수도 있다.

광기狂氣의 영구화

개를 좋아하는 애호가 수백 만 명이 이런 문제들을 거듭해서 빚어내는 과정을 중단시키는 효과적인 정책을 오래 전에 취하지 않았던 건 어떻게 가능했을까? 어떤 서베이에서, 견주들에게 현재 기르는 개가 무지개다리를 건넌 후에도 그런 기형에 시달리는 동일한 견종을 다시 선택할 것인지 여부를 물었다. 견주들은 그들이 기르는 여러 기형에 시달리는 견종에 놀라운 정도로 충실했다. 이런 개들이 브리딩 관행이 낳은 이런 서글픈 결과에 시달림에도, 그들은 다음에도 동일한 견종의 개를 기를 거라는 의사를 거의 한목소리로 밝혔다.

▼ 샤페이를 그들의 "트레이드마크"인 깊이 팬 주름이 생기지 않도록 선택했을 때 생기는 더 날씬한 외모는 그들이 피부 감염에 시달릴 가능성이 줄었다는 뜻이다.

이상 행동

땅파기

표시하기

쫓기

짖기

권태

선택적 브리딩은 심각한 결과를 가져올 수 있다. 몇몇 특성이나 일부 극단적인 특성들을 선호해서 브리딩할 때는 특히 더 그렇다. 특정 방향을 향한 집중적인 선택은 그 개체군의 유전적 다양성을 위험한 수준으로 떨어뜨릴 수 있다. 견종을 대상으로 행해지는 인위적인 선택은, 인간이 희망하는 특성을 고착시키기 위해 유전적 다양성의 폭을 좁히는 것과 그 견종의 건강한 미래를 보장하도록 견종 내에서 충분한 수준의 다양성을 유지할 수 있게 해주는 것 사이에서 균형을 잡아야만 한다.

▲ 우리가 함께 살아가는 개들이 저지르는 그릇된 행동의 대부분은 생물학적으로 깊이 뿌리를 내린 종 특유의 전형적인 행동이다.

그릇된 행동─전형적인 행동인가 비정상적인 행동인가?

우리는 개가 하는 바람직하지 않은 행동이나 우리의 라이프스타일에 적합하지 않은 행동에, ─반려견의 행동을 판단하는 유일하게 온당한 방식으로 보이는 생물학적인 관점에서 보면─실제로는 그렇지 않은데도, "비정상적"이라는 딱지를 붙일 수도 있다. 우리가 그릇된 행동이라고 보는 행동이 전형적으로 타고난 행동인 경우가, 개가 개답게 행동한 것인 경우가 잦다. 일부 행동─예를 들어, 다른 아파트를 방문했을 때 개가 자신의 세력권을 주장하는 행동의 일부로 벽에 표시를 하는 것─은 진짜로 짜증스러울 수 있다. 전형적으로 간주되는 또 다른 행동은 (자전거를 쫓아가는 것처럼) 개에게 해로울 수 있기 때문에 관리를 해줄 필요가 있다. 화단을 파거나 심심할 때 낑낑거리는 걸 문제 행동으로 간주할 수도 있지만, 이런 이슈들은 조련으로 해결할 수 있다. 전형적인 행동의 범위를 벗어난 곳에 자리한, 병적인 행동으로 간주되는 행동들은 유전적인 성향에 의한 것이거나 어린 나이에 사회화를 충분히 시키지 않은 경우, 또는 의학적인 질환의 결과물일 수도 있다.

지나친 짖음

짖는 건 개에게는 타고난 행동이다. 그렇지만 꾸준하게 짖어대는 건 짜증나는 일일 수 있고, 그렇게 시끄럽게 짖는 개는 신경증에 걸렸다는 낙인이 찍히기 쉽다. 사람을 성가시게 만드는 그런 짖음은 사람들이 이웃에 개가 사는 걸 좋아하지 않는다고 말하는 주된 이유 중 하나다. 개는 가축화되는 과정에서 큰 목소리를 내는 능력을 강화하는 쪽으로 선택됐을 가능성이 크다. 그래서 일반적으로 개는 야생에 사는 친척들에 비해 더 시끄럽다. 게다가, "트리treeing"─사냥꾼이

천둥 공포증을 가진 일부 개들은 다른 요란한 소음에도 겁을 집어먹지만, 다른 개들은 폭풍우에만 겁을 먹는다. 도시에 사는 많은 개가 불꽃놀이 소리를 들은 뒤로 소음 공포증에 시달린다.

총을 쏠 수 있도록 사냥감이 나무 위로 도망치게끔 모는 작업에 개를 활용하는 사냥방법―을 위한 이상적인 개를 창조하려는 브리딩 활동이 몇 차례 있었다. 그런 개들은 사냥감이 나무 위로 도망간 후에도 사냥감을 향해 짖는 걸 멈추지 않는 습관 때문에 선택됐다.

소음 공포증noise phobia

최근 들어, 개가 커다란 소음을 극도로 두려워하는 문제가 보편화됐다. 이런 문제를 가진 개는 심하게 헐떡거리고 짖어대면서 어둡고 친밀한 공간으로 몸을 숨기거나 도망치려고 앞뒤 가리지 않고 질주하려 애쓴다. 심지어는 그 과정에서 스스로 상처를 입기도 한다. 정상적인 많은 생명체가 뇌우가 심하게 몰아칠 때 안전한 곳을 찾으려 드는 것은 확실하다.

시끄러운 상황에 놓이면 불안해하고 도움을 받지 못하면 그런 상황을 감당할 능력이 없는 일부 개들은 매우 민감한 성향을 타고났다. 이 과정에서는 유전적인 배경도 한몫 할 수 있다. 그렇지만, 개가 가진 공포증은 아마도 견주의 잘못일 것이다. 강아지는 뇌우가 칠 때 겁에 질려 집으로 허겁지겁 뛰어 들어오는 사람들을 관찰하면서 사회적 학습의 일종으로 그런 공포증을 키우기 때문이다. 불꽃놀이에 대한 공포나 폭풍 공포증 같은 심각한 경우는 극단적인 소음을 듣고 가벼운 정도의 괴로움을 겪은 뒤로, 갑작스러운 소음에 공포를 느끼는 수준으로 악화됐다가 결국에는 공황상태에 이르게 된 사례일 것이다.

문제를 인지한 이후에 되도록 이른 시기에 개입하는 것이 그 문제가 악화되고 다른 상황으로 번지기 전에 문제의 악화를 막을 가능성이 가장 큰 대책이라는 걸 알아둘 필요가 있다.

식분증

반려견이 가진 못된 버릇 중에서 제일 역겨운 건 풀밭에서 명랑하게 배설물을 찾아다니는 것일 것이다. 식분증食糞症, coprophagia의 양태는 엄청나게 다양하지만, 개가 다른 개와 고양이, (인간을 비롯한) 다른 동물의 배설물을 먹는 건 흔한 일이다. 개가 배설물을 먹는 이유는 다양하다. 주된 이유는 그들이 동물의 시체를 먹는 동물이기 때문이다. 그들은 유용하다고 판단되는 건 무엇이건 먹으며 산다. 어미가 배설물을 먹는 건 정상적인 행동일 뿐 아니라 한배에서 태어난 새끼들을 청결하게 키우는 데 중요한 행동이다. 이게 인간의 감성에는 역겨운 짓이고 건강상의 문제를 초래할 가능성이 있다는 점을 고려하면, 어린 개가 그런 행동을 하는 걸 처음 목격했을 때 견주가 그런 짓을 하지 못하게 막는 것이 중요하다.

▲ 개를 기르는 데는 시간과 관심이 필요하다; 개는 오랫동안 홀로 남겨지는 걸 행복해하지 않는 활기찬 동물이다.

홀로 남겨진 개: 분리 불안

인간과 개를 비롯한, 사회를 이뤄 생활하는 많은 종이 애착의 대상과 헤어졌을 때 괴로워하는 반응을 보인다. 이건 갓난아기와 강아지 모두에게 지극히 정상적이면서 자연스러운 행동이다. 분리 불안separation anxiety은 실외에서 사는 개들 사이에서는 (비록 그런 개도 견주에게 헌신적이기는 하지만) 상대적으로 드문 현상이다. 이건 이 현상에 단순히 견주에게 지나치게 의존적인 차원을 넘어서는 뭔가 다른 요인이 있을 수 있다는 걸 암시한다. 분리 불안은 도시의 아파트에 거주하는 개들 사이에서 훨씬 더 흔하다.

분리 불안을 보이는 반려견은 아파트에 홀로 남겨졌을 때 풀이 죽거나 목소리를 높이거나 파괴적인 행동에 관여하는 게 전형적이다. 일부 견종과 일부 혈통은 다른 견종에 비해 분리 불안 경향을 더 잘 보인다. 이 증상에서 유전이 수행하는 역할은 극히 중요하다. 많은 전문가의 웹사이트에 게재된 조련 방법을 적용해서 쉽게 치유할 수 있는 분리 불안은 유전과 관련이 없는 가벼운 수준의 사례들뿐이기 때문이다.

견주에게 "과도한 애착hyperattachment"을 갖는 것이 분리 불안을 일으키는 주요한 기저 요인으로 추정돼 왔지만, 대부분의 연구 결과는 더 복잡한 설명을 지지한다. 예를 들어, 일부 개들은 6~7살 때 분리 불안이 생기는 반면, 다른 개들은 그런 성향을 타고난 듯 보인다.

개에게 생기는 분리와 관련된 장애들은 기저에 깔린 요인이 다양해 보이기 때문에, 각각의 개별 사례에 맞게 조정된, 약물과 행동 치유를 적절히 조합한 해법이 필요할 것이다. 다른 개를 들이는 것도 반려견의 지루함을 줄이는 데 도움이 될지 모르지만, 진정으로 심각한 분리 관련 사례들을 해결하는 데는 도움을 주지 못하는 게 보통이다. 가능할 경우, 단기적인 관리대책으로 도그시터dog sitter를 고용하거나 개를 탁견소나 이웃에 맡기고 가는 것도 문제를 줄이거나 해결할 수 있다.

비정상적인 공격성(레이지 신드롬)

대부분의 견주는 이 증상에 대해 들어봤고, 스패니얼의 팬들은 이 증상을 두려워한다. 다행히도, 이 증상에 시달리는 개는 매우 드물다─흔히 레이지 신드롬rage syndrome이라고 알려진 이 문제의 더 적절한 명칭은 "특발성 공격행동idiopathic aggression"이다. 원인이 알려져 있지 않은 이 질환은 개가 감정을 폭발시킬 때를 예측하는 것이 불가능하다는 게 특징이다. 반려견이 경고도 없이 공격적인 야수로 돌변해 가족 구성원을 심하게 무는 때가 언제인지 예측하는 건 불가능하다. 대부분의 다른 공격성 유형은 전문적인 조련을 통해 교정하고 줄일 수 있지만, 레이지 신드롬은 극도로 다루기 복잡한 문제로, 때로는 안락사만이 유일한 해법이다. 유전적 구성 탓인 것으로 추정된다. 코커스패니얼과 스프링어 스패니얼, 버니즈 마운틴 도그Bernese mountain dog, 라사 압소Lhasa apso를 비롯한 일부 견종이 이 문제를 보이는 경향이 더 큰 듯 보이기 때문이다.

▲▶ 레이지 신드롬은 코커스패니얼에게 생길 수 있다. 드물기는 하지만, 라사 압소와 버니즈 마운틴 도그 같은 견종에서 생기기도 한다.

근거 없는 믿음과 오해 🐾

수 세기 동안 떠돌아다닌 일부 근거 없는 믿음과 오해가 있는 한편, 오늘날의 "전문가들"이 지어낸 그릇된 정보들도 있다. 홍수처럼 밀려오는 정보들은 견주를 그릇된, 간혹은 위험천만한 방향으로 이끌고 갈 수 있다. 그런 도시 전설들 중에서 가장 짜증스러운 건 과학적인 근거가 있다고 주장하면서 틀린 정보를 전달하는 것들이다.

▲ 개는 고도로 사회화된 동물이다. 개는 (당신을 관찰해서) 사회적인 학습을 할 수 있고 (먹이나 장난감 수준에만 그치지 않는) 사회적 보상을 받을 수 있다.

견주는 알파가 될 필요가 없다

다행히도, 가축화된 종으로서 개는 인간 파트너에게 의존하도록 선택됐다. 그래서 그들은 가정에서 인간의 리더십을 자발적으로 받아들이도록 근본적이고 꾸준하며 다정한 조련을 받을 필요가 있다. 갈등상황에서 지배하려는 공격성을 보여줄지도 모르는 (일부 가축경비견과 랩도그를 비롯한) 일부 견종과 몇몇 개체가 있다. 그렇지만 이런 문제행동들을 바로잡으려면 더 복잡한 대책이 필요하고 견주가 세운 총체적인 전략도 그에 맞춰 수정해야 한다. 개가 원하는 모든 걸 힘겹게 얻어내야만 하는 "인생에 공짜는 없다!" 프로그램을 실행할 필요가 있다. 알파alpha 이론을 신봉하는 이들은 개가 보여주는 지배하려는 공격성에 대한 자신들의 믿음이 불가피하게 그 주장에 내재된 모순으로 이어진다는 것도 주목해야 한다: 우리의 개들이 하는 사회적 행동이 늑대의 그것과 무척 많이 닮았다면, 가정에서 기르는 개들의 대부분은 개 공원dog park에서 목줄을 풀어주기 무섭게 서로를 죽이려 들 것이다.

성견도 새로운 유대관계를 발전시킬 수 있다

애착을 형성하는 능력은 강아지 시절이던 생애 초기의 예민한 시기와 관련이 있는 게 보통이다. 그런데 최근의 연구 결과들은 나이를 먹은 서비스 도그와 보호소에 있는 개도 새로 만난 견주와 적절한 애착관계를 확립할 수 있다는 걸 밝혀냈다. 이런 발견이 가진 개의 복지와 관련된 측면은 극도로 중요하다. 견주는 생후 3개월 무렵에 강아지를 입양해야 한다는, 그렇지 않으면 성공적인 애착관계가 발달하지 못한다는 주장이 오랫동안 폭넓게 받아들여졌기 때문이다. 생애 초기에 인간과 어울리는 것이 이 능력에 영향을 줄 수 있지만, 지금 우리는 개별적인 유대관계를 개의 생애 내내 발전시킬 수 있다는 걸 알고 있다.

강아지 테스트가 반드시 미래를 예측하는 건 아니다

견주들과 브리더들은 강아지 테스트의 예측력을 받아들이지만, 단일한 테스트 항목이나 총제적인 테스트 항목들이 성견의 성격을 예견하는 잠재력을 갖고 있음을 보여주는 확고한 과학적 증거는 존재하지 않는다. 특정한 경우에 수행한 관찰들이 옳을 수도 있고 다른 사례에 응용할 수 있을지도 모르지만, 그 관찰들은 일관성이 없는데다 입증도 되지 않았기 때문에 개체가 가진 안정적인 특징들을 확실하게 보여주지는 못한다. 그래서 우리가 현재까지 아는 모든 지식은 우리에게 조심하라는 경고를 한다. 예를 들어, 보더 콜리 견종을 대상으로 수행한 강아지 테스트의 예측력을 다룬 연구들은 그런 행동 테스트의 예측력이 아주 떨어진다는 걸 밝혀냈다.

슈퍼도그 같은 건 존재하지 않는다

완벽을 향한 인간의 욕망은 이해할 만한 약점이다. 그렇지만 어떤 개가—사랑받는 영화의 일부 캐릭터들이 보여주는 것처럼—낯선 사람과 어린아이들에게는 순하고 믿음직한 모습을 보이는 동시에 효과적인 경비견 역할을 수행할 수는 없다. 텔레비전에 나오는 슈퍼히어로 개는 허구의 존재다: 경찰견으로 활동할 정도로 충분히 강건한 개는 가정에서 기르는 믿음직한 애완견이 될 수 없고, 거꾸로도 마찬가지일 것이다. 저먼 셰퍼드 도그처럼 가장 많은 용도로 활용되는 견종에 속한 개체들조차 시각장애인을 위한 안내견이나 군견으로 간단하게 조련할 수는 없다. 다양한 목적을 위해 진화해온 특정 견종의 내부에도 두드러지게 상이한 혈통들이 존재한다.

어떤 견종에 속한 개체들이라고 해서 반드시 유사한 행동 특성을 보이는 건 아니다. 저먼 셰퍼드의 선택적 브리딩은 군견이나 안내견으로 활용할 개를 위해 행해진다.

개에 대한 과학적 연구 🐾

지난 20년간 행동 연구의 대상으로서 개의 인기는 계속 높아져 왔다. 개가, 인간이 그러는 것처럼, 행동 실험에 쉽게 참여할 수 있기 때문이다. 연구자들은 실험실에서 동물을 기를 필요가 없다; 견주를 모집해서 기르는 개와 함께 실험에 참가해달라고 초대하는 것으로도 충분히 실험을 진행할 수 있다.

그렇지만 개의 행동과 인지에 대한 연구들이 늘어나는 이유가 유일하게 이것만 있는 건 아니다: 개와 인간은 동일한 자연환경을 공유한다. 그래서 연구자들은 동물행동학적 연구를 위한 이상적인 조건인 각자의 환경에 처한 동물들을 대단히 쉽게 관찰할 수 있다.

실험은 통제된 상태에서 하는 관찰이다

동물행동학자들의 목표는 동물들이 자연환경에서 하는 행동을 관찰하는 것이다. 그렇지만 동물들의 인지능력을 연구하기 위해 더 통제된 실험실 환경에서 그들을 테스트해볼 필요가 자주 생긴다. 이런 점에서, 개에 대한 연구는 두드러진 사례다: 인간의 가정에서 사는 개들 입장에서 자연적인 환경으로 간주되는 곳인, 인간이 거주하는 거실과 비슷해 보이는 개 연구자의 실험실에서 실험이 이뤄지기 때문이다. 테스트에는 놀이 분위기가 물씬 풍기는 상호작용 비슷한, 개와 견주 입장에서는 레크리에이션 활동이라고 간주할 수 있는 상황이 자주 등장한다.

행동 관찰

일반적으로 행동은 직접 관찰을 통해 평가된다. 동물행동학자의 주된 과업은 종들이 수행하는 행동에 대한 잘 정의된 서술description을 제공하는 것이다. 계층적으로 정리된 행동 단위behavioral unit들의 목록은 에소그램ethogram이라고 불린다. 이 행동 단위들의 빈도와 지속기간을

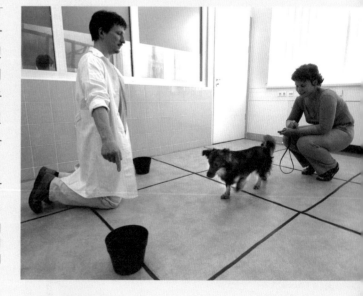

▶ 실험하는 동안 연구자가 가리키는 곳에서 먹이를 찾는 개. 개와 견주 입장에서 이런 테스트는, 그리고 이와 유사한 행동 테스트는 재미있는 활동이다.

관찰로 알아내는 게 실험 목적이다.

현재, 보편적으로 받아들여지는 개를 위한 에소그램은 없다. 구체적인 행동 단위를 서술한 게 보편적으로 활용되기는 한다. 예를 들어, 견주의 몸을 살피는 것을 하나의 행동 단위로 간주할 수 있다.

동영상 분석

개의 행동을 녹화하고, 행동 분석을 위해 제작된 전용 소프트웨어로 분석하는 게 보통이다. 인간 실험자가 수행하는 분석에는 주관적 해석이 개입될 여지가 크다. 더군다나, 행동 변수의 기록은 관찰자의 인지능력에 의존하는 행위로, 관찰자의 경험과 감정 상태가 영향을 줄 수 있다.

이런 실수를 저지를 가능성을 없애기 위해, 두 명 이상의 독립적인 관찰자들이 동일한 동영상을 보고 코딩을 한 다음에 그 코딩들을 보고 일치되는 점을 산출해낸다. 일치하는 수준이 높을 때에만 그 분석은 신뢰할 만한 것으로 간주된다.

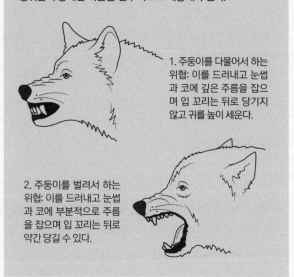

늑대의 행동 단위로서 서로 관련이 있는 표정들

에소그램은 체계적으로 정리된 행동 단위들의 목록이다. 에소그램을 만들려면, 다음에 보이는 두 표정의 사례처럼, 종들이 하는 행위들의 상세한 서술을 필수적으로 제공해야 한다.

1. 주둥이를 다물어서 하는 위협: 이를 드러내고 눈썹과 코에 깊은 주름을 잡으며 입 꼬리는 뒤로 당기지 않고 귀를 높이 세운다.

2. 주둥이를 벌려서 하는 위협: 이를 드러내고 눈썹과 코에 부분적으로 주름을 잡으며 입 꼬리는 뒤로 약간 당길 수 있다.

현재, 개와 관련해서 보편적으로 받아들여지는 에소그램은 없지만, 동물행동학자들은 늑대의 표정 같은 보편적으로 기술돼 온 특정한 행동 단위들에 의존한다.

블라인드 코딩

실험의 목적을 아는 관찰자들은 연구 결과에 기대를 품고 있을 수 있고, 그 결과 관찰한 행동을 판단할 때 편견을 가질 수 있다. 이런 실수를 피하기 위해, 연구의 목적이 무엇인지를 모르는, 또는 개가 어떤 대우를 받았는지를 알지 못하는 관찰자들이 코딩을 한다(블라인드 코딩blind coding).

행동의 자동 측정

새로운 기술의 발전은 행동을 기록하는 혁신적인 방법들로 이어졌다. 예를 들어, 동물의 행동을 방해하는 일이 없는 하니스나 목줄에 장치된 소형 센서들을 개의 몸에 부착할 수 있다. 이 장치들은 3차원 공간에서 개의 이동방향과 속도, 가속도를 자동으로 기록한다.

개의 미래

개는 적어도 1만 6,000~3만 2,000년간 우리 주위에 있었다. 인류의 역사 중 많은 부분 동안 이어져 온 이 관계는 시간이 흐르면서 더욱 끈끈해졌다. 그렇지만 인간 사회가 도시에 거주하는 현대적인 사회로 변화됨에 따라 인간의 라이프스타일은 급격하게 변해 왔고, 새로운 문화적 습관들이 생겨났으며, 신속하게 이뤄지는 글로벌 정보교환은 이런 변화를 더욱 용이하게 해줬다. 동시에, 현대 인류는 자연에서 더욱 더 멀어지고 있다. 아마도 개는 우리와 야생을 이어주는 마지막 연결고리일 것이다.

견주들의 변화하는 시각

산업화된 많은 사회에서 개를 향한 인간의 사랑이 줄어드는 것처럼 보이지는 않지만, 이 관계를 바라보는 우리의 관점은 여러 가지로 변하고 있다. 사람들은 실용적으로 변해가고 있고, 생활속도가 점점 빨라지면서 많은 이들이 훨씬 바빠지고 있다. 그러므로 견주가 되려는 사람은 개와 맺는 유대관계에 적은 투자를 하는 걸 선호한다. 어느 서베이에서 "이상적인 애완동물"에 대한 문항에 대답할 때, 오스트레일리아의 견주 대부분은 중성화된, 아이들과 뒤도 안전한, 대소변을 완벽히 가리는, 친근한, 순종적인, 건강한 개를 선호한다고 밝혔다. 이런 특성이 중요한 건 분명하지만, 사회화 과정에서 많은 사회적 투자를 하고 반려견을 조련하지 않는데도 이런 특성들이 저절로 찾아오는 건 아니다.

일부 견주에게는 개의 행복이 가장 중요하다. 따라서 이 개들은 가족 구성원으로 간주되고, 원하는 걸 대부분 할 수 있다.

개의 인간화

현대의 트렌드 중 하나가 개를 "자그마한 털북숭이 아기"로 간주하는 것이다. 개에게 옷을 입히고, 자동차나 유모차에 태워 돌아다니며, 헬스센터에 데려간다. 반려견과 인간의 갓난아기 사이에 기능적으로 비슷한 점이 많다는 연구 결과들이 입지를 확고히 굳히기는 했지만, 이게 개를 갓난아기와 동등하게 대우해야 옳다는 뜻은 아니다. 개를 갓난아기처럼 대우하는 걸 정당화할 수 있다 치더라도, 개는 인간의 자기완성을 꾸며주는 액세서리가 아니라 자신만의 권리를 가진 동물 종이라는 사실을 잊어서는 절대로 안 된다.

개를 덩치가 작은 인간으로 대해서는 안 된다. 개에게 옷을 입히는 경우의 대부분은 개에게 아무런 해도 입히지 않지만, 조롱거리가 된 일부 개들은 기분 나빠할지도 모른다.

개 소유 면허

개를 갓난아기 이상 가는 존재로 간주하는 견주가 많지만, 한편에서는 학대 받는 반려견이 많은 실태는 개 소유에 면허제를 적용해야 옳다는 주장으로 여론을 이끌어 왔다. 실제로, 이 아이디어는 스위스에서 법으로 제정됐다. 스위스에서 견주가 되려는 사람은 개를 입양하는 걸 허용받기 전에 인가받은 개 학교dog school에서 열리는 이론세미나와 실습세미나에 모두 참가해야 한다.

이런 새로운 트렌드는 개의 복지를 진정으로 향상시킬 수 있다. 지난 두 세대에서 세 세대까지에 속한 견주의 대부분은 자연과 접촉하는 기회를 잃었기 때문이다. 그래서 그들은 "동물"이 어떤 존재인지를, 그리고 동물을 어떻게 대해야 마땅한지를 배워야만 한다.

▼ 현대적인 테크놀로지에 심하게 정신을 파는 바람에 네 발 달린 동반자를 무시하는 견주들이 많다.

윤리적 주장의 오용

생물학을 전문적으로 배우지 않은 사람들은 비유를 기초로 하는 주장들의 한계를 이해하지 못한다. 돈을 벌려고 노동을 해야만 하는 처지를 행복해하지 않는 사람이 많다. 그래서 많은 이들이 개가 노동을 하게 만드는 건 적절한 일이 아니라고 생각한다. 인간이 노동이라고 인식하는 것이 동물 입장에서는 그렇게 행동하도록 진화돼 온 전형적인 활동이라는 걸 고려할 필요가 있다. 동물들과 개는 환경에서 자극을 받고 그에 대한 반응을 보이게끔 프로그래밍된 존재다. 자극을 지나치게 적거나 드물게 받은 개나 타고난 행동에 따라 행동하는 걸 허용 받지 못한 개체들에게는 이상 행동이나 정신적인 이상이 발생할 수도 있다.

더불어, 개에 대한 연구에서 얻은 일반적인 인상은 특정한 과업을 수행하도록 선택받은 견종에 속한 잘 조련된 개는 견주와 상호작용하는 걸 즐긴다는 것이다. 그들은 인간과 상호작용할 수 없다면 괴로워할 것이다. 그들에게 일은 중노동의 한 형태라기보다는 사회적인 관계에 참여하는 것에 더 가깝다. 그렇지만 그들이 그토록 헌신적인 동반자 노릇을 수행한 것에 대한 적절하고 긍정적인 사회적 피드백을 받는 것도, 그리고 휴식을 취하면서 재충전할 시간을 충분히 갖는 것도 중요하다.

스포츠는 개를 위한 것인가, 견주를 위한 것인가?

일부 견주들은 그들의 개가 스포츠에 참가하는 걸 좋아한다. 일부 경우에, 이 문제는 개의 건강과 안녕에 진정으로 큰 어려움을 안겨줄 수 있다. 그레이하운드와 썰매개 레이싱, 짐수레 끌기 weight pulling 같은 것이 이런 활동에 포함된다. 한때는 이런 활동들을 일부 견종이 하는 전형적인 활동으로 간주해 왔지만, 이런 레이스에 출전하기 위해서 하는 경쟁과 연습은 개들을 불필요한 불편함에 노출시키고 건강을 악화시켜 이른 사망에 이르게 할 수도 있다. 불행히도, 이 영역에 대한 연구는 현재까지는 거의 수행되지 않았다. 그런데 연구를 수행하더라도 부정적인 결과가

썰매개와 그레이하운드, 기타 견종이 벌이는 개 레이스는 몇 세기 동안 행해져 왔다. 하지만 수 킬로미터를 질주하는 것이 정말로 개에게 유익한 스포츠인지 여부는 의심스럽다.

나올 가능성이 무척 크다. 사회는 이런 경쟁적인 활동을 어디까지 허용해야 할지를 고심할 필요가 있다. 예를 들어, 현재 그레이하운드 레이스는 미국의 대다수 주와 많은 나라에서 불법이다.

동전의 다른 면은, 일반적인 경쟁이 여러 견종과 개들이 우수한 유전적 상태를 유지하게 해주는 방법을 제공할 수도 있다는 것이다. 브리딩이 가장 성공적인 개체들을 기초로 행해질 수 있기 때문이다. 그렇지만 그런 브리딩 결정은 극단적으로 뛰어난 신체적 수행능력이 아니라 문제 해결능력과 상호적인 행동을 바탕으로 내려져야 한다.

첨단기술에서 비롯된 경쟁

개는 우리의 동반자라는 특유한 지위를 즐기지만, 개와 비슷한 사회적 파트너를 가지려는 인간의 욕구는 현재 많은 상이한 방법으로 충족시킬 수 있다. 2000년대 초에, 일본의 미디어기업 소니Sony는 아이보(AIBO, 일본어로 "동반자/친구"라는 뜻)라는 이름의 작은 장난감 로봇을 시장에 내놓았다. 아이보는 개와 비슷한 행동을 폭넓게 보여줄 수 있었고 명령에 따라 간단한 활동들을 수행할 수 있었지만, 진짜 개의 경쟁자로는 결코 진지하게 받아들여지지는 않았고, 그 결과 몇 년 후에 시장에서 자취를 감췄다.

그런데 인간에게 새로 간택되는 동반자가 되려는 레이스에 더 심각한 도전자가 등장했다. 바로 휴대전화다. 사람들은 전화기를 붙들고 더욱 더 많은 시간을 보내고, 개들과 산책할 때도 습관적으로 그걸 사용한다. 기술이 발전함에 따라, 사람들이 자신에게 헌신하는 동반자와 진정한 사회적 관계를 맺으려는 노력을 그만둘 경우, 장기적으로 더 날렵한 다른 대안들이 개를 대체하는 상황이 벌어질 수도 있다.

첨단기술이 도움을 줄 수도 있다

최근에 부착 가능한 센서들이 발전하면서 개의 행동과 건강상태를 모니터하고 개의 행동에 일어난 변화들을 추적하거나, 심지어 일부 경우에는 견주들에게 경고를 보내면서 수의사들이 더 나은 진단을 하도록 지원하는 새로운 가능성이 생겨났다. 예를 들어, 개를 위해 특별히 설계된 센서는 개가 긁적거리는 행동을 감지할 수 있고, 개가 집에 혼자 있는 동안 알레르기 반응을 보일 경우 견주에게 그 사실을 알릴 수 있다. 이와 유사하게, 센서는 예상치 못한 간질 발작을 감지해서 견주에게 보고할 수 있다. 견주는 이 기술을 활용해 자신이 집을 비운 동안 개가 보이는 상태를 파악할 수 있다. 중요한 건, 기술이 견주를 대체해서는 결코 안 된다는 것이다. 기술은 그보다는 개-견주 관계를 돈독하게 해주는 촉매 구실을 해야 옳다.

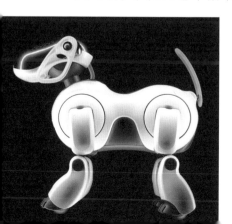

◀ 로봇 개 아이보는 아이들을 위한 장난감으로 제작됐다. 이 로봇은 개와 비슷한 행동을 많이 했지만, 동작이 매우 느렸고 감각능력도 제한돼 있었다.

제6장

견종 목록

현대의 견종은 어떻게 존재하나

견주라면 누구나 개를 사랑하지만, 그들 중 많은 이가 개들 중에서도 일부 개—순종견—를 훨씬 더 사랑한다. 일부 개 애호가 단체에서 잡종견(mixed-breed dog, mongrel이라고도 불린다)을 "버린 개outcast" 취급하는 건 확실하다. 그런데 그렇게 버린 개 취급 받는 개에게 푹 빠져 그런 개를 구조하는 일에 헌신하는 열성적인 개 애호가도 많다. 그런데 이런 개체들에게 쏟는 관심도 마찬가지로 중요하다. 근친교배가 대단히 심각한 문제가 될 경우, 오늘날의 잡종견들이 보유한 다양한 유전자 풀pool이 유전자 저장소 역할을 해줄 수 있기 때문이다.

잡종견(왼쪽)이건 순종견(프렌치 불도그, 아래)이건, 강아지의 매력 앞에서 저항할 수 있는 사람은 거의 없다.

애견가 클럽

애견가 클럽kennel club과 지역에서 활동하는 브리딩 단체들은 "순혈" 견종의 운명을 지키는 수호자들이다. 많은 나라에서, 대규모 연합단체들이 "순종견"의 브리딩을 위한 가이드라인과 규칙을 정하고 전파하는 책임을 떠맡고 있다. 그리고 이런 상황은 두드러진 근친교배로 이어진다. 이 단체들 중 다수가 캠페인 차원을 벗어난 경쟁적인 성격의 도그 쇼를 주최하는 방향으로 성장했다는 건 불행한 일이다. 심지어 오늘날에도 그런 단체들 대부분은 개의 육체적, 정신적 건강보다는 외모에 더 관심을 갖기 때문이다.

종과 잡종을 불문하고 개의 복지 수준을 높게 유지하기 위해 이런 실태에 개입할 필요가 있다고 인식하는 일부 애견가 클럽은 선행을 하고 있다. 애견가 클럽이 특정한 유전 질환을 감지할 목적으로 설계된 DNA 테스트의 발달을 후원하고, 브리더에게 추천하기에 적절한 개에 대한 신체와 행동 검사를 보증하며, 선택적 브리딩과 혈통에 대한 정확한 문서를 발급

▶ 잉글리시 불도그는 극단적인 선택을 당한 탓에 호흡을 하고 식사를 할 때 문제가 있는 두상을 갖게 됐다. 현재 일부 애견가 클럽은 이종교배를 통해 이 과정을 역행시키는 걸 목표로 삼고 있다.

하는 걸 권장할 경우, 그 클럽들은 개의 안녕에 어마어마한 도움을 줄 수 있다.

특정 견종 관련 입법

오랫동안 나라별로 상이한 법률들이 개 브리딩을 규제해 왔다. 가장 유명하고 논란의 소지가 됐던 건 특정 견종의 사육 그리고/또는 교배를 금지하는 브리딩 금지령breed ban이다. 대부분의 경우, 이런 규제는 개가 인명을 앗아가는 사건이 발생한 후에 시행되고, 정부당국은 그런 조치가 개에게 물리는 사고를 줄일 거라고 주장했다. 대부분의 나라에서, (핏불 테리어*pit bull terrier* 같은) "투견"과 (도고 아르헨티노*dogo Argentino* 같은) 대형 마스티프 견종은 사육이 금지돼 있다. 그런 견종의 개체들이 사람을 무는 사건에 관여됐을 가능성은 있지만, 이런 견종이 전체적으로 그런 사건들과 관련된 경우는 상대적으로 덜하다. 사람이 물리는 사건 중 다수는 훨씬 더 보편화된 견종에 의해 일어난다. 그래서 사육 금지령은 대체로 개에게 물리는 사고의 건수가 줄어드는 결과로 이어지지 않는다.

도고 아르헨티노는 타고난 힘과 사냥하고 경비를 서는 특성 때문에 작은 아파트에서 키우기에는 적합하지 않은 견종이다.

개 소유에 따르는 책임

이른바 "책임 있는 개 소유responsible dog ownership" 운동은 많은 이에게 개 중성화의 장점을 납득시켰다. 그 운동의 주된 주장은 세상에는 이미 개가 (특히 프리 레인징 도그가) 지나치게 많다는 것, 그리고 중성화를 하면 견주가 원치 않는 강아지의 출생을 예방할 수 있다는 거였다. 이 운동은 중성화가 특정한 질병들을 예방할 수도 있을 것임을 시사했다.

그렇지만 다음 세대의 강아지를 낳는 생식능력을 가진 개체군 안에 교배가 가능한 개체들이 충분한 규모로 존재하는 것도 마찬가지로 중요하다. 교배 가능한 개체군이 지나치게 작을 경우, 늘어나는 근친교배는 견종의 전반적인 퇴보와 특정 질환들의 출현으로 이어질 수 있다. 그러므로 브리딩 단체들과 브리더들, 견주들은 건강한 개들로 구성된 유전적으로 다양한 개체군의 존재를 보장하는 보편적인 전략을 개발해야 한다.

현대의 개 브리딩

현대의 개 브리딩은 19세기 후반에 애견가 클럽들이 설립되면서 시작됐다. 사냥개나 허딩 도그, 경비견 같은 주요 기능을 기초로 포괄적으로 분류된 견종의 집단은 각자의 역할과 행동의 미묘한 차이점들을 기초로 삼은 많은 하위집단들로 나뉘어졌다.

사냥개hunting dog

사냥개 품종의 주요 카테고리에는 건도그gundog와 테리어, 하운드가 포함되지만, 이 집단들조차 더욱 세분화할 수 있다. 건도그는 리트리버retriever로 분류할 수 있는데, 리트리버의 역할은 땅에 떨어진 새의 위치를 시각으로 찾아내 기억한 다음에 사냥꾼에게 가져가는 것이다; 플러싱 스패니얼flushing spaniel의 역할은, 포인터와는 반대로, 대부분이 새로 구성된 사냥감을 찾아내 하늘로 날아오르게 만들게 조련된다; 세터와 포인터 같은 포인팅 견종pointing breed은 코를 써서 사냥감을 찾아낸 후 숨어 있는 새에게로 슬금슬금 다가간다.

테리어와 하운드는 견주의 직접적인 명령을 받지 않고도 독자적으로 사냥을 하게끔 선택됐다. 테리어terrier는 주로 쥐와 토끼, 여우같은 작은 포식동물이나 야생동물을 지상에서 그리고 땅 밑에서 잡게끔 브리딩됐지만, 사람들의 손이 닿지 않는 터널이나 굴에 숨어있는 사냥감을 잡는 게 전형적이다. 하운드는 사냥감의 위치를 찾는 데 활용하는 주된 감각에 따라 두 유형으로 갈린다: 사이트 하운드(예를 들어, 그레이하운드)는 사냥감을 눈으로 감지한 후 추적해서 잡는다. 냄새의 흔적을 따라가는 (비글 같은) 센트 하운드는 사냥감이 남긴 냄새의 자취를 쫓아가는 데 활용된다.

셰퍼드 도그shepherd dog

셰퍼드 도그(또는 목축견pastoral)에는 가축을 치는 걸 돕도록 그리고/또는 가축을 보호하도록 개발된 작업견들이 포함된다. 허딩 도그는 소형에서 중형 크기의 견종으로, 활발하고 집중력이 좋

▶ 헝가리안 비즐라 같은 건도그는, 그들이 필요로 하는 시간과 에너지를 견주가 쏟을 수 있을 경우, 이상적인 반려견이다.

코카시안 셰퍼드 도그 같은 대형 가축경비견은 반려견이 되도록 브리딩되지 않았다; 그들은 타고난 성격 탓에 낯선 이를 신뢰하지 않으면서 세력권을 지키려는 반응을 보인다.

아 양치기와 밀접하게 접촉하면서 작업한다. 쉽도그(sheepdog, 보더 콜리, 켈피*kelpie*, 풀리*puli*)는 양떼를 치는 용도로 브리딩된 반면, 캐틀도그*cattle dog* 또는 힐러(heeler, 오스트레일리언 캐틀 도그 *Austrailian cattle dog*)는 소를 모는 목부나 소를 몰고 가는 사람들을 위해 개발됐다.

상이한 유형의 허딩 도그는 가축을 통제하기 위해 상이한 전략과 행동을 사용한다; 힐러와 일부 콘티넨털 쉽도그*Continental sheepdog*는 가축을 뒤에서 몰면서 목부로부터 먼 곳으로 이동시킨다. 보더 콜리는 무리의 옆을 따라가거나 선두에 서서 눈짓으로 (응시하는 것으로) 가축을 통제하는데, 이 눈짓과 그들이 전형적으로 보여주는 웅크린 자세는 포식동물이 전형적으로 보여주는 먹잇감에 슬금슬금 다가가는 행동과 닮았다.

포식동물과 도둑으로부터 가축을 보호하기 위해, 덩치 크고 힘 좋으며 자립적인 개들이 몇 세기 동안 유럽(예를 들어, 그레이트 피레네*Great Pyrenees*)과 아시아(곰과 늑대, 자칼 뿐 아니라 인간 침입자를 막아 가축을 보호하는 아크바쉬*Akbash*와 코카시안 셰퍼드 도그*Caucasian shepherd dog*)에서 브리딩되고 활용돼 왔다. 이 견종들은 안면이 있는 다른 개와 사람은 공격하지 않고 참아낸다. 쿠바스*kuvasz* 같은 일부 견종은 가축경비견과 주택경비견의 기능을 모두 수행할 수 있다.

이런 초대형 견종은 새끼 양과 새끼 염소들과 함께 있으면 대단히 순하게 행동한다. 그들은 (목부보다는) 그들이 지키는 가축과 유대관계를 맺은 듯 보이고, 때로는 다른 종에 속한 어린 동물을 양육하는 행동을 보여주기도 한다. 더 중요한 건, 그들이 포식동물이 하는 것과 비슷한 반응을 단계적으로 보여주는 것으로 가축을 통제하려 든다는 것이다—개는 포식동물에게 겁을 주려는 노력의 일환으로 짖는 것에서부터 활동을 시작한 다음에 공격 자세를 취하거나 돌격하는 행동으로 뒤를 이은 다음, 필요할 경우에는 마지막으로 공격에 나선다. 가축경비견은 가축을 장기간 보호하기 때문에 포식동물들은 그들의 행동에 익숙해지지 못한다.

잡종견과 이종교배

특정 견종에 속하지 않는 개들에게 적용되는 보편적으로 받아들여지는 범주화는 존재하지 않는다. 어떤 개에게 붙은 "잡종견mixed breed" 딱지는 보통은 그 개가 공인된 "순혈" 견종에 속하지 않는다는, 그리고 그 개의 혈통은 복잡하거나 알려지지 않았다는 뜻이다. "잡종견"이라는 용어가 사람들이 선호하는 꼬리표가 된 건, "mutt(잡종 개)"나 "mongrel(잡종견)"과 달리 부정적인 뉘앙스가 담기지 않은 단어이기 때문이다. 후자의 단어들은 많은 세대를 거슬러 올라가더라도 혈통이 확실치 않은 개를 가리킬 때 주로 사용된다. 이와는 대조적으로, 이종교배견crossbred dog은 공인된 견종들 사이에서 태어난 잡종으로 인간이 의도적으로 브리딩한 개들이다.

▲▼▶ 래브라두들(맨 위), 블랙 러시안 테리어(맞은편 위), 퍼글(위), 러처(오른쪽) 같은 디자이너 도그는 보통은 부모 개들이 가진 최상의 특징을 최적화하거나 새로운 유형의 개를 탄생시키려는 의도를 갖고 탄생시킨 이종교배종이다.

디자이너 도그designer dog

이 개들은 견종이 각기 다른 부모가 가진 최상의 특징들을 최적화하기 위해, 또는 다른 "디자이너" 제품들이 그러는 것처럼 자신들에게 드높은 사회적 지위를 제공할 것처럼 보이는 애완동물에 깊은 인상을 받은 사람들의 욕구를 충족시키기 위해 의도적으로 브리딩된 개들이다.

최초의 디자이너 도그에 속하는 래브라두들Labradoodle은 털갈이를 덜 하는 서비스 도그를 만들려고 래브라도와 푸들을 교배시켜 낳은 개다. 퍼글Puggle은 비글과 퍼그를 교배시켜 만든 개다—그렇게 해서 태어난 후손은 비글의 코와 주둥이를 갖는 게 보통으로, 그 때문에 호흡 관련 문제들을 없앨 수 있다. 그렇지만 퍼글이 납작한 코와 사냥 본능을 물려받는 것도 가능한 일이어서 이 견종의 호흡기관은 개가 필요로 하는 모든 운동을 감당하지는 못한다.

디자이너 도그의 역사는 20세기 후반에야 시작됐지만, 의도적인 브리딩은 그보다 훨씬 이른 시기에 세계의 특정 지역들에서 중요한 역할들을 수행했다. 러처lurcher는 사이트 하운드와 가장 보편적인 목축견이나 테리어를 교배시켜 낳은 후손이다. 이야기는 중세시대

에 잉글랜드와 스코틀랜드 정부가 평민이 사이트 하운드를 기르는 걸 금지시킨 것으로 거슬러 올라간다. 그래서 법적인 문제를 피하기 위해 러처가 교배됐다. 그렇지만 이 이종교배의 목표는 토끼를 밀렵하고 새를 사냥하는 데 적합한, 조련 가능성이 큰 더 빠른 사이트 하운드를 얻는 거였을 가능성이 훨씬 크다.

디자이너 도그(이종교배종)는 전통적인 견종 등록소breed registry의 인정을 받지 못한다. 그런데 그런 개들이 일정 기간 함께 브리딩되고 그들의 브리딩이 기록으로 잘 남을 경우, 그 개들의 생김새가 균일하다면 결국 하나의 견종으로 간주될 수 있을 것이다. 예를 들어, 1940년대와 1950년대에 블랙 러시안 테리어black Russian terrier를 개발할 때 에어데일테리어Airedale terrier와 자이언트 슈나우저, 로트와일러를 비롯한 대여섯 가지 견종이 활용됐다. 이 견종은 1983년에 세계애견연맹Fédération Cynologique Internationale의 인정을, 2004년에 미국애견협회American Kennel Club의 인정을 받았다.

DNA 테스트는 잡종견에 대해 무슨 말을 할 수 있나?

DNA 테스트는 테스트를 시행하는 기관마다 다양하다. 그래서 상이한 개 개체군들을 상대로 테스트의 타당성을 입증할 필요가 있다. DNA 테스트는 수백 가지 견종을 대표하는 표지marker들로 구성된 데이터베이스를 놓고 어떤 개체의 유전적 표지들을 대조하는 것이다. 컴퓨터 프로그램이 개연성이 있는 "혈통"을 산출한다. 시간이 흐르면서 데이터베이스가 계속 확장됨에 따라 이 테스트들의 신뢰성은 더욱 더 높아졌지만, 견종들 사이의 밀접한 관계 때문에 우연히 발생한 결과물이 많았을 경우도 가능하다. 그러므로 어떤 테스트 결과건 하나의 가능성으로 간주해야지 절대적인 진실로 간주해서는 안 된다. 모든 잡종견이 순종견들의 후손인 건 아니기 때문이다.

셰프스키shepsky는 저먼 셰퍼드 도그와 시베리안 허스키 사이에서 태어난 이종교배종이다.

전 세계적인 잡종견 대 순종견의 비율

쉽게 입수할 수 있는 표본들을 바탕으로 한 과학적 데이터베이스에서, 잡종견(혈통이 알려져 있지 않고 공인된 견종에 속하지 않는 개들)은 인간의 가정에서 거주하는 개들 중 대략 3분의 1을 차지한다. 그렇지만 이 비율은 현실을 대변하지 않는다. 대신, 순종견을 기르는 견주들이 행동 테스트에 더 자주 참여하고 설문지 문항을 더 빈번하게 채운다는 걸 시사한

▲ 소형 그레이하운드와 무척 많이 닮은 휘핏 잡종은 항상 달릴 준비가 돼 있다.

다. 더 정확한 추정치에 따르면, 산업화된 나라들에서 그런 개들의 상대적인 비율은 영국과 독일의 약 30퍼센트에서 미국과 오스트레일리아의 50퍼센트까지 다양하다.

산업화된 나라들에서 하는 방식대로 개를 소유하는 일이 드문 다른 문화에서, 대부분의 개는 혈통을 알 수 없는 프리 레인징 도그다. 그래서 세계 전역의 거리를 떠돌며 사는 떠돌이 개나 파리아 도그가 대부분인 잡종견이 지구상에 있는 개의 대부분을 대표한다.

가정에서 사는 잡종견

▼ 체코슬로바키아 울프도그는 저먼 셰퍼드 도그와 카르파티아 늑대Carpathian wolf의 잡종이다.

반려견 표본 6,000마리를 대상으로 최근에 행해진 연구는 잡종견과 순종견의 체계적인 차이점을 여러 개 알아냈다. 표본에 들어 있는 잡종견들은 나이가 더 많다는 게 발견됐다. 잡종견 중에는 순종견에서보다 암컷이 더 많았고, 중성화 수술을 더 많이 받은 것 같았다. 견주들은 개들을 더 많은 나이에 입양했고, 개들은 조련을 덜 받았으며, 실내에서만 길러질 가능성이 더 컸다. 그리고 단독으로 길러지는 경우가 순종견이 그렇게 되는 경우보다 많았다. 여성들이 남성들보다 잡종견을 많이 키웠고, 견주들은 더 젊었으며, 교육수준이 낮았고, 과거에 개를 키워본 경험이 순종견의 견주들보다 적었다.

이종교배종과 잡종견, 순종견 사이의 차이점

데이터는 잡종견과 이종교배종이, 평균적으로, 순종견에 비해 건강상의 이점들을 갖고 있다는 걸 보여준다. 근친교배를 덜 했기 때문일 것이다. 그들은 유전적 변이 비율이 훨씬 높기 때문에 유전 질환을 물려받을 가능성이 적고 훨씬 더 장수할 것 같다(잡종 강세 덕이다—맞은편을 보라).

행동 연구들은 잡종견과 순종견 사이의 차이점을 알아냈다. 잡종견은 일반적으로 더 반항적이고 더 초조해하며 더 흥분을 잘하고 더 두려움에 떠는 것으로 보고됐다. 과도하게 짖는 것도 이 경우에 더 빈번했다. 그들은 친숙하지 않은 사람들을 향해 순종견보다 더 공격성을 보이고, 자신들을 만지는 것에 더 민감하며, (소음 공포증 같은) 문제행동이 생기는 위험성도 높다고 보고됐다. 대부분의 차이점은 잡종견이 어린 나이에 최적화된 사회화를 경험하는 빈도가 떨어지고 유전적 구성 역시 다르다는 점 때문에 생긴다고 가정할 수 있다.

현시대의 잡종견들 중에서 유전적인 이력이 알려져 있지 않은 개체의 대부분은 그들을 더 독립적이고 당당하며 더 초조한/경계심 많은 종으로 만드는 독립적인 생존능력을 위해 지속적으로 선택받아 온 개체군에서 비롯됐을 것이다. 이와는 대조적으로, 일반적으로 개 브리더들은 우호적인 (더 차분한) 행동 특성에 초점을 맞추면서 인간의 훌륭한 동반자가 될 개를 선택적으로 브리딩했다. 선택압력에서 차이가 남에도, 많은 잡종견 개체들이 이상적인 반려견이 됐고, 잡종견과 순종견이 보여주는 차이의 정도는 그리 크지 않다.

잡종 강세Hybrid Vigor

잡종 강세는 헤테로시스heterosis나 이계교배에 따른 품종향상enhancement of outbreeding이라고도 알려져 있다. 상이한 두 견종에게서 (또는 어느 견종 내부의 두 혈통 사이에서) 교배돼 태어난 1세대는 건강과 생물학적인 기능에 전반적으로 긍정적인 효과를 가진 잡종을 낳는 게 보통이다. 이런 개체들이 병원체를 비롯한 환경이 안겨주는 어려움들에 더 잘 견디게 해주는 유전적 변이(이형 접합성heterozygosity)을 물려받을 가능성이 더 크다는 게 이 현상에 대한 설명이다.

이형 접합성은 다른 경우에도 유리한 것 같다. 근육 구성에 영향을 주는, 돌연변이가 된 유전자의 사본을 하나만 가진 휘핏은 근육이 더 잘 발달하고, 레이스에 참여하는 개들 중에서 가장 빠르다. 그렇지만 동일한 돌연변이(동형 접합성homozygosity) 사본을 두 개 가진 휘핏은 근육이 지나치게 발달하는 바람에 움직임이 무척 느리다.

▲▶ 폼스키(pomsky, 위)와 코카푸(오른쪽) 같은 이종교배종 강아지가 성견이 됐을 때 외모와 성격이 어떨지를 예측하는 건 어렵다. 개는 부모 양쪽이나 한쪽의 특징을 갖게 될 것이다.

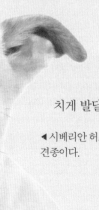

◀시베리안 허스키와 복서의 잡종인 보스키bosky는 많은 운동과 조련이 필요한 견종이다.

프렌치 불도그 *French Bulldog*

체고
10~14인치/24~35센티미터
원래 기능 반려견
운동 보통; 몇 번의 짧은 산책
건강 관련 이슈 많다; 일사병,
고관절 이형성증, 호흡곤란증
후군, 알레르기, 슬개골 탈구에
시달리기 쉬움.

애착 높다
조련 가능성 보통
필요한 보살핌 보통; 피부(주름)에 신경 써야 함
애완동물과 함께 좋다
아이와 함께 좋다/아주 좋다
보호성 낮다
초보 견주에게 좋다

원산지 프랑스

프로필 프렌치 불도그는 이름과는 달리 19세기에 영국에서 생겨났다. 당시에는 불도그의 토이 버전toy version으로 교배됐다. "프렌치 Frenchie"는 독특한 매력―박쥐 같은 큰 귀, 납작한 코, 표현력이 풍부한 눈―덕에 유럽과 미국에서 가장 인기 좋은 애완동물 중 하나가 됐다. 이 작은 불도그는 덩치는 작지만 체구가 탄탄하고 튼튼하며 몸은 힘이 넘치는 근육질이다. 짧은 털은 브린들, 그리고 흰색 반점이 있거나 없는 엷은 폰fawn이다. 불행히도, 극도로 납작한 코와 비정상적인 신체 비율은 건강 관련 이슈를 몇 가지 낳는다.

행동과 양육 프렌치 불도그는 사랑스러운 반려견으로 놀라울 정도로 영리할 수 있지만, 고집을 부리는 경향도 있다. 뚱한 표정과는 대조적으로, 본성이 순하고 아이들을 비롯한 모든 이들과 잘 어울린다. 일부 개체들은 강한 소유욕을 보일 수 있지만, 공격성을 보이는 경우는 드물다. 어릴 때는 상당히 잘 놀지만, 나중에는 게을러지는 편이다. 그렇더라도 몸매를 유지하고 체중문제를 예방하기 위해 정기적으로 운동을 시킬 필요가 있다. 프렌치 불도그는 코를 심하게 곤다.

잭 러셀 테리어 *Jack Russell terrier*

체고
10~12인치/25~30센티미터
원래 기능 어스도그(earth dog,
땅을 잘 파거나 여우굴에 들어가는
개—옮긴이)
운동 많이 시켜야 한다; 긴 산
책, 스포츠, 과제 수행
건강 관련 이슈 거의 없다; 안과
관련 질환

애착 보통
조련 가능성 높다
필요한 보살핌 낮다; 가끔씩
손으로 겉털 뽑아주기(hand-
stripping
애완동물과 함께 괜찮다
아이와 함께 좋다
보호성 낮다/보통
초보 견주에게 추천하지않는다

원산지 영국

프로필 잭 러셀 테리어라는 이름은 이 견종의 창시자인, 1800년대 초에 활동한 영국의 교구목사 존(잭) 러셀의 이름을 딴 것이다. 이 소형 테리어는 야생동물 사냥을 위해 교배됐다. 기질과 능력을 바탕으로 선택된 이 견종은 특정 유형을 일관되게 보여주기보다는, 몸집과 외모, 유형이 상당히 다양하다. 털가죽 유형은 다음의 3가지인데, 모두 비바람을 잘 견딘다: 스무스smooth, 브로큰broken, 러프rough. 색상은 순백색이거나, 흰색 바탕에 검정이나 황갈색, 갈색 무늬가 있는 것이다.

행동과 양육 현대의 잭 러셀은 정신만큼이나 몸도 많이 쓸 필요가 있는 작고 민첩하며 활동적인 개다. 아주 영리하고 지칠 줄 모르며 작업이나 스포츠를 위해 조련할 수 있는 파트너이지만, 세상사람 모두에게 적합한 애완견은 아니다. 이 견종은 견주가 조련에 시간과 에너지를 쏟을 의향이 있는 경우에만 시끌벅적한 대가족을 감당하면서 아파트생활에 잘 적응할 수 있다. 적절하게 사회화시키지 않은 잭 러셀은 친숙하지 않은 개를 만나면 사나워질 수 있다. 날마다 운동을 시켜주지 않으면, 호기심이 가득하고 엄청나게 에너지가 넘치는 이 개는 과도하게 짖거나 낙담에 빠져 파괴적인 행동을 할 수도 있다.

닥스훈트 *Dachshund*

체고
(스탠더드) 8~9인치/
20~23센티미터
원래 기능 어스 도그
운동 보통; 몇 번의 짧은 산책
건강 관련 이슈 약간: 마비, 각
막염, 귀 감염

애착 높다
조련 가능성 보통
필요한 보살핌 보통; 정기적인
귀 청소, 필요할 경우 발톱 손질
애완동물과 함께 괜찮다/좋다
아이와 함께 괜찮다/좋다
보호성 낮다/보통
초보 견주에게 좋다

원산지 독일

프로필 다리가 짧고 몸통이 긴 하운드 유형의 이 견종은 원래 오소리
와 굴을 파는 포유동물을 사냥하려고 만든 것이다(독일어 닥스Dachs는 "오
소리"란 뜻이다). 닥스훈트는 세 가지 사이즈로 교배된다: 가슴치수와 체중
을 바탕으로 스탠더드, 미니어처, 래빗(rabbit, 카닌헨kaninchen). (미국에서
는 체중을 바탕으로 미니어처나 스탠더드로 구분한다.) 털가죽은 세 가지 변종이
있다: 부드러운/짧은 털(오리지널 유형), (테리어와 교배해서 탄생한) 뻣뻣한 털,
그리고 (스패니얼과 교배해서 탄생한) 긴 털.

행동과 양육 닥스훈트는 자립적인 본성과 장난기 넘치는 기질을 가진
영리한 개다. 대소변을 가리도록 길들이는 게 가끔은 쉽지 않지만, 끈기
있고 일관되게 조련하면 도움이 될 것이다. 짖는 걸 좋아하는 이 견종은
실제 몸집보다 더 크게 들리는 놀라울 정도로 그윽한 목소리를 자주 낸
다. 한 사람하고 끈끈한 유대관계를 맺는 편으로, 견주가 다른 곳에 관심
을 보이면 질투할 수도 있다.

미니어처슈나우저 *Miniature schnauzer*

체고
12~14인치/30~35센티미터
원래 기능 쥐 잡는 개ratter
운동 많이 시켜야 한다; 긴 산
책, 스포츠, 과제 수행
건강 관련 이슈 약간: 알레르기,
방광결석, 간질, 당뇨병, 췌장염

애착 높다
조련 가능성 보통/높다
필요한 보살핌 낮다/보통; 1년
에 2-3회 발톱 손질/ 손으로
겉털 뽑기
애완동물과 함께 괜찮다/좋다
아이와 함께 괜찮다
보호성 보통
초보 견주에게 괜찮다

원산지 독일

프로필 테리어와 비슷한 이 소형 견종은 몇 세기 동안 독일의 농장에서 쥐 잡는 개로 활용돼 왔다. 훨씬 덩치가 큰 스탠더드 슈나우저의 후손으로, 몇 종의 소형 견종이 결국에는 아주 작은 견종이 됐다. 뻣뻣한 더블 코트의 색상으로는 순검정색, 희끗희끗한 색(회색), 검정과 은빛이 섞인 색, 순백색이 있다. 유럽의 법률에 따르면, 귀와 꼬리를 자르면 안 된다. 정기적으로 털을 뽑아주면 털갈이를 하지 않는다.

행동과 양육 미니어처슈나우저는 영리하고 조련 가능성이 높으며, 민첩성 측면에서도 최고 수준에 속한다. 그렇지만 자립적인 속성 때문에 고집을 심하게 부릴 수도 있다. 그래서 견주는 이 견종의 개에게 자신이 하는 말이 진심에서 우러나서 하는 말이라는 걸 보여줘야 한다. 예민한 경비견이지만 싸움꾼은 아니다. 초기에 적절하게 사회화시키고 스포츠 활동에 참가하게 해주면 다양한 재주를 가진 개로 성장할 수 있다. 운동을 충분히 시켜주지 않으면, 고양이를 쫓아다니거나 과도하게 짖거나 정원에 구멍을 파는 경향이 있다.

치와와 *Chihuahua*

체고
6~9인치/15~23센티미터
원래 기능 불명
운동 보통; 몇 번의 짧은 산책
건강 관련 이슈 약간: 슬개골 탈구, 탈모, 치아 문제가 자주 생김

애착 높다
조련 가능성 보통/높다
필요한 보살핌 낮다/보통; 매주 빗질과 발톱 손질
애완동물과 함께 괜찮다/좋다
아이와 함께 괜찮다
보호성 보통
초보 견주에게 괜찮다

원산지 멕시코

프로필 고대 멕시코에 살던 견종의 후손이라는 말이 있지만, 정확한 기원은 밝혀지지 않은 채로 남아 있다. 세계에서 가장 작은 견종인 이 개는 "포켓 펫pocket pet"으로서 도시생활에 특히 잘 어울린다. 제일 두드러진 특징은 주둥이가 뾰족한 사과 모양의 두상, 크고 표현력이 풍부한 눈, 박쥐의 귀처럼 생긴 꼿꼿한 귀다. 부드럽고 긴 털가죽이 보편적이고, 어떤 색상이든 띨 수 있지만, 황갈색이나 적갈색, 검정 바탕에 갈색 얼룩, 파란색, 트라이컬러가 전형적이다. 따뜻하게 지내는 걸 좋아하지만, 추울 때만이 아니라—다른 많은 초소형 견종들처럼—흥분하거나 초조할 때도 몸을 떤다.

행동과 양육 이론적으로 말하면, 이 견종은 경계심이 강하고 대담하며 고도로 영리한 소형견이다. 그런데 낯선 사람이나 아이들을 향해서는 부끄러움이 많고 까칠하며 퉁명스러운 치와와가 많다. 더군다나 치와와는 덩치 큰 개들을 상대로 공격적인 태도를 취하거나 두려움 때문에 상대를 물어 부상을 자초할 수도 있다. 과도하게 짖는 것도 전형적인 문제 행동이다. 치와와를 조련하려면 끈기 있고 일관성 있는 조련사가 필요하다.

요크셔테리어 *Yorkshire terrier*

체고
6~9인치/15~23센티미터
원래 기능 쥐 잡는 개
운동 보통; 몇 번의 짧은 산책,
과제 수행
건강 관련 이슈 약간; 각막
염, 슬개골 탈구, 안과 질환, 치
아 문제

애착 높다
조련 가능성 보통/높다
필요한 보살핌 보통
애완동물과 함께 좋다
아이와 함께 좋다
보호성 보통
초보 견주에게 좋다

원산지 영국

프로필 원래 잉글랜드에서 개발된 요크셔테리어는 광부들에 의해 쥐를 잘 잡는 개로 활용됐다. 나중에 이 견종이 매력적인 반려견이라는 걸 발견한 개 애호가들은 데리고 다니기 쉬운 예쁜 애완동물로 만들려고 덩치를 줄이는 쪽으로 교배해 왔다. 몸집이 예전에 상대하던 숙적보다 약간 더 큰 현대의 요크셔는 일부 개체가 테리어의 용맹성과 투지를 그대로 보유하고는 있지만, 테리어의 특성을 그리 많이 갖고 있지는 않다. 반려견이라는 경력 덕에, 금속성의 파란색과 금빛이 감도는 풍성한 황갈색의 아름답고 길고 곧은 비단결 같은 털을 갖게 됐다. 요키Yorkie는 다른 테리어들에 비해 심하게 연약하다; 초대형 견종과 평온하게 놀던 중에도 심각한 부상을 당할 수 있다.

행동과 양육 이상적인 요키는 견주에게 지극히 헌신하는 쾌활하고 장난기 넘치는 반려견이다. 경계심이 강하고 환경에 잘 반응하며, 가족에 대한 애정이 넘치지만, 낯선 이는 냉담하게 대하는 편이다. 조련 가능성이 높지만, 반드시 어렸을 때 사회화하고 조련해야 한다. 폭넓은 사회화를 시키지 않았거나 유전적인 성향을 물려받은 요키는 산만하거나 불안해하거나 사납게 짖어댈 수 있다.

시추 *Shih tzu*

체고
11인치/27센티미터 이하
원래 기능 반려견
운동 보통; 긴 산책
건강 관련 이슈 약간; 알레르
기, 안과 질환, 열사병

애착 높다
조련 가능성 보통
필요한 보살핌 보통/높다; 정
기적인 빗질, 눈과 귀, 주름 관리
애완동물과 함께 아주 좋다
아이와 함께 아주 좋다
보호성 낮다
초보 견주에게 아주 좋다

원산지 티베트

프로필 중국과 티베트에 살던 "작은 사자little lion"개의 후손으로, 라사 압소의 가까운 친척이다. 동양의 다른 소형견들과 유사한 점이 일부 있지만, 이 견종의 두드러진 특징은 국화菊花 비슷한 얼굴이다. 길고 부드러우며 풍성한 털의 색상은 다양한데, 대체로 순검정색, 검정과 흰색, 회색과 흰색, 또는 빨강과 흰색이 섞인 색이다. 대단히 화려하고 화사한 꼬리의 하얀 끝부분과 이마에 있는 흰색 광채가 대단히 매력적이다. 납작한 코 때문에 숨을 쉴 때 쌕쌕거리고 잘 때는 코를 고는 경향이 있다.

행동과 양육 생김새만 작은 사자와 닮았을 뿐이다―성격은 매력적이고 순하다. 작은 아파트에서도 매우 잘 처신하고, 유순한 성격 덕에 개를 처음 기르는 견주나 아이들에게도 좋은 반려견이 된다(그러나 걸음마를 배우는 아이에게는 그렇지 않다). 랩도그로, 차분한 산책을 정기적으로 하면 행복해하고, 지나치게 많은 활동이 필요하지는 않다. 일부는 강한 경계심을 드러낼 수 있어서 좋은 경비견이 될 수 있다; 낯선 이를 보면 물지는 않고, 속내를 드러내지 않은 채로 상대가 다가오는 걸 기다리며 지켜보는 태도를 취한다.

퍼그 _Pug_

체고
10~14인치/25~35센티미터
원래 기능 반려견
운동 적게 시켜도 된다; 몇 번
의 짧은 산책
건강 관련 이슈 많다; 슬개골
탈구, 뇌염, 간질, 신경변성, 알
레르기, 눈 부상을 잘 당함

애착 높다
조련 가능성 보통
필요한 보살핌 보통; 정기적으
로 눈과 주름 닦아주기
애완동물과 함께 아주 좋다
아이와 함께 아주 좋다
보호성 낮다
초보 견주에게 아주 좋다

원산지 중국

프로필 중국에서 유래한, 황제의 랩도그였던 퍼그의 역사는 유구하고 흥미진진하다. 이 건장하고 다부진 개는 크고 진한 눈과 납작하고 둥근 얼굴 주위에 진 깊은 주름이라는 두드러진 특징으로 알려져 있다. 털 가죽의 색상은 은색, 살구색, 엷은 황갈색, 또는 검정색이다. 쑥 튀어나온 아래턱이 특징으로, 이 특유의 특성 때문에 극단적인 날씨를 견디지 못한다. 불행히도, 건강한 견종에 속하지는 않는다. 그래서 평판이 좋은 브리더를 찾아내는 것이 유전 질환을 피하는 비결이다.

행동과 양육 이 자그마한 광대들은 많은 운동을 필요로 하지는 않지만, 건강을 유지시키려면 산책을 날마다 여러 번 할 필요가 있다. 전형적인 게으름뱅이이자 식탐이 많다. 그래서 비만해지는 경향이 있다. 장난기가 넘치고 애정이 풍부하며 말썽꾸러기이지만, 게으르고 고집을 부릴 수도 있다. 그래서 이 견종을 조련하는 건 어려운 일이다. 조용하고 태평한 본성 덕에 경험이 없는 견주들에게 이상적인 견종이다.

스태포드셔 불테리어 *Staffordshire bull terrier*

체고
14~16인치/35.5~40.5센티미터
원래 기능 투견/테리어
운동 보통/많이 시켜야 한다; 긴 산책, 과제 수행
건강 관련 이슈 약간; 비만세포종, 백내장, 고관절 이형성증, 간질, 일사병

애착 높다
조련 가능성 보통/높다
필요한 보살핌 낮다
애완동물과 함께 좋다
아이와 함께 좋다/아주 좋다
보호성 낮다/보통
초보 견주에게 좋다

원산지 영국

프로필 불 베이팅을 위해, 나중에는 투견을 위해 교배된 개들의 후손인 스태포드셔 불테리어는 아메리칸 스태포드셔 테리어의 가까운 친척이다. 체구는 작지만 근육질인 이 견종은 균형이 잘 잡혀 있고, 작은 몸집치고는 힘이 상당히 좋다. 일반적인 외모는 힘을 발산하면서 금방이라도 행동에 나서려는 결단력을 가졌다는 인상을 준다. 몸이 탄탄함에도, 음식 섭취에 세심하게 신경을 쓰지 않으면 급속히 비만해질 수 있다. 털가죽의 색깔은 빨간색, 엷은 황갈색, 흰색, 검정색, 파란색, 또는 흰색 바탕에 이 색상들 중 하나가 섞인 얼룩이다.

행동과 양육 "스태프불staffbull"은 자신감이 넘치고 온순할 뿐 아니라 견주를 기쁘게 해주려는 의욕과 주의력이 강하다. 이 견종을 잘 모르는 사람은 에너지 넘치는 이 견종에게 정말로 부드러운 면모가 있다는 걸 알고는 깜짝 놀랄 것이다. 영리하고 애정이 넘치며 믿음직한 스태프불은 터프함과 놀기 좋아하는 성품이 결합된 것으로 유명하다. 잠시도 가만히 못 있는 성격 때문에 확고하고 일관적이며 다정한 조련사가 필요하다. 이 견종의 개체가 평판 좋은 브리더에게서 온순한 혈통을 갖고 태어나 적절하게 사회화됐다면, 다른 개와 애완동물에게도 믿음직한 개가 될 것이다.

카발리에 킹 찰스 스패니얼 *Cavalier King Charles spaniel*

체고
12~13인치/30~33센티미터
원래 기능 반려견
운동 보통; 몇 번의 짧은 산책
건강 관련 이슈 약간; 상기도
증후군, 슬개골 탈구, 안검내반
증, 망막 이형성

애착 높보통/높다
조련 가능성 보통
필요한 보살핌 보통; 매주 빗질,
귀 감염 여부 확인, 발톱 손질
애완동물과 함께 아주 좋다
아이와 함께 아주 좋다
보호성 낮다
초보 견주에게 아주 좋다

원산지 영국

프로필 이름과는 달리, 이 소형 견종은 스패니얼로서 사냥을 한 적이 결코 없다. 순전히 반려견 역할을 위해, 특히 왕족의 어린이들을 위해 교배된 호사스러운 랩도그였다. 털로 덮인 긴 귀와 부드럽고 종종은 물결 모양인 털, 루비색과 검정과 황갈색의 색상뿐 아니라 트라이컬러와 블렌하임Blenheim색이 이 견종의 특징이다. 가장 인기 좋은 견종에 속하는 것 외에도, 사람들이 개에게서 구하려고 드는 가장 보편적으로 사랑 받는 특징들—충성심, 표현력이 풍부한 눈, 아이 같은 얼굴, 주의력, 견주를 기쁘게 해주려는 욕망, 느긋한 본성—도 갖고 있다.

행동과 양육 아파트에서 행복하게 살 수 있지만, 실외와 실내에서 하는 모든 활동에 참여하고 싶어 한다. 애원하는 듯한 눈빛과 조심스러운 표현력을 가진 카발리에는 대다수 견주의 마음을 쉽게 쥐락펴락할 수 있는데, 이건 문제점이기도 하다. 쉽게 뚱뚱해지기 때문이다. 조련을 위해서는 온순한 조련사가 필요하다. 성격이 예민해서 가혹하게 대했다가는 상처를 입기 때문이다. 이 견종에서 가장 흔한 문제는 분리 불안이다. 그래서 장기간 홀로 놔둬서는 안 된다.

불도그 *Bulldog*

체고
12~15인치/30~38센티미터
원래 기능 불 베이팅/투견
운동 적다; 몇 번의 짧은 산책
건강 관련 이슈 많다; 호흡곤란
증후군, 안과 질환, 청각장애,
암, 고관절 이형성증, 열사병

애착 높다
조련 가능성 낮다/보통
필요한 보살핌 많다; 눈과 주
름 관리
애완동물과 함께 아주 좋다
아이와 함께 아주 좋다
보호성 낮다
초보 견주에게 아주 좋다

프로필 이 몰로소이드molossoid 견종은 원래는 불 베이팅에 활용된 후, 투견장에서 다른 개들과 싸운 끝에 결국 쭈글쭈글한 주름과 아이 같은 얼굴이라는 독특한 특징을 가진 우스꽝스러운 생김새의 애완동물로 진화했다. 키가 상당히 작지만, 몸의 폭이 어울리지 않게 넓고 힘이 좋으며 옹골차다. 머리는 상대적으로 크고 동글동글하다. 털가죽 색깔은 다양한데, 얼굴에 검정색이나 흰색, 얼룩무늬가 있거나 없는 빨간색조의 알록달록한 색이다. 이 견종과 관련이 있는 많은 잠재적인 건강 관련 이슈를 고려하면, 극단적인 걸 꺼리면서 유전 질환에 걸리지 않도록 종축(種畜, breeding stock, 견종의 개량 증식을 위해 이용되는 개체─옮긴이)을 테스트하는 평판 좋은 브리더를 찾아내는 게 절대적으로 필요하다.

행동과 양육 사나운 투견으로 지내던 시절이 남겨놓은 유물인, 충직하고 애정이 넘치며 신뢰할 수 있는 반려견이다. 일부 개체는 경계심이 많은 경비견이 될 수도 있지만, 사납거나 공격적인 모습은 결코 보여주지 않는다. 사납게 생긴데다 대부분의 상황에서 여전히 용맹하고 자신감이 넘치지만, 현대의 불도그는 온순하고 애정이 넘치는 견종이다.

원산지 영국

웨스트 하이랜드 화이트 테리어 *West Highland white terrier*

체고
~11인치/28센티미터
원래 기능 테리어
운동 보통; 긴 산책
건강 관련 이슈 약간; 빈혈, 피부 질환, 고관절 이형성증

애착 보통
조련 가능성 보통
필요한 보살핌 보통; 정기적인 털 뽑기 그리고/또는 털 깎아주기
애완동물과 함께 좋다
아이와 함께 좋다
보호성 낮다/보통
초보 견주에게 좋다

원산지 영국

프로필 별명이 "웨스티Westie"인 이 견종은 스코틀랜드에서 유래한 것으로, 쥐와 여우, 다른 야생동물 사냥을 위해 교배됐다. 한때는 케언 테리어cairn terrier의 흰색 버전일 뿐이었다. 케언에서 상대적으로 유순한 성격을 물려받았지만, 독특한 색상 때문에 엄청난 인기를 얻고는 서서히 랩도그가 되는 길에 올랐다. 여전히 건장한 개로, 힘과 활동성이 안정되게 조합돼 있다. 겉에 난 털은 뻣뻣하고, 밑에 난 털은 짧고 부드럽다.

행동과 양육 웨스티는 테리어 집단 중에서 제일 원만하고 다루기 쉬운 견종이다. 활기 넘치고 의지가 강한 이 견종은 상당한 정도의 운동과 정신적 자극을 필요로 한다. 생후 1년 동안에는 특히 더 그렇다. 사랑이 넘치는 가정의 반려견이지만, 때때로 심한 고집을 부리면서 주인의 말에 귀를 기울이는 걸 거부할 수도 있다. 자립심이 강하고, 버릇없이 굴면서 소유욕을 부릴 수도 있다. 걸핏하면 심하게 짖는다.

휘핏 *Whippet*

체고
17~20인치/44~51센티미터
원래 기능 레이싱
운동 많다/보통; 긴 산책, 스포츠
건강 관련 이슈 약간; 안과질환과 피부질환, 감기에 쉽게 걸린다. 얇은 피부는 부상에 취약하다

애착 높다
조련 가능성 보통
필요한 보살핌 낮다; 필요할 경우 발톱 손질
애완동물과 함께 괜찮다
아이와 함께 괜찮다/좋다
보호성 낮다
초보 견주에게 좋다

원산지 영국

프로필 가난뱅이의 그레이하운드라고 불리는 휘핏은 중간 크기의 날씬하며 근육질인, 그레이하운드의 소형 버전을 닮은 우아한 생김새의 사이트 하운드다. 휘핏은─들판에서가 아니라 노동자들이 주최하는 콘테스트에서─토끼를 쫓아서 잡는 데 극도로 효율적인 개를 개발한다는 목표 아래 스피드를 내면서 먹잇감을 몰도록 교배됐다. 스프린터로, 일부 개체는 짧은 거리에서는 그레이하운드보다 더 빨리 달릴 수 있다.

행동과 양육 실외에서 극도로 활동적인데다 정기적으로 다른 개들과 함께 최고속도로 달리거나 놀 필요가 있지만, 집에서는 놀라울 정도로 조용하고 적응을 잘 하며 차분한 반려견이다. 모든 그레이하운드가 그러는 것처럼, 이 견종도 먹잇감을 쫓아서 모는 성향이 강하다. 소형 애완동물과 함께 잘 양육하면 그런 동물들과도 잘 어울릴 수 있다. 어렸을 때는 목줄을 채우지 않은 상태에서 운동을 시키는 게 특히 중요하다. 견주에게는 애정이 넘치고 다정한 모습을 보여주지만 낯선 이에게는 낯을 가릴 수도 있다. 그래서 폭넓은 사회화가 필요하다.

보더 테리어 *Border terrier*

체고
10~11인치/25~28센티미터
원래 기능 어스 도그
운동 많이 시켜야 한다; 긴 산
책, 스포츠, 과제 수행
건강 관련 이슈 거의 없다

애착 보통
조련 가능성 보통/높다
필요한 보살핌 낮다; (손으로)
1년에 2번 털 뽑아주기
애완동물과 함께 좋다
아이와 함께 아주 좋다
보호성 낮다
초보 견주에게 아주 좋다

원산지 영국

프로필 잉글랜드와 스코틀랜드의 경계에서 유래한 이 용감한 작업용 테리어는 여우를 잡도록 교배됐다. 몸이 건장하고 탄탄하다. 활동성과 지구력이 강인함과 결합돼 있다. 수달을 닮은 두상으로, 그리고 사냥꾼이 굴에서 잡아당길 때 "손잡이" 구실을 하는 튼튼한 꼬리로 잘 알려져 있다. 눈에 거슬리는 촘촘한 더블 코트는 선천적으로 때와 물에 저항력이 있다. 색깔은 휘튼(wheaten, 밀과 같은 황색), 빨간색, 회색/파란색, 황갈색이 있다.

행동과 양육 레이스에 알맞은 이 견종의 인기는 복잡한 성격 덕분이다; 들판에서는 다른 테리어처럼 터프하지만, 집에서는 애정이 넘치고 고분고분하며 학습하려는 열의가 넘친다. 활동적인 견주에게, 특히 민첩함을 놓고 경쟁하는 개 스포츠에 참여하는 걸 행복해하는 사람에 잘 어울리는 개다. 호기심이 많고 분주하며 우호적이고 고분고분한 본성 덕에, 소란스럽고 정신 사나운 가정에서도 쉽게 다룰 수 있는 견종이다.

비글 *Beagle*

체고
13~16인치/33~40센티미터
원래 기능 센트 하운드
운동 보통/많이 시켜야 한다;
긴 산책
건강 관련 이슈 약간: 간질, 알
레르기, 고관절 이형성증

애착 보통
조련 가능성 보통
필요한 보살핌 낮다/보통; 귀
가 감염되기 쉬우니 정기적으
로 청소해줘야 한다
애완동물과 함께 아주 좋다
아이와 함께 아주 좋다
보호성 낮다
초보 견주에게 좋다

원산지 영국

프로필 덩치가 작은 영국의 이 팩 하운드(pack hound, 무리를 지어 사냥하
는 개—옮긴이)는 사냥꾼을 도보로 따라다니면서 토끼를 사냥하도록 교배
됐다. 폭스하운드foxhound는 자립적인 성격, 그리고 견주보다는 자신의
코를 따라다니려는 걸 더 열망하는 것으로 유명하지만, 비글은 세계적
으로 가장 인기 좋은 견종에 속한다. 짧고 촘촘한 털은 하운드의 모든 색
상—트라이컬러나 빨강과 흰색—을 띤다. 대부분은 꼬리 끝이 하얗다.

행동과 양육 건장하고 가만히 있지를 못하는 비글은 많은 활동을 필요
로 한다. 용감하고 경계심이 강하지만 공격성이나 소심한 모습을 보여
주지는 않는다. 팩 도그로서는 예외적일 정도로 다른 개들을 잘 참아내
지만, 홀로 남겨지는 것에도 대단히 민감하다. 아이들 옆에서도 느긋해
하는 게 본성이지만, 조련하는 데 난점이 없는 게 아니라서 반드시 아이
들을 위한 최상의 애완동물인 건 아니다. 모든 하운드는 스스로 냄새를
쫓도록 선택됐다. 그래서 상당한 조련을 받지 않은 이 견종이 명령에 반
응하는 일이 드물다는 건 놀라운 일이 아니다. 어릴 때는 에너지를 주체
못하지만, 나중에는 게으르고 호기심이 없는 모습을 보일 수 있다. 긴 산
책을 정기적으로 시켜주지 않으면 특히 더 그렇다.

아메리칸 스태포드셔 테리어 *Amerian Staffordshire terrier*

체고
17~19인치/43~48센티미터
원래 기능 불 베이팅/투견
운동 많이 시켜야 한다; 긴 산
책, 스포츠, 과제 수행
건강 관련 이슈 약간

애착 높다
조련 가능성 보통/높다
필요한 보살핌 낮다; 필요할
경우 치아 관리
애완동물과 함께 괜찮다/좋다
아이와 함께 괜찮다/좋다
보호성 보통/높다
초보 견주에게 추천하지 않
는다

원산지 미국

프로필 아메리칸 스태포드셔 테리어의 조상은 영국에서 잉글리스 불도
그와 다양한 테리어를 교배시켜 불 베이팅과 베어 베이팅bear bating을
위해, 나중에는 투견을 위해 개발됐다. 최근에 "암스태프Amstaff"와 독
립적으로 교배돼 온 아메리칸 핏불 테리어의 아주 가까운 친척이다. 이
견종의 엄청난 힘과 다부진 체구는 중간 크기의 키를 놓고 보면 특이한
경우다; 극도의 근육질 견종으로, 힘과 민첩성이 완벽하게 균형을 이루
고 있다. 짧고 뻣뻣하며 윤기가 흐르는 털은 많은 색상이 조합될 수 있다.

행동과 양육 현대의 "암스태프"는 용감하고 온순하며 차분하다. 그래서
탁월한 경비견뿐 아니라 걸출한 스포츠 도그로 만들 수 있다. 가족과 함께
있을 때는 대단히 애정이 넘친다. 그렇지만 생후 이른 시기에 다른 개들과
폭넓게 어울리게 해줄 필요가 있다. 조련할 때는 확고하고 일관적으로 조
련할 필요가 있지만, 가혹한 방식을 써서는 안 된다. 육체적 처벌은 공격
성이나 불안해하는 성향으로 이어질 것이기 때문이다. 이 견종이 인기를
모으면서 무분별한 교배가 이어졌고, 그 결과로 현재는 불안정한 성격을
보이는 개도 드물지 않다. 많은 운동과 지도가 필요한 견종이라, 이 견종
이 필요로 하는 시간과 에너지, 경험을 가진 견주에게 가장 적합하다.

래브라도 리트리버 *Labrador retriever*

체고
22~23인치/54~57센티미터
원래 기능 워터 도그water dog/리트리버
운동 많이 시켜야 한다; 긴 산책, 스포츠, 과제 수행
건강 관련 이슈 많다; 고관절/주관절 이형성증, 암, 흑색종, 연부조직육종

애착 높다
조련 가능성 높다
필요한 보살핌 낮다
애완동물과 함께 아주 좋다
아이와 함께 아주 좋다
보호성 낮다
초보 견주에게 아주 좋다

원산지 영국

프로필 최근 몇 년 사이에 이 (거의) 완벽한 반려견은 세계에서 가장 인기 좋은 견종이 됐다. 물건을 찾아오는 그들의 행동은 뉴펀들랜드의 어선에서 작업하면서 갈고리에 걸린 대형 어류를 잡거나 그물을 뭍으로 잡아당길 때 확립된 것이다. 건장한 체구에 균형이 잘 잡힌 이 개의 독특한 특징은 물에 저항력이 있는 촘촘한 털, 아래로 내려갈수록 무척 두꺼워지는 "수달" 같은 꼬리, 그리고 믿기 어려울 정도의 수영능력이다. 털은 검정색이나 노란색, 리버liver색이다.

행동과 양육 동지애와 좋은 스포츠 도그의 능력이 짝을 이룬, 성품 좋고 다재다능한 이 견종은 활동적인 견주들을 위한 두드러진 애완견이 될 수 있다. 물을 대단히 좋아하는 사교적이고 무척 활동적인 견종이다. 타고난 작업 본능은 야외 실지 시용field trial뿐 아니라 수색 및 구조작업이나 경비견으로 활용될 때에도 저절로 드러날 수 있다. 특히 생후 1년 동안은 잠시도 가만히 있지 못하면서 목줄을 잡은 견주를 잡아당기고 집에 온 손님들에게 달려들며 심지어는 사람들을 나동그라지게 만들 수도 있다.

버니즈 마운틴 도그 *Bernese mountain dog*

체고 24~28인치/60~70센티미터
원래 기능 팜 도그farm dog
운동 보통; 몇 번의 짧은 산책
건강 관련 이슈 많다; 근골격 질환(이형성증, 관절염), 암, 위염전, 안검내반증, 점진적 망막 위축

애착 보통/높다
조련 가능성 보통
필요한 보살핌 낮다/보통; 정기적인 빗질(털이 심하게 빠진다)
애완동물과 함께 아주 좋다
아이와 함께 아주 좋다
보호성 낮다
초보 견주에게 아주 좋다

원산지 스위스

프로필 이 원기 왕성한 개는 스위스의 농지에서 소를 몰고 수레를 끌며 경비견으로 쓰기 위해 개발됐다. 이 매력적이고 품행 좋은 개는 작업 목적으로는 더 이상 교배되지 않고, 현재는 가정의 애완동물로 길러지고 있다. 곰과 비슷한 생김새, 목과 가슴에 대칭적인 흰색 무늬가 있는 현란한 트라이컬러 털가죽으로 개 애호가들의 마음을 훔쳤다. 불행히도, 부분적으로는 인기에서 비롯된 건강 문제 때문에, 제일 수명이 짧은 견종에 속한다.

행동과 양육 대부분의 대형견처럼, 성숙기에 도달하는 속도가 느리다; 이 견종은 때때로 강아지시기를 벗어나지 못할 수도 있다. 버니즈 강아지를 자신감 있는 성견으로 만들려면 새로운 사람들과 새로운 상황들을 받아들이도록 사회화시켜야 한다. 차분하면서도 사교적이고, 낯선 사람 앞에서도 얌전히 있는 게 전형적이지만, 냉담한 모습을 보이는 개체가 있을 수도 있다. 그래도 공격성은 결코 보여주지 않는다.

헝가리안 비즐라 *Hungarian vizsla*

체고 22~24인치/54~60센티미터
원래 기능 건도그
운동 많이 시켜야 한다; 긴 산책, 스포츠, 과제 수행
건강 관련 이슈 거의 없다; 알레르기, 간질, 고관절 이형성증

애착 높다
조련 가능성 높다
필요한 보살핌 낮다; 필요할 경우 발톱 손질
애완동물과 함께 좋다
아이와 함께 좋다
보호성 낮다
초보 견주에게 좋다

프로필 고상하고 몸이 탄탄한 포인터 유형의 이 다재다능한 건도그는 후각이 탁월한 것으로 유명하다. 황금빛이 감도는 적갈색 색깔은 대단히 독특하다. 인기 좋은 단모 버전 외에도, 털이 뻣뻣한 저먼 포인터와 교배를 통해 탄생된 더 원기 완성하고 털이 뻣뻣한 변종(공인된 견종이다)도 상당히 드물지만 있다. 단미斷尾수술이 법으로 금지되지 않은 나라에서는 사냥 중에 위험한 상황에 처하게 되는 걸 피하기 위해 꼬리를 4분의 1가량 잘라낼 수도 있다.

행동과 양육 적응을 잘하고 느긋한 본성 덕에, 필요한 운동과 주의를 제공할 수 있는 활발한 가정을 위한 애정 넘치는 반려견으로 기를 수 있다. 이 견종에게는 견주와 가깝게 접촉하는 것이 절대적으로 필요하다. 자신이 느끼는 감정을 다양한 목소리로 표현하는 경향은 독특하다. 영리하고 온순하며 예민한 본성 덕에 조련하기 쉽지만 지나치게 낯을 가릴 수도 있다.

원산지 헝가리

잉글리시 스프링어 스패니얼 *English springer spaniel*

체고
~20인치/51센티미터
원래 기능 사냥개
운동 보통; 긴 산책, 과제 수행
건강 관련 이슈 약간; 고관절
이형성증, 안과 질환

애착 높다
조련 가능성 높다
필요한 보살핌 보통; 매주 빗
질하기, 귀 관리
애완동물과 함께 좋다
아이와 함께 아주 좋다
보호성 낮다
초보 견주에게 아주 좋다

원산지 영국

프로필 스프링어라는 이름은 이 견종의 주요 기능—사냥감에게 겁을 줘서 은신처에서 "튀어나오게spring" 만드는 것—을 따서 붙여진 것이다. 과거에는 스프링어와 코커스패니얼이 한배에서 태어나 몸집으로만 구별할 수 있는 경우가 자주 있었다. 잉글리시 스프링어에게는 웰시 스프링어 스패니얼Welsh springer spaniel이라는 생김새는 비슷하지만 덩치는 작고 열정도 덜한 사촌이 있다. 잉글리시 스프링어는 최근 몇 십년 사이에 두 가지 독특한 방향으로 분화됐다: 사냥개 유형과 애완견/쇼 유형은 두드러지게 다르다. 방수가 되는 촘촘한 털가죽은 세 가지 색상의 패턴을 보여준다: 검정과 흰색, 리버색과 흰색, 트라이컬러. 이 견종의 인기는 오늘날에는 대단히 불안정한 기질과 공격성, 레이지 이슈와 더불어 건강상의 우려도 낳았다.

행동과 양육 매력적인 성격과 웃는 표정, 꾸준히 치는 꼬리 덕에, 활발한 가정을 위한 탁월한 반려견이 됐다. 에너지를 주체 못하고 긴 산책과 하이킹을 즐기지만, 육체적 운동뿐 아니라 정신적인 운동을 할 필요가 있는 활동들을 선호한다. 분리 불안은 보편적인 특성이다.

푸들 *Poodle*

체고 토이: 9~11인치/23~28
센티미터; 미니어처: 11~14인
치/28~35센티미터; 미디엄:
14~18인치/35~45센티미터;
스탠더드: 18~24인치/45~62
센티미터
원래 기능 물새사냥wildfowl-
ing
운동 많이 시켜야 한다; 긴 산
책, 스포츠, 과제 수행

건강 관련 이슈 약간; 간질, 고
관절 이형성증, 알레르기
애착 높다
조련 가능성 높다
필요한 보살핌 보통/높다; 매
주 빗질하기, 정기적인 털깎기,
귀 확인, 발톱 손질
애완동물과 함께 아주 좋다
아이와 함께 아주 좋다
보호성 낮다
초보 견주에게 아주 좋다(토
이는 제외)

원산지 프랑스

프로필 독일과 프랑스에서 유래한 푸들은 오리와 거위 같은 물새를 사
냥할 때 떨어진 사냥감을 찾아오는 개로 개발됐다. 영리하고 친근한 성
격 덕에, 빠른 속도로 인기 좋은 반려견이 됐다. 4가지 사이즈(스탠더드,
미디엄, 미니어처, 토이)와 광범위한 색상은 견주가 되려는 이들에게 여전히
폭넓은 선택대안을 제공한다. 특유의 곱슬곱슬한 털은 검정, 흰색, 은색,
갈색, 살구색, 크림색을 띨 수 있다. 털은 많은 상이한 스타일로 깎거나
밀 수 있다. 그중 일부는 일부 애완견 견주들 눈에는 지나치게 과한 듯
보인다. 털갈이를 하지는 않지만, 촘촘하게 난 곱슬곱슬한 털은 엄청나
게 신경 써서 관리해줘야 한다.

행동과 양육 성격은 명랑하고 충직하다; 영리하고 우아하며 외향적이
고 노는 걸 좋아한다. 스탠더드 푸들은 그중에서도 가장 차분하다; 안정
적이고 애정이 넘치며 때때로 내성적인 모습도 보인다. 이른 나이에 적
절하게 조련을 받지 못하거나 불안정한 혈통을 타고난 토이 푸들의 경
우에는 지나치게 민감하거나 신경질적으로 굴 수도 있다. 네 사이즈 모
두 민첩성을 겨루는 개 스포츠와 복종 경기competitive obedience을 즐
기고, 그런 능력도 탁월하다.

오스트레일리언 세퍼드 *Australian shepherd*

체고 18~23인치/46~58센티미터

원래 기능 허딩 도그

운동 많이 시켜야 한다; 긴 산책, 스포츠, 과제 수행

건강 관련 이슈 약간; 고관절 이형성증, 청각장애, 간질, 안과질환

애착 높다

조련 가능성 높다

필요한 보살핌 보통; 정기적인 빗질

애완동물과 함께 아주 좋다

아이와 함께 좋다

보호성 낮다/보통

초보 견주에게 좋다

원산지 미국

프로필 원래 가축몰이견으로 교배된, 오지Aussie라는 별명을 가진 이 견종은 여전히 활동적인 작업견이다. 이 견종의 원산지는 이름과는 달리 미국으로, 이곳에서 이 견종의 역사는 서부에서 행해진 기마쇼와 로데오와 관련이 있었다. 오지의 몸은 근육질에 균형이 잘 잡혀 있고, 다양하고 개성 넘치는 그림 같은 색깔을 띤다. 물에 저항력을 가진 두툼한 털의 색상은 파란 멀merle, 검정, 빨간 멀, 빨강일 수 있다—모두 하얀 그리고/또는 황갈색 반점이 있거나 없다. 눈의 주위는 다른 색깔에 에워싸여 있다(그 색이 지나치게 흰색일 경우에는 청각장애를 가질 가능성이 크다). 눈동자의 색깔은 파란색이나 호박색, 또는 얼룩이나 대리석 무늬가 섞여 있을 수 있다. 꼬리는 선천적으로 길거나 선천적으로 짧을 수 있다.

행동과 양육 고된 일을 하는 목축견으로 교배됐지만, 두뇌 자극을 충분히 시켜주고 운동도 충분히 시키면 도시에서도 문제없이 생활한다. 같이 사는 가족에게 충실하지만, 낯선 이에게는 쌀쌀맞게 구는 경우가 잦다. 민감해지면서 두려움과 관련된 공격성을 드러낼 수 있기 때문에, 그들을 좋아하면서도 자신감을 가진 견주가 필요하다. 대단히 영리하고, 조련사를 기쁘게 해주려는 열의가 넘치며 모든 활동에 참가하고 싶어 한다.

골든 리트리버 *Golden retriever*

체고
20~24인치/51~61센티미터
원래 기능 건도그/리트리버
운동 보통;많이 시켜야 한다;
긴 산책, 과제 수행
건강 관련 이슈 약간; 고관절
이형성증, 알레르기, 심장질
환, 간질, 암

애착 높다
조련 가능성 보통/높다
필요한 보살핌 보통;매주 빗질
애완동물과 함께 아주 좋다
아이와 함께 아주 좋다
보호성 낮다
초보 견주에게 아주 좋다

프로필 스코틀랜드 하일랜드Highlands에서 유래한 골든 리트리버는 지금은 멸종된 다음의 사냥개 두 종을 교배해서 개발됐다: 노란 플랫-코티드 리트리버flat-coated retriever와 트위드 워터 스패니얼Tweed water spaniel. 원래 만능 사냥개로 교배됐지만, 밝아 보이는 외모와 다정한 성격은 애완견으로서 이 견종의 인기가 급격히 치솟는 데 기여했다. 골든 리트리버의 몸은 건강하고 튼튼하며 탄탄해야 한다. 살이 찌는 바람에 통통하게 보여서는 안 된다. 방수가 되는 긴 더블 코트의 색상은 밝은 크림색부터 진한 황금색에까지 사이에 걸쳐 있다. 가장 인기 좋은 견종에 속한다. 그런데 이런 인기는 무분별한 교배로 이어져 불안정한 기질과 장기적인 건강 관련 문제들을 가진 강아지들을 낳았다.

행동과 양육 애완견으로서만이 아니라 각종 경기와 사냥, 마약탐지 작업에도 인기가 좋다. 최소한의 조련만 하더라도 누구에게나 쾌활하고 착실한 품행으로 대한다. 그리고 미숙한 견주가 저지르는 실수의 대부분을 용서한다. 활기를 주체 못해 펄쩍펄쩍 뛰고 요란하게 짖는 성향은, 어릴 때는 특히, 문제를 초래할 수 있다.

원산지 영국

벨지안 셰퍼드 *Belgian shepherd*

체고 22~26인치/56~66센
티미터
원래 기능 허딩 도그
운동 많이 시켜야 한다: 긴 산
책, 스포츠, 과제 수행
건강 관련 이슈 거의 없다: 일
부 혈통에서 간질을 일으킬
수 있다

애착 높다
조련 가능성 높다
필요한 보살핌 낮다/보통: 털
갈이할 때 빗질해주기
애완동물과 함께 좋다
아이와 함께 좋다
보호성 보통/강하다
초보 견주에게 좋다(말리노이
즈Malinois는 제외)

프로필 벨지안 셰퍼드는 4가지 독특한 변종이 공인을 받았다: 털이 긴
검정 그로넨달Groenendael; 털이 긴 황갈색의 테뷰런Tervueren; 털이
짧은 황갈색의 말리노이즈; 드물게 존재하는 털이 뻣뻣한 황갈색의 라
케노이즈Laekenois. 이 변종들은 모두 신체적인 균형이 잘 잡혀있고 우아
함과 힘을 겸비하고 있다. 털이 길고 풍성한 테뷰런과 그로넨달조차도
거의 "저절로 털갈이"를 하는 털가죽 유형 덕에 그다지 많은 그루밍이
필요치 않다. 네 변종의 차이점은 색상과 털의 길이에서만 보인다고 공
식적으로 주장되지만, 말리노이즈만이 경찰견과 군견으로 활용된다(그
리고 활용될 수 있다).

행동과 양육 이 견종을 작업견이나 활발한 반려견으로 기르면 양을 몰
지 않더라도 즐거운 삶을 살아갈 수 있다. 대단히 애정이 넘치고 상당히
영리하며 조련이 가능하다. 그리고 대부분의 개 스포츠에서 우수한 성
적을 거둔다. 극도로 헌신적인 이 견종은 장기간 집을 비우는 견주에게
어울리는 개는 아니다.

원산지 벨기에

시베리안 허스키 *Siberian husky*

체고 20~24인치/
50.5~60센티미터
원래 기능 썰매개
운동 보통/많이 시켜야 한다;
긴 산책, 스포츠
건강 관련 이슈 거의 없다; 이
형성증, 안구 질환

애착 보통
조련 가능성 낮다
필요한 보살핌 낮다/보통; 매
주 빗질해주기
애완동물과 함께 괜찮다
아이와 함께 좋다
보호성 낮다
초보 견주에게 추천하지 않
는다

원산지 미국

프로필 몸이 탄탄하고 썰매를 끄는, 혹독한 시베리아 툰드라에서 엄청난 거리를 이동할 수 있는 이 개는 알래스칸 맬러뮤트Alaskan malamute보다 덩치가 작고 더 빠르다. 허스키는 100년이 넘는 과거에 베링해협을 통해 미국으로 와서 알래스카의 개썰매 몰이꾼 사이에서 제일 인기 좋은 견종 중 하나가 됐다. 두툼한 더블 코트는 회색과 은색, 모래색, 빨간색, 검정과 흰색의 다양한 색조를 아우르는 많은 색상을 띤다. 눈은 갈색이거나 강렬한 파란색일 수 있다. 일부 허스키의 분홍 줄이 있는 코는 "스노 노즈snow nose"라고 불린다. 이 견종은, 늑대와 유사하게, 짖기보다는 울부짖는다. 이 강인하고 건강한 견종은 선천적으로 청결한데다 냄새가 나지 않는다는 주장이 있다.

행동과 양육 민첩하고, 자유로운 영혼의 소유자다. 그리고 떠돌아다니려는 욕망이 강하다. 호기심이 많고 자립적으로 사고하며 조련이 쉽지 않아, 처음으로 개를 키우는 견주가 이 견종을 관리하려면 문제가 생길 수 있다. 긴 산책 외에도, 다른 개와 함께 달리면서 놀게 해줄 필요가 있다. 그래서 이들의 안녕을 위해 바칠 수 있는 시간과 에너지를 가진 가정에 가장 적합하다.

코커스패니얼 *Cocker spaniel*

체고
15~16인치/38~41센티미터
원래 기능 플러싱 도그(flushing dog, 숨어있는 사냥감이 은신처에서 튀어나오게 만드는 개—옮긴이)
운동 보통; 긴 산책
건강 관련 이슈 약간; 심혈관질환, 피부질환, 면역계질환, 신장병, 레이지 신드롬

애착 보통/높다
조련 가능성 보통
필요한 보살핌 보통; 매일 털을 빗질해주고 귀를 확인해줘야 한다
애완동물과 함께 아주 좋다
아이와 함께 좋다/아주 좋다
보호성 낮다
초보 견주에게 좋다

원산지 영국

프로필 "코커cocker"라는 이름은 멧도요woodcock 사냥에 활용된 데서 비롯됐다. 잉글리시 견종은 신세계에서 생겨난 사촌인, 덩치가 작고 털이 길며 비근(stop, 머리꼭대기와 주둥이 사이—옮긴이)이 독특한 아메리칸 코커스패니얼the American cocker spaniel하고는 구별된다. 잉글리시 코커는 귀가 길고 머리가 동그랗고 몸이 털로 덮여있는 소형에서 중형 크기의 개다. 색상은 다양하다—순검정색, 리버색, 빨강/골드, 검정과 황갈색, 리버색과 황갈색, (흰색이 섞인) 여러 색, 또는 밤색에 흰색이나 회색이 섞인 색. 극단적으로 길고 무거운 귀는 쉽게 감염되는 편이다.

행동과 양육 코커는 이 견종이 필요로 하는 헌신과 운동을 제공할 수 있는 사람에게는 빼어난 반려견이다. 짖거나 파괴적인 행동을 하는 게 특징인 분리 불안을 일으킬 수 있다. 이 견종과 관련된 일부 공격성 이슈의 유전적인 배경을 감안하면, 평판이 좋은 브리더에게서, 특히 단일색상인, 코커를 입양하는 게 중요하다. 크고 표현력이 풍부한 눈으로 먹이를 달라고 애원하는 경향이 있는데 쉽게 살이 찌는 편이기도 하다. 그래서 견주는 엄청난 자제력을 발휘해서 그들을 과식시키지 말아야 한다.

셰틀랜드 쉽도그 *Shetland sheepdog*

체고
13~16인치/33~40센티미터
원래 기능 허딩 도그/반려견
운동 보통; 긴 산책, 과제 수행
건강 관련 이슈 약간; 고관절
이형성증, 콜리collie 안구기
형, 혈우병, 선천적 청각장애,
안구질환, 발작

애착 높다
조련 가능성 높다
필요한 보살핌 보통; 매주 빗
질해주기
애완동물과 함께 좋다
아이와 함께 좋다
보호성 낮다
초보 견주에게 좋다/아주 좋다

원산지 영국

프로필 이 소형 쉽도그는 셰틀랜드 제도Shetland Islands의 농부들이 개발했다. 그곳에서 이 견종의 주요 기능은 양을 치는 거였다. 길고 촘촘하게 난 더블 코트는 흰색 그리고/또는 황갈색 반점이 다양한 정도로 찍힌 검정색이나 흑담비색, 블루 멀일 수 있다. 대단히 인기 좋은 견종이라 형편없이 브리딩된 강아지들이 판매되고 있다. 그래서 개의 건강과 건전한 기질을 우선시하는 믿음직한 브리더를 찾아내는 게 중요하다.

행동과 양육 셸티Shelties는 영리하고 조련 가능성이 높으며 온순하고 애정이 넘친다. 대부분은 자극에 예민하고, 가혹한 조련에 호의적으로 반응하지 않는다. 민첩하다. 순종과 민첩성을 놓고 겨루는 경기에서 챔피언에 오를 정도이지만, 실내에서는 상대적으로 활발하지 않아서 아파트 생활에 적합하다. 오랫동안 홀로 방치되면 짖어대는 경향이 있다. 가족과 함께 있으면 애정 어린 모습을 보여주지만, 낯선 사람과 있으면 내성적으로, 심지어는 수줍게 군다. 그렇지만 공격성은 절대 보여주지 않는다. 의욕과 순종, 다정함을 타고 났다; 날마다 산책을 시켜줄 경우, 노인을 위한 빼어난 반려견이 될 수 있다.

복서 *Boxer*

체고
21~25인치/53~63센티미터
원래 기능 불 베이팅/곰 사냥
운동 많이 시켜야 한다/보통;
짧은/긴 산책, 더운 날씨에는
신체적 운동보다는 과제 수행
을 더 많이 시킬 것
건강 관련 이슈 많다; 고열, 암,
고관절 이형성증

애착 높다
조련 가능성 보통/높다
필요한 보살핌 낮다/보통; 정
기적으로 눈과 주름 닦아주기
애완동물과 함께 좋다
아이와 함께 아주 좋다
보호성 보통
초보 견주에게 좋다

원산지 독일

프로필 사냥 중에 사냥감을 붙잡아두는 데 활용된 소형 브라반트 불렌바이저Brabant bullenbeisser를 바탕으로 개발됐다. 오늘날의 복서는 체구가 탄탄하고 건장하며, 활기차고 힘이 넘치는 움직임을 보여주는 건장하고 고상한 개다. 색상은 엷은 황갈색이나 얼굴이 검은 얼룩무늬이고, 흰색 반점이 있거나 없는 게 보통이다. 아파트 생활에 잘 적응하지만 침을 흘리고 배에서 부글거리는 소리가 나며 코를 요란하게 고는 경향이 있다. 더위와 추위에 모두 민감하다.

행동과 양육 표정이 보여주는 것과는 반대로, 복서는 대체로 온순하고 놀기 좋아하는 반려견이다. 이른 나이부터 사회화를 시키면 고양이를 비롯한 다른 애완동물하고도 잘 어울릴 수 있다. 요구하는 게 많지 않은, 자신감이 넘치고 차분하며 용감한 복서는 애완견으로서나 경비견으로서나 엇비슷한 칭찬을 듣는다. 순종하려는 의욕이 넘치고 헌신적인 모습과 용기 덕에 조련하기 쉽다.

저먼 셰퍼드 도그 *German Shepherd dog*

체고
22~26인치/55~65센티미터
원래 기능 허딩 도그
운동 보통/많이 시켜야 한다;
긴 산책, 과제 수행
건강 관련 이슈 약간; 알레르기, 고관절 이형성증, 헐거운 비절hock, 간질, 심장질환, 각막염, 혈우병

애착 높다
조련 가능성 높다
필요한 보살핌 낮다/보통; 매주 빗질해주기
애완동물과 함께 좋다
아이와 함께 좋다/아주 좋다
보호성 보통/높다
초보 견주에게 좋다

프로필 알자티안Alsatian으로도 알려져 있는 저먼 셰퍼드 도그는 19세기 말에 독일 중부와 남부에서 활용된 쉽도그에서 태어났다. 여전히 민첩하고 영리하며 경계심이 강한 작업견으로, 안정성과 조련 가능성, 여러 명의 조련사를 받아들이는 성향이 적절하게 조합된 경찰견으로도 적합하다. 최근 몇 십 년 동안, 뒷다리와 궁둥이 부분이 지나치게 각이 진 쪽으로 진화하는 경향 때문에 네모난 신체형체가 둥글어지고 등의 라인이 기울어지는 결과가 생겨났다. 색상은 빨강기가 도는 갈색/노랑/연한 회색 반점이 있는 검정색; 순검정색; 또는 짙은 색조(흑담비색)가 섞인 회색이다. 그리고 얼굴은 항상 검다. 얼굴이 흰색인 개는 일반적으로 이 견종으로 인정되지 않는다.

행동과 양육 현대의 저먼 셰퍼드 도그는 대단히 효율적인 경비견이나 빼어난 경찰견이 될 수 있다. 상이한 혈통들에서 태어난 개체들은 믿음직한 수색구조견, 경비견, 사랑스러운 반려견이 될 수 있다. 불필요하게 공격적인 모습을 보이지 않으면서도 용감하고 자신감이 넘치는 견종이다.

원산지 독일

그레이트데인 *Great Dane*

체고 28~35인치/72~90센티미터
원래 기능 사냥
운동 보통; 긴 산책
건강 관련 이슈 많다; 고관절과 주관절 이형성증, 다양한 심장 질환, 위염전, 골종양

애착 높다
조련 가능성 보통
필요한 보살핌 낮다; 침을 흘리는 편이다
애완동물과 함께 아주 좋다
아이와 함께 아주 좋다
보호성 낮다/보통
초보 견주에게 좋다

원산지 독일

프로필 덴마크하고는 그다지 큰 관련이 없는 견종이다. 영어를 사용하는 국가들에서만 그레이트데인이라고 부른다. 원래 야생곰 사냥을 위해 교배된, 크지만 균형이 잘 잡히고 우아한 이 개의 색상은 6가지다—엷은 황갈색, 브린들, 청색, 검정, 할리퀸, 맨틀mantle. 어린 그레이트데인이 지나치게 멀리 점프하거나 빨리 뛰어서는 안 된다. 자라는 뼈와 관절에 가해지는 스트레스를 최소화하기 위해서다. 불행히도, 장수하는 견종이 아니다. 평균 기대수명은 8~10살 이하다. 그레이트데인을 잘 구입하는 비결은 혈통의 건강에 관심을 갖고 부모에게 유전적 질환이 없다는 걸 확인하는 평판 좋은 브리더하고만 거래하는 것이다.

행동과 양육 몸집과 마스티프 비슷한 생김새와는 대조적으로, 그레이트데인은 가장 온순하고 열의를 보이는 견종에 속한다. 아이들을 상대하는 인내심 많은 놀이동무이지만, 큰 몸집 때문에 의도치 않게 아이들을 넘어뜨릴 수 있다. 일부는 주인을 보호하려는 성향이 강하지만, 대단히 예민할 수도 있다. 그래서 이른 시기에 낯선 사람과 친숙하지 않은 개와 어울리게 해주고 괴상한 소리와 상황을 겪는 습관을 들일 필요가 있다.

로트와일러 *Rottweiler*

체고 22~27인치/56~68센
티미터
원래 기능 허딩 도그/수레 끌기
운동 보통/많이 시켜야 한다;
긴 산책, 과제 수행
건강 관련 이슈 많다; 고관절
이형성증, 안검내반증, 안검외
반증, 심장질환, 골육종, 위염
전, 알레르기

애착 높다
조련 가능성 보통/높다
필요한 보살핌 낮다
애완동물과 함께 괜찮다/좋다
아이와 함께 좋다
보호성 높다

초보 견주에게 추천하지 않
는다

원산지 독일

프로필 원래 소떼를 시장까지 몰고 가고, 도살자를 위해 수레를 끄는
용도로 독일에서 교배된 로트와일러는 주인과 그의 재산을 지키기도
했다. 소를 쉽게 통제하고 지키는 걸 가능케 해준 힘과 용기 덕에 나중
에 효율적인 경찰견이 됐다. 로트와일러의 생김새는 크고 힘이 넘치는
경비견으로서 가진 특징들을 여전히 구현한다. 진한 황갈색 반점들이
선명한 검정색 털은 이 견종의 생김새를 한층 더 위협적으로 만들어준
다. 꼬리는 단미수술을 하지 말고 타고난 상태를 유지하게 해줘야 한다.

행동과 양육 수호견으로서 보여주는 경계심과 자신감 넘치는 용기는
잘 알려져 있다. 그런데 이건 로티rottie가 자신감이 부족한 사람들에게
적합한 견종은 아니라는 뜻이기도 하다. 공격성이 강한 견종으로 평판
이 났지만, 헌신적인 반려견이다. 중성화하지 않은 수컷의 경우에, 다른
개를 향해 보이는 공격성은 특히 큰 이슈다. 반려견으로 기르면, 과식하
는 성향을 보이면서 쉽게 살이 찔 수 있다. 침을 흘리지는 않지만, 코를
고는 개체가 많다.

보더 콜리 *Border collie*

체고
20~22인치/51~56센티미터
원래 기능 허딩 도그
운동 많이 시켜야 한다; 긴 산책, 스포츠, 과제 수행
건강 관련 이슈 거의 없다; 선천적 청각장애, 간질, 고관절 이형성증, 안과질환

애착 높다
조련 가능성 보통/높다
필요한 보살핌 낮다/보통; 매주 빗질해주기
애완동물과 함께 아주 좋다
아이와 함께 좋다/아주 좋다
보호성 낮다
초보 견주에게 좋다

원산지 영국

프로필 탄탄하고 재주가 많은 쉽도그로, 민첩성과 기동성을 보여준다. 스코틀랜드와 웨일스, 잉글랜드의 경계가 되는 산악지대에서 바위투성이 지형에서 장시간 작업하는 견종으로 개발됐다. 외모가 아니라 과업 수행능력을 바탕으로 교배됐다; 귀는 쫑긋 섰거나 반쯤 섰을 수 있다; 털은—보통 수준으로 길고 부드러운—두 가지 변종이 있다. 단색, 바이컬러, 트라이컬러, 멀을 비롯한 모든 컬러와 패턴을 보여줄 수 있다.

행동과 양육 대단히 영리하고 주인을 기쁘게 해주려는 열의가 넘친다. 그리고 복종, 공 가져오기, 민첩성을 비롯한 다양한 개 스포츠에서 경기장을 지배하기 일쑤다. 그렇지만 적절하게 운동을 시키지 않으면 가축을 몰려는 충동이 엉뚱한 방향으로 향할 수도 있다. 신체적 활동과 정신적 활동을 많이 하지 못하면 분리 불안이나 공격성, 과도하게 짖어대는 것 같은 불안감과 문제 행동이 생길 수 있다.

옮긴이의 글 🐾

초등학교가 아니라 국민학교를 다니던 시절, 친구들과 집에 올 때 친구를 마중 나오는 친구네 개를 볼 때마다 그렇게 부러울 수가 없었다. 나도 격하게 꼬리를 치며 맞아주는 개가 있으면 정말로 좋을 것 같았다. 아들의 철없는 간청을 단칼에 자르는 어머니를 겪을 만큼 겪었기에 웬만한 일은 조를 엄두도 못 내던 나였지만, 나를 반겨줄 개에 대한 유혹은 도무지 떨칠 수가 없었다. 조심스레 "우리도 개 키우면 안 돼요?"라고 입을 뗐다 뜻밖의 애기를 들었다. 당신도 키우고 싶은데, 우리 집에서는 키우면 안 된다는 거였다. 어머니는 어리둥절해하는 나한테 가장이 호랑이띠인 집에서 키우는 개는 호랑이 기운에 기를 못 펴고 죽는다는 애기를 하셨다. 아버지가 호랑이셨는데, 이건 도무지 믿을 수가 없는 말이었다. 어머니는 곧바로 쐐기를 박으셨다. 내가 태어나기 전에 개를 몇 번 기른 적이 있는데, 모두 시름시름 앓다 죽었다는 것이다. 사실인지 아닌지 가늠이 안 되는 (그때나 지금이나 어머니가 핑계로 하신 말씀이라고 짐작되는) 그 애기로 개를 향한 내 열망은 싹이 뽑히고 말았다.

개를 키우고픈 욕심을 접은 그때부터 많은 세월이 흘렀고, 세상도 많이 바뀌었다. 우리가 마당이 있는 집에 살았기에 개를 기르자는 얘기를 꺼낼 수 있었을 때는, 그러니까 사람이 거주하는 공간에 개를 들이는 건 상상도 못하던 시절은 까마득한 과거가 됐다. 지금은 개하고 같은 공간에서 자는 사람 얘기가 나와도 크게 이상하게 여기지 않는 시대가 됐다. 그 사이 개를 부르는 호칭도 바뀌었다. 그냥 "개"라고 부르면 되는데도 접두사나 접미사를 붙인 멸칭으로 개를 부르던 시절은 지나고 애완견이라는 표현이 사용되던 시대를 거쳐, 요즘은 반려견이라는 표현이 정착했다. 개의 흐뭇한 모습을 담거나 개와 관련된 유용한 정보를 다루는 콘텐츠도 많아졌다. 개를 학대하는 몹쓸 사람들에 대한 뉴스도 못지 않게 많지만.

평생 개를 키워본 적이 없는 내가 개를 바라보는 생각도 이런 변화와 궤를 같이 하며 변해왔다. 돌이켜보면, 개를 키우고 싶었을 때 머릿속에는 순전히 귀갓길을 반겨줄 존재를 갖고 싶다는 욕심을 채우려는 생각 말고는 없었다. 개에게서 받을 것만 생각했지 개에게 줄 것에 대한 생각은 전혀 없었다. 그 개의 밥을 누가 줄 것이고, 어떻게 얼마나 놀아줄 것이며, 아플 때는 어떻게 해줄 것인지는 완전히 딴사람이 할 일로만 생각했었다. 그러다 나이를 먹고 개를 바라보는 세상의 시선도 바뀌고서야 개를 기를 때에는 반드시 그런 것들을 숙고해야 마땅하다는 생각을 갖게 됐다. 개를 키우는 데 따르는 책임감을 느끼게 된 것이다.

더불어, 개의 입장에서 세상을 바라보는 식의 관점을 취할 줄도 알고 인식의 폭도 넓히게 됐다. 발단은 비틀스의 노래 "A Day in the Life"의 마지막 부분에 개들만 들을 수 있는 소리가 있다는 얘기를 들은 거였다. 그 얘기를 듣고서야 개가 보고 듣고 맡는 세상이 우리의 그런 세상하고 다를 거라는 걸 느끼게 됐고, 이후로 오랫동안 주위를 돌아다니는 개를 볼 때 그들이 지금 감지하는 세상은 어떤 모습일지를 상상하고는 한다.

결국, 개와 함께 살아가는 데에는 이게 중요한 것 같다. 개에 대한 책임감, 그리고 개의 입장에 서보면서 개가 세상을 보는 다른 관점을 포용하고 공감하며 인식의 폭을 넓히는 것.

이 책은 늑대에서 진화한 개가 가축화되면서 인간사회에서 나름의 자리를 차지하게 된 과정을 설명하고 개의 해부학적 구조와 생명활동, 리처드 도킨스가 진화론이 옳다는 걸 입증하는 대표적인 증거라고 주장한, 한편으로는 많은 개를 선천적인 질병에 시달리게 만든 인위적인 브리딩을 통해 생겨난 온갖 견종을 소개한다. 그런데 이 책의 장점은 개를 키우려는 사람들이 꼭 알고 있어야 할 정보를 제공하는 것에만 머무르지 않는다. 개에 대한 애정 어린 시선을 견지하는 이 책은 개를 키우는 데 따르는 책임감과 개에게 공감할 수 있는 마음가짐도 중요하다는 걸 깨우쳐준다. 이 책은 개를 키우고 싶다는 욕심만 앞세우던 어린 시절의 내가 반드시 읽었어야 하는 책이고, 내가 언젠가 반려견과 같은 길을 걸을 수 있게 됐을 때 사전에 먼저 읽어봐야 하는 책이다.

책을 번역하며 많은 걸 배우고 느꼈으면서도 여전히 내 곁에는 개가 없다. 언젠가 내 곁에 네 발 달린 길동무가 있기를 희망한다. 그들에 대한 책임감을 느끼고 그들과 공감할 줄 아는, 그들의 벗이 되기에 충분한 자격을 갖춘 성숙한 동반자로 그 옆에 서 있는 것을 말이다. 물론, 이 책에서 얻은 지식과 깨달음을 갖춘 상태로.

2019년 5월

윤철희

유용한 자료들

참고문헌 🐾

서적

BEKOFF, M. (2007) *The emotional lives of animals: a leading scientist explores animal joy, sorrow, and empathy—and why they matter.* New Word Library, California.

BRADSHAW, J. (2011) *In Defence of Dogs.* Allen Lane, London.

CANDLAND, D.K. (1993) *Feral Children and Clever Animals.* Oxford University Press, New York.

COPPINGER, R., COPPINGER, L. (2002) *Dogs.* Chicago University Press, Chicago.

CSÁNYI, V. (2005) *If Dogs Could Talk.* North Point Press. New York.

DUGATKIN, L.E., TRUT, L. (2017) *How to Tame a Fox.* Chicago University Press, Chicago.

GRAMBO, R., COX, D (2015) *Wolf: Legend, Enemy, Icon.* Firefly Books.

HARE, B., WOODS, W. (2013) *The Genius of Dogs.* Peguin Book, New York.

HOROWITZ, A. (2009) *Inside of a Dog.* Scribner, New York.

HOROWITZ, A., FRICKE, W. (2007) *Anatomy of the Dog: An Illustrated Text,* Schluetersche Publisher, Hannover.

KAMINSKI, J., MARSHALL-PESCINI, S. (2014) *The Social Dog.* Academic Press, San Diego.

MECH, D.L. (1870/2012) *Wolf: The ecology and behavior of an Endangered Species.* Natural History Press, New York.

MECH, D.L., BOITANI, L. (2007) *Wolves:*
Behavior, Ecology, and Conservation. University Chicago Press, Chicago.

MIKLÓSI, Á. (2014) *Dog Behaviour, Evolution and Cognition.* Oxford University Press, Oxford.

MOREY, D.F. (2010) *Dogs. Domestication and the Development of a Social Bond.* Cambridge University Press, Cambridge.

MUSIANI, M., BOITANI, L. (2010) *The World of Wolves: New Perspectives on Ecology, Behavior, and Management (Energy, Ecology and Environment)* University of Calgary Press, Calgary.

OSTRANDER, E.A., RUVINSKY, A. (2012). *The Genomics of the Dog.* CABI Publishing, Wallingford.

PETERSON, B. (2017) *Wolf Nation: The Life, Death,* and *Return of Wild American Wolves.* Da Capo Press, Boston.

PILLEY, J.W., HINZMANN, H. (2014) *Chaser: Unlocking the Genius of the Dog Who Knows a Thousand Words.* Oneworld Publications, London.

REECE, W.O., ROWE, E.W. (2017) *Functional Anatomy and Physiology of Domestic Animals.* John Wiley, Hoboken.

SERPELL, J. (2017). *The Domestic Dog.* Cambridge University Press, Cambridge.

SCOTT, J.P., FULLER, J.L. (1974/1997) *Genetics and the Social Behavior of the Dog.* Chicago University Press, Chicago

SHELDON, J.W., (1988) *Wild Dogs: The Natural History of the Nondomestic Canidae.* Academic Press, San Diego.

STILWELL (2016) *The Secret Language of Dogs: Unlocking the Canine Mind for a Happier Pet.* Crown Publishing, New York

WAND, X., TEDFORD, R.H. (2008) *Dogs. Their fossil relatives and evolutionary history.* Columbia University Press, New York

YIN, S. (2010) *How to Behave So Your Dog Behaves.* TFH Publications, Inc.

저널

ANDICS, A., GÁBOR, A., GÁCSI, M., FARAGÓ, T., SZABÓ, D., MIKLÓSI, Á. (2016) Neural mechanisms for lexical processing in dogs. *Science*, 353: 1030-1032.

BROWN, S.W., GOLDSTEIN, L.H. (2011) Can Seizure-Alert Dogs predict seizures? *Epilepsy Research* 97, 236–42.

CUSTANCE, D., MAYER, J. (2012) Empathic-like responding by domestic dogs (*Canis familiaris*) to distress in humans: an exploratory study. *Animal Cognition* 15, 851–9.

DUFFY, D.L., HSU, Y., SERPELL, J. (2008) Breed differences in canine aggression. *Applied Animal Behaviour Science* 114, 441–60.

FISET, S., LEBLANC, V. (2007) Invisible displacement understanding in domestic dogs (*Canis familiaris*): the role of visual cues in search behavior. *Animal Cognition* 10, 211–24.

FUGAZZA, C., MIKLÓSI, Á. (2015) Social learning in dog training: the effectiveness of the Do as I do method compared to shaping/clicker training. *Applied Animal Behaviour Science*, 171: 146-151.

FUGAZZA, C., POGÁNY, Á., MIKLÓSI, Á. (2016) Recall of Others' actions after incidental encoding reveals episodic-like memory in dogs. *Current Biology*, 26, 3209-3213.

GÁCSI, M., McGREEVY, P., KARA, E., MIKLÓSI, Á. (2009) Effects of selection for cooperation and attention in dogs. *Behavioral and Brain Functions*, 5: 31.

GÁCSI, M., MAROS, K., SERNKVIST, S., FARAGÓ, T., MIKLÓSI, Á. (2013) Human analog safe haven effect of the owner: behavioral and heart rate response to stressful social stimuli in dogs. *PLoS ONE*, 8: e58475.

GAUNET, F. (2010) How do guide dogs and pet dogs (*Canisfamiliaris*) ask their owners for their toy and for playing? *Animal Cognition* 13, 311–23.

GOSLING, S.D., KWAN, V.S.Y., JOHN, O.P. (2003) A dog's got personality: a cross-species comparative approach to personality judgments in dogs and humans. *Journal of Personality and Social Psychology* 85, 1161–9.

HALL, N.J., WYNNE, C.D.L. (2012) The canid genome: behavioral geneticists' best friend? *Genes, Brain, and Behavior* 11, 889–902.

HARE, B., TOMASELLO, M. (2005a) Human-like social skills in dogs? *Trends in Cognitive Sciences* 9, 439–44.

HOROWITZ, A. (2009) Disambiguating the 'guilty look': salient prompts to a familiar dog behaviour. *Behavioural Processes* 81, 447–52.

HUBER, L., RACCA, A., SCAF, B. et al. (2013) Discrimination of familiar human faces in dogs (*Canis familiaris*). *Learning and Motivation* 44, 258–69.

KAMINSKI, J., NEUMANN, M., BRÄUER, J. et al. (2011) Dogs, *Canis familiaris*, communicate with humans to request but not to inform. *Animal Behaviour* 82, 651–8.

KAMINSKI, J., PITSCH, A., TOMASELLO, M. (2013) Dogs steal in the dark. *Animal Cognition* 16, 385–94.

KUBINYI, E., PONGRÁCZ, P., MIKLÓSI, Á. (2009) Dog as a model for studying con- and hetero-specific social learning. *Journal of Veterinary Behavior*, 4: 31-41.

KUBINYI, E., VAS, J., HÉJJAS, K., RONAI, ZS., BRÚDER, I., TURCSÁN, B., SASVÁRI-SZÉKELY, M., MIKLÓSI, Á. (2012) Polymorphism in the tyrosine hydroxylase (TH) gene is associated with activity-impulsivity in German Shepherd dogs. *PLoS One*, 7: e30271.

KUKEKOVA, A.V., TEMNYKH, S.V., JOHNSON, J.L. et al. (2012) Genetics of behavior in the silver fox. *Mammalian Genome* 23, 164–77.

LI, Y., VONHOLDT, B.M., REYNOLDS, A., BOYKO, A.R., WAYNE, R.K., WU, D.D., ZHANG, Y.P. (2013) Artificial selection on brain-expressed genes during the domestication of the dog. *Molecular Biology and Evolution* 8, 1867–76.

MAROS, K., PONGRÁCZ, P., BÁRDOS, GY., MOLNÁR, CS., FARAGÓ, T., MIKLÓSI, Á. (2008) Dogs can discriminate barks from different situations. *Applied Animal Behaviour Science*, 114: 159–167.

MCGREEVY, P.D., Nicholas, F.W. (1999) Some practical solutions to welfare problems in dog breeding. *Animal Welfare* 8, 329–41.

MCGREEVY, P.D., STARLING, M., BRANSON, N.J. et al. (2012) An overview of the dog-human dyad and ethograms within it. *Journal of Veterinary Behavior: Clinical Applications and Research* 7, 103–17.

MECH, L.D. (1999) Alpha status, dominance, and division of labor in wolf packs. *Canadian Journal of Zoology* 77, 1196–203.

MEROLA, I., PRATO-PREVIDE, E., MARSHALL-PESCINI, S. (2012) Social referencing in dog-owner dyads? *Animal Cognition* 15, 175–85.

MIKLÓSI, Á., TOPÁL, J. (2013) What does it take to become "best friends"? Evolutionary changes in canine social competence. *Trends in Cognitive Sciences*, 17: 287-294.

MIKLÓSI, A., KUBINYI, E. (2016) Current trends in Canine problem-solving and cognition. *Current Directions in Psychological Science*, 25: 300–306.

MILLS, D.S. (2005) What's in a word? A review of the attributes of a command affecting the performance of pet dogs. *Anthrozoös* 18, 208–21.

MONGILLO, P., ARAUJO, J.A., PITTERI, E. et al. (2013a) Spatial reversal learning is impaired by age in pet dogs. *Age (Dordrecht, Netherlands)* 35, 2273–82.

NAGASAWA, M., KIKUSUI, T., ONAKA, T., OHTA, M. (2009) Dog's gaze at its owner increases owner's urinary oxytocin during social interaction. *Hormones and Behavior* 55, 434–41.

POLGÁR, Z., MIKLÓSI, Á., GÁCSI, M. (2015) Strategies used by pet dogs for solving olfaction-based problems at various distances. *PLoS ONE*, 10: e0131610.

PONGRÁCZ, P., MOLNÁR, CS., DÓKA, A., MIKLÓSI, Á. (2011) Do children understand man's best friend? Classification of dog barks by pre-adolescents and adults. *Applied Animal Behaviour Science*, 135: 95-102.

RAMOS, D., ADES, C. (2012) Two-item sentence comprehension by a dog (*Canis familiaris*). *PLoS ONE* 7, e29689.

RANGE, F., HORN, L., VIRANYI, Z., HUBER, L. (2009a) Theabsence of reward induces inequity aversion in dogs. *Proceedings of the National Academy of Sciences of the United States of America* 106, 340–5.

RANGE, F., VIRANYI, ZS., HUBER, L. (2007) Selective imitation in domestic dogs. *Current Biology*, 17: 868-872.

SAVOLAINEN, P., ZHANG, Y., LUO, J. et al. (2002) Genetic evidence for an East Asian origin of domestic dogs. *Science*, 298, 1610–13.

SVARTBERG, K. (2006) Breed-typical behaviour in dogs—Historical remnants or recent constructs? *Applied Animal Behaviour Science* 96, 293–313.

SZABÓ, D., GEE, N. R., MIKLÓSI, Á. (2016) Natural or pathologic? Discrepancies in the study of behavioral and cognitive signs in aging family dogs. *Journal of Veterinary Behavior: Clinical Applications and Research*, 11, 86-98.

TOPÁL, J., GERGELY, GY., ERDŐHEGYI, Á., CSIBRA, G., MIKLÓSI, Á. (2009) Differential sensitivity to human communication in dogs, wolves, and human infants. *Science*, 325: 1269-1272.

TURCSÁN, B., RANGE, F., VIRÁNYI, Zs., MIKLÓSI, Á., KUBINYI, E. (2012) Birds of a feather flock together? Perceived personality matching in owner–dog dyads. *Applied Animal Behaviour Science*, 140: 154-160.

UDELL, M.A.R., DOREY, N.R., WYNNE, C.D.L. (2011) Can your dog read your mind? Understanding the causes of canine perspective taking. *Learning & Behavior* 39, 289–302.

VONHOLDT, B.M., POLLINGER, J.P., LOHMUELLER, K.E. et al. (2010) Genome-wide SNP and haplotype analyses reveal a rich history underlying dog domestication. *Nature* 464, 898–902.

WARD, C., BAUER, E.B., SMUTS, B.B. (2008) Partner preferences and asymmetries in social play among domestic dog, Canis lupus familiaris, littermates. *Animal Behaviour* 76, 1187–99

WAYNE, R.K., VON HOLDT, B.M. (2012). Evolutionary genomics of dog domestication. *Mammalian Genome* 23, 3–18.

잡지

The Bark
www.thebark.com

Dogs Monthly
www.dogsmonthly.co.uk

The Whole Dog Journal
www.whole-dog-journal.com

웹사이트

Family Dog Project
(Eötvös Loránd University, Hungary)
familydogproject.elte.hu

Clever Dog Lab
(University of Vienna, Austria)
cleverdoglab.at

Wolf Science Center
(Ernstbrunn, Austria)
wolfscience.at

찾아보기

감사의 말

출판사는 카피라이트가 걸린 자료들을 게재하도록 허용해준 것에 대해 다음 분들에게 감사드린다.

Aeroflot: 30L, 30R

Alamy/AF Fotografie: 124TR; Blickwinkel: 72; Everett Collection: 136; franzfoto.com: 12; Heritage Image Partnership Ltd: 134B; Juniors Bildarchiv GmbH: 21, 84, 205, 207; Mark Scheuern; 174B; Susann Parker: 75R; Jose Luis Stephens: 146T; Jack Sullivan: 59; Tierfotoagentur: 33T, 105L; Joe Vogan: 19(9).

Nora Bunford: 117B.

FLPA/ImageBroker: 29R.

Claudia Fugazza: 152TR.

Márta Gácsi: 29L, 31BL, 31BR, 47T, 56L, 99, 105C, 129TC, 139L, 139R.

Getty Images/Timothy A. Clary/AFP: 169T; Corbis: 142; De Agostini: 134T; Dohongma-HL Mak: 91B; Ronan Donovan/National Geographic: 26T; Patrick Endres/Design Pics: 8; Hulton Archive: 137R; Ixefra: 148; Michelle Kelley: 77; Isaac Lawrence/AFP: 58T; David Leswick: 91T; Joe McDonald/Corbis Documentary: 14T; Mediaphotos: 124; Tracey Morgan/Dorling Kindersley: 212; Laurence Mouton/Canopy: 149B; Kevin Oke/All Canada Photos: 142TL; Photonica World: 179TR; Universal History Archive: 214; Vanessa Van Ryzin, Mindful Motion Photography: 161; Visuals Unlimited: 18(3);

Westend61: 144.

Marc Henrie: 183, 186, 187, 188, 191, 192, 195, 196, 198, 199, 203, 204, 206, 208, 210, 213.

iStock/Eyecrave: 140TR; Huseyintuncer: 35; Nicoolay: 6, 143B; Roir88: 18(1).

The Metropolitan Museum of Art: 21TR, 24C, 24BL, 24BR, 135.

Nature Picture Library/Eric Baccega: 114; Bartussek/ARCO: 37; Florian Mallers: 72; The Natural History Museum: 14B; Petra Wegner: 120, 121, 182, 184, 201; Solvin Zankl: 146B.

Marie-Lan Nguyen: 32.

Shutterstock/Adya: 176; Aekarin Kitayasittanart: 54TL; Africa Studio: 132, 165; Alberto Chiarle: 19(7); alexei_tm: 78, 108L; Alexey Fursov: 160TR; Alexey Kozhemyakin: 175; Alexkatkov: 86B; Alis Leonte: 10; Alzbeta: 129TL; Ammit Jack: 168; ANADMAN BVBA: 81B; Andrey Oleynik: 4B; Aneta Jungerova: 129TR; anetapics: 89; Anna Hoychuk: 178C; Anton Gumen: 33B; ARENA Creative: 100T; ATSILENSE: 158BR; AustralianCamera: 26B; bbernard: 127; Bilagentur Zoonar GmbH: 81T; Boryana Manzurova 130; Bruno Rodrigues B Silva: 54TR; Budimir Jevtic: 140B; Charlene Bayerle: 153T; chittakom59: 82B; Choniawut: 54TC; Chris Fourle: 18(2); Christian Mueller: 90; Cryber: 76; Csanad Kiss: 2TR, 49TL, 54CR, 115T, 200; cynoclub: 46L, 47L, 66L, 185; Dan Kosmayer: 153B; Dan Tautan: 25;

Danny Jacob: 104; David Tadevosian: 157R; Daxiao Productions: 105R; Daz Stock: 178T; deepspace: 145; Degtyaryov Andrey: 179TL; dezi: 118; DGLimages: 141; Didkovska Ilona: 88L; Dmitry Pichugin: 137L; dominibrown: 116; Dora Zett: 47R, 62B, 95, 194, 202; Dorottya Mathe: 46CR; Dragos Lucian Birtoiu: 27R; Dusan Petkovic: 169B; eClick: 79B; egyjanek: 54CL; Ekaterina Brusnika: 119; elbud: 92; Eric Isselee: 2TL, 27L, 42, 46R, 80CL, 96C, 98, 101T, 129B, 131T, 131B, 158BL, 163T, 174TL, 179B, 181B, 190, 193, 211; Erik Lam 140CR; everydoghasastory: 123B; Evgeny Tomeev: 51TC; Ewais: 62T; FCSCAFEINE: 112; FiledIMAGE: 34B; Geir Olav Lyngfjell: 47CL; Gelpi: 43, 100B, 115B, 159, 209; George Lee: 108R; Golbay: 51TL; Goldution: 131L; Gonzalo Jara: 79CL; goodluz: 164; Grey Tree Studios: 158T; Grigorita Ko: 48, 85, 180T; Grisha Bruev: 44; Halfpoint: 157L; Hein Nouwens: 17L; Hurricanehank: 68; hyperborean-husky: 86T; Ivonne Wierink: 101B; Jagodka: front cover, 2, 64, 174TR; Jakkrit Orrasri: 160TC; James Kirkikis: 162; jlsphotos: 83TL, 83CL; Josef Pittner: 19(9); Julia Shepeleva: 177; Kaja N: 129CL; kirian: 49TR; Klaus Hertz-Ladiges: 170R; Ksenia Raykova: 126; Kukiat B: 111; Kuznetsov Alexey: 67B; Iarstuchel: 63R; Ieonardo2011: 93B; Life In Pixels: 163B; Lmfoto: 122; Lori Labrecque: 87; Luke23: 19(6); Maria Sbytova: 151; marko86: 47CR; Melica: 60; Melle V: 149T; MF Photo: 56R; Michael Dorogovich: 74; michaelheim: 99T, 152TL; michaeljung 152B; Mikkel Bigandt: 128; Milica Nistoran: 109; MirasWonderland: 181TL; 189; Morphart Creation: 4T, 49C; Nagel Photography: 16; Natalia Fedosova: 102; NaturesMomentsuk: 18(5); Nikol Mansfeld: 79CR; Nikolai Tsvetkov 62(BL); Nikanth Sonawane; 34T; Olga; Ovcharenko: 45; Oquzum: 23; Osadchaya: Olga 7, 154; otsphoto: 38, 88R, 93T; outdoorsman: 65; PardoY: 40, 54B; Peter Schmid: 155; Photick: 110; Photology1971: 180B; Picsoftheday: 147; PixieMe: 160BL; Popava Valeriya: 71; r. classen: 3B, 58B; Ratikova: 160TL; Rebecca Ashworth: 5; Ricantimages: 66BR; Rosa Jay: 46L; RTimages: 181TR; santisuk; wonganu: 36T; Sergey Fatin: 51B; Sergiy Kuzmin: 51TR; Sigma S: 83TC, 83TR; 83CR; Simon Eeman: 70; Sirko Hartmann: 170L; SOPRADIT: 61; SpeedKingz: 75L, 150, 160BR; Stuart G Porter: 18(4); StudioByTheSea: 36B; studiolaska: 140TL; 140TC, 140CL; Susan Schmitz: 172, 197; TatyanaPanova: 67T; thka: 129CR; Thomas Soellner: 163C; Timodaddy: 79TL, 107T; Viktor Kholosha: 79TC; Vladimir Wrangel: 14C; whitehorseexotics: 178B; WilecColePhotopgraphy: 66TR; Zayats Svetlana: 63L; Zuzule: 82T, 117T.

Science Photo Library/Patrick Llewellyn-Davies: 171; Mona Lisa Production: 166; Louise Murray: 123T; Sciepro: 53.

Roman Uchytel, prehistoric-fauna.com: 17.

Walters Art Museum: 33T(insert)

저자 소개 🌱

아담 미클로시(Ádám Miklósi)는 헝가리 에오토보스 로랜드대학(Eötvös Loránd University)의 동물행동학부 교수이자 책임자다. 동물행동학적 관점에서 인간-개의 상호작용을 연구하는 센터인 패밀리 도그 프로젝트(*Family Dog Project*)의 공동 설립자이자 리더이기도 하다. 옥스퍼드대학 출판사에서 출판한 『개의 행동과 진화, 인지(Dog Behaviour, Evolution, and Cognition)』(2014년 2판)의 저자다.

타마스 파라고(Tamás Faragó)는 에오토보스로랜드대학 동물행동학부의 헝가리과학아카데미 비교동물행동연구그룹(Comparative Ethology Research Group of the Hungarian Academy of Sciences)의 리서치 펠로다. 박사학위 논문에서 개가 으르렁거리는 행동의 커뮤니케이션 측면에 특별한 초점을 맞춰 개의 음성커뮤니케이션을 연구했다. 25건의 논문과 서적의 챕터를 기고해왔다.

클라우디아 푸가자(Claudia Fugazza)는 에오토보스로랜드대학 동물행동학부의 박사 후 리서치 펠로다. 이곳에서 개의 사회적 학습과 모방을 전문적으로 연구한다. 개 조련사로 일한 경력이 있는 그녀는 『내가 하는 대로 해; 개 조련을 위한 사회적 학습 활용(Do as I Do; Using Social Learning to Train Dogs)』(First Stone, 2008)의 저자다.

마르타 가치(Márta Gácsi)는 헝가리과학아카데미 비교동물행동연구그룹의 시니어 연구자로, 패밀리 도그 프로젝트에서 개-인간 상호작용을 연구한다. 에오토보스 대학에서 인지동물행동학, 커뮤니케이션의 진화, 인간-동물 상호작용, 개과 동물의 진화를 가르친다. 개의 행동을 다룬 70편 넘는 논문과 서적 챕터의 저자/공동저자다.

에니코 쿠비니(Enikö Kubinyi)는 에오토보스로랜드대학 동물행동학부의 시니어 리서치 펠로로, 이곳에서 개와 늑대의 인지에 대한 비교 분석, 동물행동로봇공학(ethorobotics), 개의 성격, 행동유전학, 개의 인지능력 노화를 집중적으로 연구한다. 개과 동물과 다른 동물들의 행동에 대한 30편 넘는 논문을 저술했고, 블로그 두 곳에서도 이 주제를 다룬다.

페테르 폰그라츠(Péter Pongrácz)는 에오토바스로랜드대학 동물행동학부 부교수로, 개-인간 상호작용을 연구한다. 그의 연구는 주로 개의 청각적 커뮤니케이션과 사회적 학습에 초점을 맞춘다. 대학에서 다양한 동물행동학 관련 강좌를 가르치고, 학생들과 함께 논문심사를 받은 80편 가까운 논문과 서적 챕터들을 출판해 왔다.

조제프 토팔(József Topál)은 패밀리 도그 프로젝트의 창립 멤버로, 현재는 인지신경과학과 심리학협회(Institute of Cognitive Neuroscience and Psychology) 부회장과 부다페스트 헝가리과학아카데미(HAS) 자연과학연구센터(RCNS)의 정신생물학연구그룹(Psychobiology Research Group) 수장이다. 개의 행동과 개-인간 상호작용에 대한 폭넓은 글을 출판해 온 그는 100편 넘는 과학 출판물의 저자다.

지은이 **아담 미클로시**

헝가리 에오토보스로랜드대학(Eötvös Loránd University)의 동물행동학부 교수이자 책임자다. 동물행동학적 관점에서 인간과 개의 상호작용을 연구하는 센터인 패밀리 도그 프로젝트(Family Dog Project)의 공동 설립자이자 리더이기도 하다. 저서로는 옥스퍼드대학 출판사에서 출판한 『개의 행동과 진화, 인지(Dog Behaviour, Evolution, and Cognition)』(2014년 2판)가 있다.

옮긴이 **윤철희**

연세대학교 경영학과와 동 대학원을 졸업하고, 영화 전문지에 기사 번역과 칼럼을 기고하고 있다. 옮긴 책으로는 『알코올의 역사』, 『로저 에버트: 어둠 속에서 빛을 보다』, 『위대한 영화』, 『스탠리 큐브릭: 장르의 재발명』, 『클린트 이스트우드』, 『히치콕: 서스펜스의 거장』, 『제임스 딘: 불멸의 자이언트』, 『런던의 역사』, 『도시, 역사를 바꾸다』, 『지식인의 두 얼굴』, 『샤먼의 코트』 등이 있다.

개
그 생태와 문화의 역사

2019년 6월 15일 초판 1쇄 인쇄
2019년 6월 20일 초판 1쇄 발행

지은이 ㅣ 아담 미클로시
옮긴이 ㅣ 윤철희
펴낸이 ㅣ 권오상
펴낸곳 ㅣ 연암서가

등 록 ㅣ 2007년 10월 8일(제396-2007-00107호)
주 소 ㅣ 경기도 고양시 일산서구 호수로 896, 402-1101
전 화 ㅣ 031-907-3010
팩 스 ㅣ 031-912-3012
이메일 ㅣ yeonamseoga@naver.com
ISBN 979-11-6087-049-7 03490

값 20,000원